U0207349

本书是国家社会科学基金重大项目"实行耕地轮作休耕制度研究"（项目号：15ZDC032）的部分成果

中国休耕制度：
休耕规模调控及时空配置

杨庆媛　王　成　石　飞　李元庆　毕国华　施开放　著

科学出版社

北　京

内 容 简 介

本书以中国休耕制度建设中的耕地休耕规模调控及时空配置为研究对象，以地理学理论、生态学理论、管理学理论、粮食安全理论、可持续发展理论等为指导，从国家-区域（跨省级行政区）-省域-县域不同空间尺度，按照"中国休耕规模调控体系-区域（跨省级行政区）休耕规模调控实证-省域休耕时空配置实证-县域休耕时空配置实证-中国休耕规模调控及时空配置方案拟定"的研究脉络，以中国华北地区、西南地区为研究区开展实证研究。主要内容包括休耕时空配置理论分析框架阐释、中国休耕规模估算及其调控体系构建、中国西南地区不同空间尺度休耕时空配置实证、中国休耕时空配置方案拟定等方面。

本书可为土地利用与耕地保护、农业地理等领域的研究人员，农业农村、自然资源、生态环境保护等部门的管理工作者提供参考，也可作为高等院校土地资源管理、农林经济管理等专业的参考用书。

审图号：GS京 (2022) 1188 号

图书在版编目 (CIP) 数据

中国休耕制度：休耕规模调控及时空配置/杨庆媛等著 . —北京：科学出版社，2023.2

ISBN 978-7-03-070856-4

Ⅰ . ①中… Ⅱ . ①杨… Ⅲ . ①休耕–耕作制度–研究–中国 Ⅳ . ①S344

中国版本图书馆 CIP 数据核字（2021）第 259106 号

责任编辑：杨逢渤 / 责任校对：樊雅琼
责任印制：吴兆东 / 封面设计：无极书装

科 学 出 版 社 出版
北京东黄城根北街 16 号
邮政编码：100717
http://www.sciencep.com

北京九州迅驰传媒文化有限公司 印刷
科学出版社发行 各地新华书店经销

*

2023 年 2 月第 一 版 开本：720×1000 1/16
2023 年 2 月第一次印刷 印张：15 1/2
字数：310 000
定价：188.00 元
（如有印装质量问题，我社负责调换）

前　言

将耕地轮作休耕上升为一项正式制度，以促进耕地休养生息和农业可持续发展，是中国实施"藏粮于地、藏粮于技"的长远战略和保障国家粮食安全的重要举措。中国长期强调"藏粮于库"的粮食安全观，一方面导致出现粮食生产过剩等农业供给侧问题；另一方面产生耕地过度利用、耕地地力下降、土壤退化、地下水超采和重金属污染等土地退化和环境污染问题，严重制约了中国农业的可持续发展。2016年，农业部等十部委办局联合出台《探索实行耕地轮作休耕制度试点方案》，提出重点在地下水漏斗区、重金属污染区和生态严重退化地区开展耕地休耕试点，具体布局为"在东北冷凉区、北方农牧交错区等地推广轮作500万亩（其中，内蒙古自治区100万亩、辽宁省50万亩、吉林省100万亩、黑龙江省250万亩）；在河北省黑龙港地下水漏斗区季节性休耕100万亩，在湖南省长株潭重金属污染区连年休耕10万亩，在西南石漠化区连年休耕4万亩（其中，贵州省2万亩、云南省2万亩），在西北生态严重退化地区（甘肃省）连年休耕2万亩。"①《农业农村部 财政部关于做好2019年农业生产发展等项目实施工作的通知》要求"扩大耕地轮作休耕制度试点。2019年轮作休耕试点面积3000万亩"。可见，全国轮作休耕试点区由2016年的9个省级行政区扩展到2019年17个省级行政区，试点面积由41.07万 hm² 扩大到200万 hm²。目前，中国已基本形成"中央统筹、省级负责、县级实施"的休耕工作机制。但是，由于中国休耕制度尚处于试点探索阶段，出现了"休耕区域选择结果与休耕制度目标相悖，休耕区域错配和休耕效益受损""试点区休耕耕地缺乏科学的筛选标准，在耕地细碎化严重地区，集中连片式休耕难以实现休耕劣等地"等问题。因此，亟须构建耕地休耕时空配置及其调控的制度框架，以指导耕地轮作休耕实践。

本书初步探索了耕地休耕规模调控及时空配置的基本理论和方法体系，旨在解决因休耕地错配而导致休耕效率降低和效益受损问题：系统阐释了休耕空间配置的基本问题域与基本原理，形成了休耕空间配置的理论分析框架；在提出中国休耕规模估算及调控路径的基础上，从耕地利用变化视角估算了中国休耕理论规

---

①　1亩≈666.67m²。

模，从耕地压力视角构建了中国休耕规模调控体系，并以河北省为例拟定了休耕规模调控方案；采用多种配置方法，探讨了西南地区不同空间尺度（区域和县域）的休耕规模及时空配置方案，并初步拟定出中国耕地休耕时空配置结果。

1）从空间多尺度（国家-区域-省域-县域）视角，构建了"中国休耕规模调控体系→区域休耕规模调控实证→省域休耕时空配置实证→县域休耕时空配置实证→中国休耕规模调控及时空配置初步方案"的休耕时空配置研究理论体系，为中国休耕制度建设提供了重要的理论指导及实践案例支撑。

2）系统阐释了休耕空间配置的基本问题域和基本原理，形成了休耕空间配置的理论分析框架，为不同空间尺度、不同类型区域的耕地休耕空间配置提供了理论指导。休耕时空配置的内涵实质是指将休耕规模、休耕区域、休耕时序和休耕时长进行优化组合，实现对休耕地"定位、定量、定序、定时"的宏观调控过程。休耕时空配置需解决两个关键问题，即不同空间尺度的休耕空间布局和不同区域的休耕时间安排，而构建综合模型或评价指标体系和划分评价等级标准是解决上述关键问题的难点和重点。目前主要有4种休耕时空配置类型：目标导向型时空配置、执行方式导向型时空配置、多条件约束导向型时空配置和技术导向型时空配置。休耕时空配置由"国家-区域-省域-县域"4级体系和"目标厘定→对象识别→规模测算→区域布局→时间安排"5个程序共同构成。

3）休耕规模估算及调控可以从生态安全、耕地质量等级、财政支付能力、耕地利用变化、耕地压力（或粮食安全）5条路径或5个视角入手。基于耕地利用变化视角的中国休耕理论规模为 850.22 万 ~ 1291.57 万 hm^2，即 6.28% ~ 9.54% 比例的现有耕地可用于休耕，构建了基于耕地压力的中国休耕规模调控体系，据此拟定出河北省休耕规模调控方案。

4）区域尺度和县域尺度分别按照"不同尺度、相同方法"和"相同尺度、不同方法"的配置方式，综合了耕地休耕综合指数（ILF）、综合指标体系和生态脆弱性等多种配置方法，测算了西南地区多尺度休耕规模，并探讨了其时空配置。

基于上述研究成果，提出休耕时空配置对策建议如下：①休耕规模安排。构建空间多尺度"上下结合"的休耕时空配置调控体系，为实施休耕制度提供技术保障。一是逐步形成"国家-区域-省域-县域"4级调控体系，各层级"自下而上"累加的休耕规模不能超过国家休耕规模上限。二是按照"中央统筹、省级负责、县级实施"的休耕工作机制，各省级行政单元因地制宜选取合适的休耕地时空配置方法，从而确定区域多尺度休耕比例和休耕时间。②因地施策选取休耕时空配置方法及其评价指标体系。一方面，选取适宜区域验证休耕地时空配置方法；另一方面，休耕适宜性评价指标选取应该体现区域性，有针对性地找到区域休耕影响因素。例如，针对中国西南地区这一区域尺度而言，选取了相同的方法和评价指标，从区域、省域及省域内的大都市 3 个层次进行时空配置研究，所得到的不宜休耕地的百分比存在明显差异；又如，在县域尺度上，采用了不同的方法和评价指标对砚山县进行时空配置研究，其配置结果也有所不同。③优先考虑在重点区域（休耕迫切度等级高的区域）实施休耕。研究表明，在中国西南地区应该优先在云南和贵州实施休耕，这与国家确定的休耕试点实际相吻合。总之，休耕项目落地要因地制宜，制定差异化的休耕模式及休耕组织方式；根据区域休耕的紧迫程度，优先休耕紧迫程度较高的区域。

本书的特色主要体现在 3 个方面：一是以不同空间尺度为主线，沿着"国家→区域→省域→县域→国家"的逻辑进路，使读者能够从整体上准确把握中国休耕规模及时空配置研究的理论框架和脉络。二是选取了中国华北平原的河北省和西南地区的云南省、贵州省及其部分县级单位作为研究案例，具有重要的社会应用价值。河北省属于中国休耕试点三大类型区之一的地下水漏斗区，地下水超采严重，河北省邢台市被列为国家第一批休耕试点区。云南省和贵州省属于中国休耕试点三大类型区之一的生态严重退化地区，喀斯特分布范围广，石漠化严重。坡耕地多，人多地少，水土流失严重，人类活动破坏严重，耕地生态系统极其脆弱，耕地退化明显，与西北生态严重退化地区等区域相比，人地关系矛盾更加突出，其中的县级案例都是国家第一批休耕试点县。三是既从广度和深度完善了休耕时空配置的基础理论，又紧贴地方休耕制度试点实践，将理论与实践紧密结合，使读者能够紧跟该领域发展的前沿动态。本书的主要贡献：一是系统阐释了休耕空间配置的基本问题域和基本原理，在学理上解构了休耕空间配置的逻辑关系。二是对多个空间尺度的数个案例进行了实证研究，采用不同的研究方法和技术手段，为测算休耕规模、诊断识别休耕地、安排休耕时序和休耕技术模式等提供了科学指导。

本书是国家社会科学基金重大项目"实行耕地轮作休耕制度研究"（15ZDC032）的重要研究成果，部分内容已在 *Journal of Global Health*、《地理学报》、《农业工程学报》和《生态学报》等期刊上公开发表。

在项目研究过程中，得到了贵州省松桃苗族自治县（简称松桃县）和晴隆县农业农村局，云南省砚山县农业农村和科学技术局，河北省邢台市农业农村局和巨鹿县、平乡县及广宗县农业农村局等单位领导及相关人员的大力支持，特此向支持和关心作者研究工作的所有单位及个人表示衷心的感谢！涂建军教授、阎建忠教授，陈展图副教授，印文老师、杨人豪老师，博士后张忠训、苏康传，博士研究生向慧、毕国华、鲁丹、张浩哲、张晶渝，硕士研究生龙玉琴、彭清、宿瑞、罗运超、李南曦、毛凯、黄安翌、贺新军、童小容、刘亚男、胡涛、祁敖雪、李佳欣、何逸帆、袁零、黄祁琦、李琪、朱月等参与了调研和部分研究报告的撰写。唐强教授和硕士生曲啸驰在本书校稿等方面提供了很多帮助，为本书的顺利完成做出了积极贡献。感谢课题组成员的齐心协力与默契配合，感谢给予我们帮助的所有单位和个人，感谢科学出版社同仁为本书出版付出的辛勤劳动！

　　由于作者水平有限，虽几经修改，书中难免有疏漏之处，敬请专家和读者批评指正！

杨庆媛

2022 年 3 月 20 日

目　　录

第1章 耕地休耕时空配置的基本问题域和基本原理

目标、基本问题域和基本原理是认识中国耕地休耕制度的逻辑起点。本章在总结休耕时空配置研究进展的基础上，结合先行休耕国家及组织的休耕时空配置经验及中国近年来的休耕试点实践，以地理学、土地科学、管理学等多学科理论为指导，按照理论研究的一般范式，从中国实行耕地休耕制度的目标及关键问题、世界先行休耕国家及组织休耕规模确定和时空配置的主要做法和启示、耕地休耕时空配置的基本问题域、耕地休耕时空配置的基本原理 4 个方面进行阐述，以便为后续内容奠定理论基础。

1.1 中国实行耕地休耕制度的目标及关键问题

1.1.1 中国实行耕地休耕制度的目标

在部分地区探索实行耕地休耕制度试点，是党中央、国务院着眼于中国农业发展突出矛盾和国内外粮食市场供求变化做出的重大决策部署，既有利于耕地休养生息和农业可持续发展，又有利于平衡粮食供求矛盾、稳定农民收入、减轻财政压力。具体目标如下：①提升耕地质量和产能，保障粮食安全（陈印军等，2016）；②坚持生态优先，促进农业可持续发展（王静等，2012）；③缓解粮食供需矛盾，优化粮食供给结构（何蒲明等，2017；陈展图等，2017）；④减轻财政压力，稳定农民收入。多元目标相互渗透、相互影响。例如，耕地质量下降将导致耕地生态环境变劣，进而影响生态安全，而耕地生态环境质量退化又将造成耕地数量的直接损失和耕地质量下降的隐性损失（李青丰，2006）。目标一主要针对由于"连轴转"的耕地利用方式（牛纪华和李松悟，2009），耕地质量急剧下降的情况。目标二主要针对耕地生态系统遭到严重破坏，尤其是滥用化肥和重金属污染，耕地生态安全受到严重威胁的情况（宋伟等，2013；刘肖兵和杨柳，2015）。目标三主要针对粮食供需区域空间差异明显以及粮食结构不合理（粮食种植品种向谷物集中、粮食生产向主产区集中和国内外粮价"倒挂"导致过度进口粮食）的情况

（邵海鹏，2016；于智媛和梁书民，2017）。目标四主要针对粮食库存压力巨大，财政支出增加，种粮成本增加，农民收入不稳定的情况。要实现上述目标，需要处理好以下关系。

（1）轮作休耕与"藏粮于地"

《探索实行耕地轮作休耕制度试点方案》明确指出，在部分地区探索实行耕地轮作休耕制度试点，要"以保障国家粮食安全和不影响农民收入为前提"，"探索形成轮作休耕与调节粮食等主要农产品供求余缺的互动关系"，体现了粮食安全对中国轮作休耕制度的底线要求。

20世纪70年代，联合国粮食及农业组织（Food and Agriculture Organization of the United Nations，FAO）提出"粮食安全"的概念，并将粮食库存消费比17%～18%作为粮食储备安全警戒线。长期以来，中国强调"藏粮于库""藏粮于仓"，多年粮食大丰收，使粮食库存量大增，2015年中国粮食库存创历史最高纪录，粮食库存消费比超过40%，远高于FAO确定的粮食储备安全警戒线。封志明和李香莲（2000）提出：实施"藏粮于土"计划才能从根本上解决"藏粮于库"的问题，之后部分学者提出"藏粮于地"和"藏粮于田"的概念（许经勇，2004；王华春等，2004；杨正礼和卫鸿，2004）。"藏粮于土""藏粮于田""藏粮于地"内涵基本一致，中国粮食安全观从"藏粮于库"到"藏粮于地"的转变出现在2000～2004年。"藏粮于地"，关键在"地"，核心在"藏"（陈印军等，2016），确保急用之时能够复耕，粮食能产得出、供得上。因此，粮食安全观的转变成为中国耕地轮作休耕制度的重要思想基础。

（2）轮作休耕与生态文明建设

中国探索实行耕地轮作休耕制度，其核心要义是促进生态文明建设，体现了耕地利用方式的重大转变。开展耕地轮作休耕制度试点，是加快生态文明建设的重要方式。开展耕地轮作休耕制度试点，也成为推进农业绿色发展、助力乡村振兴战略实施的重要举措。

中国是传统的农业大国，但人均耕地资源稀缺，因此我国长期采用"连轴转"的耕地利用方式以缓解人地矛盾和确保粮食安全，耕地没有"喘息"和"休养生息"的机会，农业生态环境严重透支。尽管2004～2015年粮食产量"十二连增"，但也造成了耕地面源污染、地下水超采和生态严重退化等问题（牛纪华和李松悟，2009；刘肖兵和杨柳，2015；王学等，2016），使这些耕地成为"问题耕地"。当前，急需改变粗放的生产方式，把农业资源利用过高的强度"降"下来，把农业面源污染加重的趋势"缓"下来，改变资源超强度利用的现状、扭转农业生态系统恶化的势头，实现资源永续利用。通过实行耕地轮作休耕制度，既能使耕地得到"休息"，也能使耕地得到"养护"，真正实现"藏粮于地",以此提高耕地及农业供给质量,巩固提升粮食产能,保障粮食安全,加快推进生态文明建设。

(3) 轮作休耕与可持续利用相衔接

当前,中国耕地数量、质量和生态"三位一体"保护新格局基本形成。《中华人民共和国国民经济和社会发展第十三个五年规划纲要》指出,"坚持最严格的耕地保护制度,全面划定永久基本农田。实施藏粮于地、藏粮于技战略""确保谷物基本自给、口粮绝对安全"。2017 年,《中共中央 国务院关于加强耕地保护和改进占补平衡的意见》提出"像保护大熊猫一样保护耕地,着力加强耕地数量、质量、生态'三位一体'保护"的策略。从规划目标管理的角度,中国继续采用以耕地"占补平衡"制度为核心的耕地保护制度值得商榷(吴宇哲和许智钇,2019)。未来中国耕地保护政策将以生态文明为导向,在保障粮食综合生产能力的同时,提升耕地的生态服务功能。因此,有必要将中国耕地保护制度的核心从"占补平衡"向"保护永久基本农田"转变,耕地利用方式亟待由短期过渡性利用向长久保护性利用转变(Wu et al.,2017)。

中国实行轮作休耕制度的目的是促进耕地休养生息和农业可持续发展,这顺应了中国耕地保护转型的发展趋势。中国在生态严重退化地区等区域开展耕地轮作休耕制度试点,针对这些区域的"问题耕地",采取差异化的技术路径,让耕地得到休养生息,从长远的角度,能够有效提高耕地的可持续利用潜力。

(4) 轮作休耕与农业供给侧结构性改革

中国长期强调"藏粮于库"的粮食安全观,导致在一段时间出现"三量齐增"的突出问题:粮食总产量增加、库存量增加和农产品进口量增加,造成这种现象最主要、最直接的原因是农产品价格问题(价格"倒挂")、质量问题(质量偏低、不合格、不安全)、品种问题(品种结构不合理)。2016 年,中共中央政治局会议明确提出了"农业供给侧结构性改革",具体解决的办法为"去库存、降成本、补短板","去库存"就是加快消化过多的农产品库存量;"降成本"就是通过发展适度规模经营、减少化肥农药不合理使用、开展社会化服务等,降低生产成本,提高农业效益和市场竞争力;"补短板"就是加强农业基础设施等农业供给侧的薄弱环节,增加市场紧缺农产品的生产(黄国勤和赵其国,2017)。

耕地轮作休耕制度是推进农业供给侧结构性改革的重要途径之一,通过调结构、提品质、促融合、补短板等提升农产品供给质量和农业的服务功能。将部分耕地进行轮作休耕,减少过量的粮食或其他农产品产量,对逐步缓解"三量齐增"矛盾具有积极的作用。具体而言:一是调整优化农业结构,形成新的供需平衡;二是提升产品品质,创造新的竞争优势;三是加强基础建设,弥补土地本底短板；四是调整补贴政策，矫正财政激励功能；五是促进产业融合，发展新型经营主体；六是巩固农业根基，实现可持续发展（陈展图等，2017）。

(5) 轮作休耕与小农经济转型

中国属于小规模农业经济体，具有耕地细碎化和小农经济突出的特征（杨庆媛等，2017；谭永忠等，2017）。第二次全国农业普查结果显示：截至2006年底，全国农业经营户20 016万户，其中纯农业户占比为58.4%；第三次全国农业普查结果显示：截至2016年底，全国农业经营户20 743万户，其中规模农业经营户仅占0.2%。基于此，党的十九大报告提出"实施乡村振兴战略""实现小农户和现代农业发展有机衔接"的新要求，2018年中央一号文件提出"统筹兼顾培育新型农业经营主体和扶持小农户，采取有针对性的措施，把小农生产引入现代农业发展轨道"，2019年，《关于促进小农户和现代农业发展有机衔接的意见》认为"当前和今后很长一个时期，小农户家庭经营将是我国农业的主要经营方式"，这充分体现了小农经济现代化转型的重要性和必要性。

然而，农业规模经营是小农经济现代化转型的必经之路，近年来，土地使用权转让、互换并地、土地托管和联耕联种等多种土地经营权流转形式应运而生，这为耕地休耕空间配置研究带来了机遇和挑战。一方面，针对"问题耕地"，休耕空间配置研究将通过分析制约耕地可持续利用的主要因素，初步诊断与识别出休耕的必要性和迫切性，再结合规模约束优选确定休耕区域，并进行休耕区域和休耕技术模式的空间优化组合，解决"问题耕地"所面临的问题，这些质量得到极大改善的"问题耕地"，将成为小农经济现代化转型的物质基础，为休耕空间配置研究带来无限机遇；另一方面，中国幅员辽阔，地理空间差异非常显著，不同区域"问题耕地"面临的问题各不相同，休耕空间配置需要考虑的影响因素复杂多样，也给耕地休耕空间配置研究带来巨大挑战。

1.1.2　实行耕地休耕制度的关键问题

(1) 科学预测休耕规模及优化休耕时空配置

休耕规模与休耕空间布局是一个问题的两个方面，两者相互制约、相互影响，即休耕空间布局受到休耕规模的限制，而休耕规模是休耕区域选择的结果。一方面，需要考虑不同空间尺度的休耕规模测算方法和休耕时空配置方法；另一方面，即使是同一空间尺度，区域不同，休耕规模测算方法和休耕空间配置方法也应有差异。休耕空间尺度分为国家尺度和区域尺度，空间尺度不同，约束条件或评价指标体系会有所差异，需从国家尺度、区域尺度及县域尺度，综合土地人口承载力、粮食安全与生态安全、粮食供需以及多因素综合评价等视角，对耕地利用中存在的问题和面临的问题进行科学诊断与识别，进而对休耕规模进行科学预测，对空间布局进行合理安排。在上述休耕地空间安排的基础上，根据休耕迫切程度，确定休耕的时长和时序。

（2）科学合理地测算农户休耕补偿标准

农户作为休耕政策推行中重要的利益主体，其生计改善及福利补偿受到了广泛的关注。保证农户生计水平不因实行休耕而降低是休耕制度持续稳步推进的前提，因此，科学合理地测算休耕农户的休耕补偿标准是休耕制度建立和完善必须解决的关键问题之一。一是在轮作休耕制度运行期间，为保障制度的顺利进行，在不同阶段目标的指引下，需要采用不同的方式进行补偿，保障农民的基本权益不因休耕而受损。二是需要从不同视角进行农户休耕补偿标准测算，包括利用效用理论、机会成本等方法，构建休耕补偿测算模型对其进行测算，并分析不同补偿标准及补充方式的适用性及局限性①。

（3）厘清休耕利益主体之间的博弈关系和相互作用机理

休耕制度涉及一系列利益主体，各主体的行为目标并非一致。因此，开展实行休耕制度研究必须对涉及的主体进行识别，包括从中央政府到各级地方政府，再到农地产权主体，以及相关社会主体，对各主体在制度框架中的角色地位或功能进行界定，探索制度运行对各主体造成的冲击，并研判主体可能采取的应对行为。探索各主体之间相互作用的机理，主要研究如何兼顾各方利益，达到利益均衡的路径。从国家层面来说，休耕制度是在综合考虑粮食安全、生态安全、保持地力等形势下所作出的战略决策，很有必要；而对农户个体来说，休耕会影响其收入和生计，所以制度实施可能存在一定的阻力。因此，主体间的博弈不可避免，且随着主体的增多，博弈关系和作用机理将趋于复杂。厘清利益主体之间的博弈关系和相互作用机理是休耕制度建设的又一关键问题。

（4）探索体现区域特征的差异化休耕模式

中国幅员辽阔，地域分异特征显著，在不同的自然地理条件和土地利用现实情况下，休耕的技术经济要求也不同。因此，需要根据地域分异特征和社会经济状况筛选合适的轮作休耕模式。目前，我国轮作休耕的重点区域主要是地下水漏斗区、重金属污染区、生态环境严重退化区三类地区。通过对不同区域

---

① 关于休耕补偿标准测算的详细内容可阅读杨庆媛等 2021 年在科学出版社出版的《中国休耕制度：利益主体、补偿机制与实施模式》。

试点区的实地调研、访谈及农户问卷调查，分析、总结、提炼各区域典型休耕技术模式，以供相似区域实行休耕参考借鉴，这也是休耕制度建设中需要不断深入研究的关键问题。

（5）构建实行休耕制度的监测与调控、风险防范及运行保障机制

耕地休耕是一项新型制度安排，能否有效运行需要良好的体制机制保障，因此，针对休耕制度不同主体的行为逻辑，构建包括政府与农户相结合的制度框架和运行机制，实现国家宏观目标与微观行为目标的统一，满足不同主体的利益诉求至关重要。主要依据国家生态文明建设、"藏粮于地"、粮食供给侧结构性改革等战略，从实行休耕制度的补偿与激励机制、监测监控机制、动态调控机制、风险防范机制及运行保障机制等方面进行深入研究，系统制定实行休耕制度的保障机制体系。

1.2 世界先行休耕国家及组织休耕规模确定和时空配置的主要做法和启示

休耕作为土地利用的一种方式，具有悠久的历史，而作为土地利用制度，无论在实践方面还是理论研究方面，欧美、日本等发达国家和地区都已取得了丰硕的研究成果（江娟丽等，2017）。通过对美国、欧盟、日本等先行休耕国家及组织休耕计划中耕地休耕空间配置实践的对比分析，以期为中国耕地休耕空间配置研究及实践提供借鉴（表1-1）。

表1-1　先行休耕国家及组织休耕规模确定与区域安排

休耕计划名称	主要目标	执行方式	休耕空间配置（规模及区域确定）
美国的"土地休耕保护计划"（CRP）	旨在改善生态环境，包括减少水土流失、改善水质和保护野生动物栖息地	自愿性休耕：①一般申请；②不间断申请	①一般申请，占耕地面积的90%，1990年采用环境效益指数（environmental benefits index，EBI）筛选，指标权重动态变化；不间断申请，占耕地面积的10%，1997年和2000年分别实施土地休耕强化项目（CREP）和可耕种湿地项目（FWP），对象为环境脆弱区耕地；②每个县休耕率上限为25%；休耕面积由2007年巅峰时期的1489万hm^2下降到2013年的1036万hm^2

休耕计划名称	主要目标	执行方式	休耕空间配置（规模及区域确定）
欧盟的"农地休耕计划"	旨在控制并减少粮食产量和预算支出；2003 年由粮食控制转向环境保护	①强制性休耕（2009 年取消）；②自愿性休耕（含多年性休耕）	①强制性休耕，粮食产量大于 92t，休耕至少 15%；自愿休耕，粮食产量小于 92t，休耕最小地块 0.3hm²；多年性休耕即 100hm² 以下农场最多休耕 5hm²，100hm² 以上农场最多休耕 10hm²；②享受休耕上限 33% 的补贴；1999 年休耕率固定为 10%；2004～2005 年的休耕率降 5%；2007 年强制性休耕面积大约有 370 万 hm²；2007 年秋至 2008 年春休耕率为 0；总体上休耕率为 10% 左右
日本的"农田休耕项目"	旨在减少食用水稻的产量和保护农户收入；1993 年增加了生态环境保护目标	①强制性休耕；②自愿休耕（2007 年开始；含永久性休耕）	①耕地面积 4hm² 以上的个体农户以及耕地面积超过 20hm² 以上的农业组织；②几乎每年休耕面积都大于 50 万 hm²；1993 年总休耕率为 64.6%，其中，永久性休耕率为 2.6%；2010 年休耕率为 10.6%

1.2.1 主要做法

(1) 美国的"土地休耕保护计划"中的休耕规模确定及时空配置实践

美国于 1986 年开始实施"土地休耕保护计划"项目。30 多年来，CRP 在减少水土流失、改善水质和保护野生动物栖息地等方面发挥了重要作用。美国每 5 年左右会颁布一个农业法案，其会影响到各州参与 CRP 的休耕面积（朱文清，2010a）。农场主自愿申请参与 CRP，并提交申请休耕的土地类型、面积、期望补贴价格以及休耕计划，申请成功后就与政府签订 10～15 年的休耕合同（向青和尹润生，2006）。1990 年美国农业部采用环境效益指数（EBI）筛选"一般申请"地块。EBI 是一个动态的综合评价指标体系，指标和权重会根据每年实际情况不断修正（Ribaudo et al.，2001）。EBI 有 7 个指标，其中，第 7 个指标是意愿接受法（willingness-to-accept，WTA）的补贴价格，WTA 价格越低，休耕申请成功的可能性越大（朱文清，2010b）。为了特定的生态保护目标，1996 年美国农业部开始在野生生物保护带、优先保护区等环境脆弱区域实施"不间断申请"，并于 1997 年启动土地休耕强化项目，导致一些地区的 CRP 分布显著改变

（Bucholtz，2004）。受到较低的土地租金和较高的农产品价格影响，CRP 登记量从 2007 年最高时期的 1489 万 hm² 下降到 2013 年的 1036 万 hm²（Stubbs，2014）。为避免休耕对当地经济带来不利影响，美国农业部要求每个县的休耕上限为 25%，但这一比例是否合理仍然有争议（朱文清，2010a）。

（2）欧盟的"农地休耕计划"中的休耕规模确定及时空配置实践

欧盟于 1988 年制定了为期 5 年的自愿性休耕项目，旨在控制并减少粮食产量和预算支出，但由于配套计划不完善，自愿休耕推行率较低（Jones，1991；OECD，2011）。1992 年欧盟启动麦克萨里改革，实行强制性休耕和自愿性休耕：①粮食产量超过 92t，必须休耕至少 15%；粮食产量低于 92t，可以自愿休耕，但只能享受休耕上限 33% 的补贴，休耕最小地块 0.3hm²。②休耕方式为季休和年休（饶静，2016）。③欧盟有关机构采用航空遥感或随机抽样对申请休耕地进行核实认定。1999 年欧盟将休耕比例固定为 10%（约 350 万 hm²），并制定了多年期（10 年以上）休耕政策，即 100hm² 以下的农场最多可休耕 5hm²，100hm² 以上的农场最多可休耕 10hm²（刘璨，2009）。2003 年欧盟补贴政策模式发生转变，休耕目标由粮食控制转向环境保护（Rob，2003），将 2004～2005 年的休耕率降为 5%（Zellei，2005）。2007 年强制性休耕地面积大约为 370 万 hm²（EU Commission，2008），2007 年秋至 2008 年春休耕率降为 0（潘革平，2007），粮食紧张缓解之后，休耕政策又开始实行（Johnson and Maxwell，2001；Louhichi et al.，2010）。2009 年取消了强制性休耕，保留了自愿性休耕（Rosemarie et al.，2010）。总体来看，欧盟平均休耕率为 10%，主要根据粮食市场的变化不断做出调整（Morris et al.，2011），其时空配置多依据休耕申请者的农场相应区域而定，也就是说休耕时空配置基本上是农场主自身微观决策的结果。

（3）日本的"稻田休耕转作计划"中的休耕规模确定及时空配置实践

日本从 1971 年开始实施"稻田休耕转作计划"，即休耕农户把水稻改种小麦、大豆和油菜等作物，旨在减少食用水稻产量和保护农民收入（饶静，2016）。日本采取强制性休耕，由于每户休耕农户的耕地规模小，便以村庄而非农户个体为单位下达休耕任务（Godo，2013），具体任务单元为耕地面积 4hm² 以上的个体农户和耕地面积超过 20hm² 以上的农业组织（Godo and Takahashi，2008）。1993 年日本正式将保护生态环境作为休耕目标之一，形成了年休和永久性休耕，此时休耕率高达 64.6%，其中，永久性休耕率为 2.6%（1.3 万 hm²）（刘璨和贺胜年，2010）。不同年份休耕面积差异较大，绝大部分都在 50 万 hm² 以上，其中，2010 年日本总休耕面积为 39.6 万 hm²，休耕率为 10.6%（Hashiguchi，2014）。为适应世界贸易组织（World Trade Organization，WTO）农业协定的要求，需要加大农业规模化经营，以此提高水稻的市场竞争力并减少政府的补贴支出，于是 2007 年稻田休耕轮作项目从强制性调整为自愿性，价格补贴被直接补贴取代（饶静，2016）。

1.2.2　启示

通过比较分析先行休耕国家及组织的休耕规模和时空配置实践，可以得到如下启示。

1）最大休耕规模是休耕区域空间布局最重要的约束条件。国家层面休耕首要任务是确定休耕规模上限，中国人多地少，粮食安全问题应该摆在首要位置，避免出现类似日本由于休耕面积过大带来粮食安全、土地闲置和青壮年失业以及一系列环境问题的情况（杨庆媛等，2017；赵其国等，2017；石飞等，2018）。

2）休耕执行方式对休耕空间配置顺序具有重要影响。合理的休耕执行方式很重要，中国既不能像"地广人稀"、私有制为主体、农场化经营的欧美发达国家那样完全"自愿申请"（否则就会造成休耕面积过大问题），也不能完全采用"自上而下"的强推方式（否则难以准确判断休耕的适宜空间和时间，还可能损害到农户的利益）。

3）采用科学合理的休耕诊断识别方法至关重要，如美国的动态 EBI 指数，本书将采用耕地健康综合评价方法进行休耕地诊断识别，以便增强可操作性和适用性。

4）对典型国家及组织休耕实践的休耕模式研究定量化评价成果较少，多停留在定性阐述不同休耕模式带来的经济和社会效益方面，需强化休耕技术模式空间布局的理论研究与实践总结，为全面实行休耕制度奠定良好的基础。

1.3　耕地休耕时空配置的基本问题域

1.3.1　耕地休耕时空配置内涵解析

总体而言，耕地轮作休耕的时空配置本质是不同时间（包括时长和时序）和不同区域之间的组合问题，也就是哪些耕地在什么时候进行休耕和休耕多长时间，从而实现对轮作休耕地的宏观调控。就耕地休耕调控和管理的全过程而言，耕地休耕时空配置的内涵本质就是将休耕规模、休耕区域、休耕时序和休耕时长进行优化组合，实现对休耕地的"定量、定位、定序、定时"宏观调控（图1-1）。也就是说，耕地休耕时空配置的逻辑是紧紧围绕 4 个关键问题展开：一是休多少

（"定量"），即休耕规模测算，形成休耕区域布局的规模依据；二是休哪里（"定位"），即休耕地诊断识别，判断哪些耕地应该休耕；三是按什么时序休（"定序"），即先休哪里后休哪里的休耕时序安排；四是休多久（"定时"），即一次休耕休多长时间。基于上述休耕时空配置的内涵理解，形成休耕空间配置（休多少、哪里休）和休耕时间配置（按什么时序休和休多久）两个方面的核心研究内容。

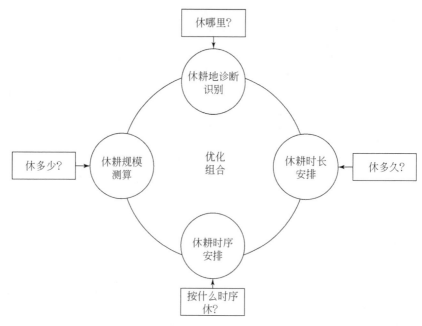

图1-1　耕地休耕时空配置的概念分析框架

1）休耕规模测算、休耕地诊断识别构成休耕空间配置问题。休耕区域受到休耕规模的限制，而休耕规模是在休耕区域选择下的结果。总体休耕规模是由若干个休耕区域的休耕规模汇总而成，从这个角度讲，休耕规模与休耕区域属于总与分的关系，两者相互制约，需同步配置。若干休耕区域的空间组合即为休耕地空间布局，休耕地空间布局受到多因素的影响，一方面，休耕空间布局必然涉及空间尺度即国家尺度和区域尺度，不同空间尺度的约束条件或评价指标体系会有所差异。休耕制度较为成熟的国家及组织的实践表明，休耕规模最小空间尺度为县级，而休耕区域的最小空间尺度为地块。另一方面，粮食市场、粮食安全和生态安全等约束条件会影响休耕空间布局。粮食市场需要考虑粮食价格等因素，突出粮食供需状况，可划分为缺粮区、潜在缺粮区和余粮区等类别（殷培红等，2006，2007）。一般来讲，国家尺度的休耕必须考虑粮食安全，可以测算基于粮食安全的耕地需求（马永欢和牛文元，2009）；区域尺度的休耕是否考虑粮食安全，应根据实际情况特别是区域在国家主体功能区中的功能定位以及区域的生态环境状况斟酌；耕地退化严重的地区和生态极重要地区等，保护生态环境是优先目标，可以不考虑粮食安全问题。

2）休耕时序安排和休耕时长安排组合构成休耕时间配置问题。休耕时序和休耕时长受到粮食供需状况、粮食安全和生态安全等条件约束。一是根据休耕区域的休耕迫切程度安排休耕时序。现实中，满足休耕条件的区域不少，但休耕迫切程度存在差异，根据休耕的迫切程度，可将休耕时序分为近期、中期和远期。根据耕地利用的现实情况，以下区域的休耕迫切程度最高：在地下水漏斗区，地下水超采严重、小麦种植规模大且集中的区域（王学等，2016；龙玉琴等，2017）；在重金属污染区，工矿企业集中的区域（宋伟等，2013）；在生态严重退化地区，荒漠化广布和社会经济发展滞后的区域（刘彦伶等，2018）。事实上，有些区域存在多种障碍因子或约束条件，如某些区域可能既有重金属污染也是生态严重退化区域，需要综合考虑多个因素，测算休耕迫切程度并明确休耕时序。二是根据休耕预期效益确定休耕时长。休耕时长分为季休、年休和多年休，休耕时长可以是连续的休耕周期，如美国每 5 年制定一次农业法案对休耕进行安排。休耕时长也包含了时间间隔，如中国地下水漏斗区采取"一季休耕、一季雨养"，休耕间隔就是一个冬季。休耕时长过长或过短都会对休耕结果产生不利影响，过长会增加外部成本和影响农户收入，过短则达不到预期目标。调查显示，在休耕时间安排方面，农业发达国家及组织更注重休耕时长的调控。

3）耕地休耕时空配置的概念。结合对耕地休耕概念的认识以及上述对休耕空间配置和时间配置的内涵解析，将耕地休耕时空配置给出如下的概念界定：耕地休耕时空配置是指为达到提升耕地质量和产能的目标，针对区域"问题耕地"，结合耕地自然本底、社会经济条件和休耕试点成效等状况，采用一定的科学原理和技术方法，合理测算休耕规模，建立休耕迫切性综合模型或评价指标体系，科学诊断识别休耕地，并以休耕规模等作为约束条件优选休耕地，对不同休耕区域科学安排休耕时序和时长，促进耕地资源永续利用和农业可持续发展。

1.3.2 中国耕地休耕时空配置亟须解决的关键问题

休耕时空配置还受制于国情和土地制度。尽管休耕制度较为成熟的国家及组织都实行土地私有制，但却代表了两种不同类型的农业经济体，即以欧美为代表的规模农业经济体和以日本为代表的东亚小规模农业经济体（杨庆媛等，2017）。欧美的大农场农业特征突出，休耕管理相对容易且效率高，休耕时空配置也相对简单、高效；东亚小农经济特征突出，休耕管理相对较难且效率较低，休耕的时空配置也相对复杂、低效。

中国是农业大国，但从经营方式角度看，属于小规模农业经济体，具有耕地细碎化和小农经济的突出特征（谭永忠等，2017）。同时，又具有自身独特的国情：一方面，中国实行土地公有制，具有强大的土地政策执行力；另一方面，中国幅员辽阔，农业人口众多且人均耕地面积不足世界平均水平的一半，地理空间差异性非常显著。因此，休耕时空配置需要考虑众多因素。结合前述对休耕时空配置的理论认识，当前中国休耕时空配置需要解决两个关键问题，即不同空间尺度的休耕空间布局和不同区域的休耕时间安排。

1.3.2.1 选择休耕区域优先顺序的基本原则

选择休耕区域的优选顺序应遵循如下4个原则。

第一，优先安排生态环境恶化区域休耕，尤其是那些耕地质量低下、生态严重退化、耕地严重污染的地区。

第二，安排水土资源等不匹配的地区休耕，主要是指那些水资源短缺、地下水超采、土壤肥力下降、盐碱度增加的地区。

第三，安排地力透支严重、复种指数较高的区域休耕，主要是指那些耕地本身质量比较好，但由于长期高强度、超负荷利用，复种指数高，耕地得不到休息，耕地质量出现下降的地区。不同地区的休耕可同时进行，但要区分不同地区的休耕比例和规模，如生态环境恶化区的休耕比例宜高，资源趋紧地区的休耕比例宜中，地力透支地区的休耕比例宜稍低。

第四，将粮食主产区一定比例耕地进行轮流休耕。连续种植某类作物，作物需要的养分及微量元素逐年减少，地力损失，需要休耕培肥然后再利用。将一定比例耕地进行休耕时，由于种植面积大，少量的休耕对产量影响较小；当遇到国内外市场变化、政治因素、自然灾害等影响时，这些区域需大力保障特殊时期需求，如粮食（东北地区）、棉花（新疆）、油料（山东）等作物集中种植区。在上述宏观原则指导下，应按照区域耕地压力指数大小安排休耕的优先顺序，耕地压力指数小的地区优先安排休耕，耕地压力指数大的地区后休耕或不休耕。

1.3.2.2 不同尺度的休耕空间布局

（1）国家尺度的空间布局

在中国，实施休耕制度的前提是确保粮食安全，即粮食安全是首要考虑的休耕约束条件（寻舸等，2017；江娟丽等，2018），也是休耕规模的上限，但是空间布局的最终结果，需要综合考量粮食安全、生态安全和耕地质量等多重约束条件。学者们从多个角度对休耕规模进行测算，研究结论差异较大。从广义的粮食产量和从谷物产量两种统计口径来看，中国粮食自给率都不稳定，粮食供求风险较大（唐华俊，2014）。因此，可以根据这两种统计口径的粮食自给率，测算出基于粮食安全的中国休耕规模上限的弹性区间。以省域为评价单元，从生态、自然、社会等方面，即从耕地利用条件、耕地污染程度、耕地自然质量条件、耕地社会经济条件等方面，构建评价指标体系，以休耕规模上限弹性区间作为约束，得到两种统计口径下全国尺度休耕空间布局结果。

（2）区域尺度的空间布局

第一，中国粮食供需空间差异性明显，区域粮食安全需酌情考虑。可以按照余粮区、缺粮区和潜在缺粮区等类别探寻其空间分布规律。常年缺粮区和潜在缺粮区进行休耕空间配置应以粮食安全为约束条件；余粮区的休耕空间配置则重点考虑耕地利用强度调控。第二，中国耕地质量和生态环境等状况区域差异明显，应根据各地耕地资源现状和农业产业区划（黄国勤和赵其国，2017；王志强等，2017；钱晨晨等，2017）进行休耕的空间配置。除地下水漏斗区、重金属污染区和土地生态退化区三类典型区域外，中国东北黑土地、黄土高原和三峡库区等许多独特的地理单元，面临的土地利用问题也各有差异。可以利用土地利用变更调查、荒漠化调查评价、水土流失调查评价和土壤污染状况调查等成果，构建休耕区域选择综合评价指标体系。第三，区域耕地基础条件和社会经济状况差异明显，需考虑区域的休耕可行性。例如，调研发现农民更愿意将距离居住地较偏远的耕地进行休耕、经济发展水平较高区域的农民更愿意进行休耕。再如，将限制建设区和禁止建设区的耕地作为休耕空间布局的初步成果；测算缺粮区的经济补偿能力，作为休耕规模测算的约束条件；选择集中连片耕地进行休耕，以便降低休耕成本，体现规模效益。

1.3.2.3 不同区域的休耕时间安排

对于休耕时间安排，一方面，考虑到当前休耕尚处于试点阶段，各地都在积极探索多元休耕模式，不可能立即大面积休耕，需要循序渐进地扩大，因而需要根据区域休耕迫切程度科学安排休耕时序；另一方面，为了实现休耕综合效益最大化，需要根据区域耕地退化程度、养地措施效果和管护投入力度等情况，提出多元化的休耕时长安排和调控方案。尽管2016年农业部等十部委办局联合印发的《探索实行耕地轮作休耕制度试点方案》对三类典型试点区规定了不同的休耕时长，但却忽略了每个典型试点区内部的空间差异性，可能会出现休耕时长过长或过短的问题，影响休耕效果。

（1）休耕时序安排

从耕地质量、耕地生态和社会经济状况等方面，构建区域休耕迫切程度综合评价指标体系，按照一定标准划分休耕迫切程度等级，迫切程度越高的区域越应优先休耕，从而确定休耕时序。事实上，有些区域存在的多种障碍因子或约束条件，如某些区域既是重金属污染区也是生态退化严重地区，需要综合考虑多个因素，测算休耕迫切程度空间分布，进而明确区域休耕时序。

（2）休耕时长确定

可以针对不同区域土地资源禀赋、土地利用特点及面临的土地利用问题，并结合粮食市场、财政支持能力等社会经济状况，判断地力恢复或预期效益所需时长确定休耕时长和周期（杨庆媛等，2017）。但是，科学准确评价预期效益并非易事，因为缺乏每种养地措施与地力恢复之间的时长关系的研究，更多可能需要依据农业经验。例如，目前中国生态严重退化区休耕试点实行3年休耕制，3年的休耕时长是否适宜有待多地试点检验。

1.4 耕地休耕时空配置的基本原理

1.4.1 耕地休耕时空配置原则

配置原则是休耕时空配置的准绳和依据，根据中国耕地休耕试点情况，多尺度休耕时空配置应遵循以下原则。

（1）规模上限原则

从美国和欧盟的休耕时空配置实践来看，制定休耕规模上限对于保障国家粮食安全具有重大意义。中国的休耕制度应将粮食安全放在首位，国家休耕规模为各空间尺度可休耕规模汇总的上限，区域及县域休耕规模作为对应尺度的规模依据或主要约束条件之一。

（2）优先休耕原则

应该优先休耕迫切性和可行性程度较高的区域。有些区域休耕迫切程度较高，但休耕可行性程度较低，需要综合协调考虑，以免影响休耕的社会效益、经济效益及影响区域可持续发展。

（3）因地制宜原则

中国地域广阔，地貌类型多样，耕地资源禀赋和耕地利用的制约因素空间差异明显，应因地制宜选取技术方法和构建区域耕地休耕评价指标体系，评价或模拟多尺度的区域休耕地空间分布状况。本书中针对案例区砚山县选择了两种不同的配置方法，其目的在于提供不同的研究思路和研究视角。

（4）可行性原则

休耕地诊断识别前需要综合考虑耕地利用管理部门的相关要求，区域主体功能定位，农户生计特点以及农户休耕意愿等因素，科学评价区域休耕可行性，降低休耕地错配风险和减少休耕成本。

1.4.2　耕地休耕时空配置类型

借鉴美国、欧盟等先行休耕国家及组织的休耕时空配置实践成果（表1-1），从休耕目标、执行方式、约束条件和配置技术4个角度，可以得到4种主要的耕地休耕时空配置类型，即目标导向型时空配置、执行方式导向型时空配置、多条件约束导向型时空配置和技术导向型时空配置。

（1）目标导向型休耕时空配置

耕地休耕时空配置以休耕目标为导向，主要围绕调控粮食（特别是稻米）供需和生态环境保护两个方面，休耕目标会影响休耕时空配置结果。美国的休耕主要布局在农场、湿地和野生动物保护区等区域，以保护和改善生态环境为优先目标，休耕时长较长（朱文清，2009）。欧盟休耕主要布局在农场，一直以调控粮食供需为目标，但《2000年议程》之后开始转向保护农业生态环境，休耕时长类型多样（OECD，2011）。日本休耕地区主要布局在稻田区域，把调控稻谷供需作为主导，但对生态环境保护重视程度不够（饶静，2016）。日本为了保护农户收入，提供较高的稻田休耕补贴，使得兼业农户不愿意经营农业，从长期来看同一块耕地休耕时间较长，这不利于日本农业规模化发展和农业竞争力提高。综上，注重生态环境改善目标的国家及组织，休耕空间布局涉及土地类型较多，反之较少；休耕时间侧重休耕时长，包括季休、年休和多年休，以改善生态环境为目标的休耕时长较长，调控粮食供需及其他目标的则休耕时长较短且变化较快。

（2）执行方式导向型休耕时空配置

尽管典型国家及组织土地制度相同或类似，但国情却有较大差异，使得耕地休耕的执行方式也有所不同，进而影响耕地休耕的时空配置。执行方式主要包括强制性休耕和自愿性休耕两种，但目前典型国家及组织多采用自愿性休耕。美国只采取自愿性休耕，但针对生态脆弱区（动物栖息地、湿地等）实施的"不间断申请"项目，极大地改善了生态环境（Bucholtz，2004）。美国这种上下结合的执行方式让休耕具有很大的弹性，休耕区域类型多样且有针对性地优先考虑生态脆弱区，休耕时长较长。日本以村庄为单位下达休耕任务，采取强制性休耕为主的执行方式：一方面，稻田面积一直呈减少的趋势，威胁着日本的粮食安全（Kazuhito，2008）；另一方面，多年休耕方式比例太小，生态环境改善效果不明显。

（3）多条件约束导向型休耕时空配置

休耕区域选择、休耕规模管控和休耕时间安排都会受到粮食市场、生态安全和社会经济发展状况等多种条件的约束。一是从休耕区域选择来看，美国休耕区域选择主要受到生态安全的约束，采用动态 EBI 对申请农户的休耕地块进行筛选，合同到期以后 EBI 较低的休耕地还可以延期（Ribaudo et al.，2001）。从已掌握的资料来看，我们并没有找到欧盟和日本的休耕地块标准的选择依据，但从其休耕目标来看，主要是根据国内外粮食市场状况来确定休耕地块选择标准：欧盟以农户耕地面积和年产量为依据，日本以个体农户和村庄的耕地面积为依据。二是从休耕规模管控来看，欧美制定了休耕规模上限，这有利于粮食安全、生态保护和土地资源有效利用。休耕后欧盟的土地集约化加强，小农场变少，中等规模农场数量增加（卓乐和曾福生，2016）。日本没有严格管控休耕规模，由于小农经济体户均耕地面积有限，休耕规模过大带来了粮食紧缺、耕地质量下降等诸多负面影响。三是从休耕时间来看，前述提到休耕目标对于休耕时长的影响，表明休耕约束条件和休耕目标之间可以相互转化。

（4）技术导向型休耕时空配置

技术水平的高低和技术投入的多少会影响耕地休耕时空配置效率。欧美休耕先行国家拥有先进的技术手段和科学的评价系统，对休耕过程进行精确的定量化分析和管理，尤其是加强 3S 技术在数据获取及空间分析方面的应用，通过建立各种实时遥感数据库（包括土壤图、地形图、土地利用现状图等），利用地理信息系统强大的空间分析工具，进行休耕空间布局和时间安排，为休耕时空配置实践提供准确快捷的科学决策。日本没有实施控制和监测生态环境影响的措施，潜在的环境效益只能从总量关系上加以推断（刘璨和贺胜年，2010）。

1.4.3 耕地休耕时空配置体系

1.4.3.1 休耕时空配置尺度体系

目前，中国已基本形成"中央统筹、省级负责、县级实施"的 3 级休耕工作机制，本书提出休耕时空配置的"国家–区域–省域–县域"的 4 级体系。现有文献成果中，国家尺度和区域尺度的时空配置研究尤其是休耕规模测算研究较多，县域尺度研究较少。本书将估算国家尺度休耕规模作为上限约束，在此基础上，按照合理的配置原则和配置方式，采用多尺度"因地制宜"配置方法，确定休耕规模比例范围值，即确定区域休耕规模与该区域耕地总面积的比值（%），再用国家休耕规模上限约束，确定多尺度的休耕规模、休耕区域和休耕时序，进而分析不同区域的地力恢复或预期效益所需时长，最终确定多尺度的休耕时长。

1.4.3.2　休耕时空配置决策体系

从典型国家及组织的休耕时空配置实践来看，目前休耕主要有 3 种调控方式。

1）"自上而下"统筹规划。中央制定休耕规划，明确每年休耕区域、休耕（总）规模和休耕时长，并将分解指标下达到各省级单位落实。该休耕方案具有维持国家管控力和休耕运作成本较低的优势，但农户的主体地位和决策参与性不足且区域休耕规模受到限制（有可能区域实际休耕规模比下达指标大或者小）。

2）"自下而上"申请。由各省级单位每年提出申请休耕区域、休耕规模和休耕时长，中央统筹调控。该休耕方案具有因地制宜和激发地方灵活性以及调动农户参与休耕积极性的优势，但休耕运作成本较高和国家休耕目标达成度可能不充分。

3）"上下结合"统筹调控。事实上，目前中国休耕试点主要采取"自上而下"的强制执行方式。为了汲取上述两种执行方式的优势，从典型国家及组织的实践经验来看，中国耕地休耕可以采取"上下结合"的方式即将强制性休耕与自愿性休耕相结合：一方面，对于休耕迫切性和可行性程度较高的区域可采取"自上而下"的强制管控方式；另一方面，对于休耕迫切性和可行性程度较低的区域可实行"自下而上"的农户自愿申请方式。

针对上述 3 种休耕调控方式，本书采用"上下结合"的配置顺序，即"国家↔区域↔省域↔县域↔国家"。①"自上而下"确定国家休耕规模上限。由于全国不同休耕区域的空间异质性突出，难以构建一个从国家到县域或更小尺度的综合评价指标体系。中国休耕以粮食安全保障为前提，以生态安全为引领，因而休耕应该以粮食安全和生态安全作为主要约束条件，将休耕规模落实到省级单元，从而初步确定全国尺度的休耕规模比例范围值，并作为国家休耕规模上限。②"自下而上"确定区域休耕规模。选取多尺度"因地制宜"的方法探讨区域时空配置，针对各区域实际情况反馈调整，确定区域和县域的休耕规模比例范围值和休耕时序，其结果将作为国家后续休耕时空配置的基础。③"上下结合"确定多尺度的休耕区域、休耕时序和休耕时长。以国家休耕规模作为上限，将"自下而上"即从县域到区域的规模汇总得到的休耕规模，按照一定的原则和方法，再次逐级调整休耕规模，如果县域汇总规模超过各省级的休耕规模上限，则剔除掉休耕迫切程度相对较低的耕地，直到汇总规模小于该省级休耕规模上限，进而确定休耕区域、休耕时序，同时，分析不同区域地力恢复或预期效益所需时长，在空间上合理布局不同休耕时长。

事实上，近年来，除了纳入国家统一试点的区域以外，全国多地自主开展了轮作休耕试点，且规模不断扩大，也为"上下结合"的休耕制度执行方式提供了支持。

1.4.3.3 不同休耕时空配置的方法体系

休耕空间布局涉及国家宏观层面的区划和多种类型的重点区域，包括全国、区域和县域 3 级空间尺度。由于不同区域的粮食供需矛盾和"问题土地"有所差异，需要找到多尺度"因地制宜"的配置方法，通过逐级配置分解，最终落实到各个县域的耕地地块上。结合现有研究成果，得到多尺度"因地制宜"的配置方法体系，主要包括"不同尺度、相同方法"和"相同尺度、不同方法"两种配置方法：

1）不同尺度、相同方法。建立区域多尺度耕地休耕综合指数，分别模拟和评价区域多尺度休耕地空间分布状况。除了纳入国家试点体系的休耕试点三大类型区以外，还有诸如东北黑土地、黄土高原和三峡库区等独特地理单元，同样可以构建不同区域多尺度耕地休耕综合指数。Shi 等（2019）通过构建耕地休耕综合指数（ILF），模拟和评价了西南地区 3 级空间尺度的休耕地空间分布状况，再以可休耕规模与耕地面积的占比为参考，拟定休耕时序，将可休耕规模在不同尺度进行空间布局。

2）相同尺度、不同方法。①县域尺度。采用耕地能值–生态足迹方法、生态–粮食安全方法、综合评价指标体系方法和生态脆弱性评价方法，探讨不同县域休耕空间配置。一是耕地能值–生态足迹方法（石飞等，2021），从资源承载力视角理解，其本质是将休耕空间布局于耕地资源承载力相对较低的区域，通过修正耕地能值生态足迹改进模型和耕地能值可持续指数（emergy sustainable index of cultivated land，ESI_{cl}），分别测算全县及每个乡镇的最大休耕面积和全县休耕面积范围值。二是生态–粮食安全方法（陈展图，2020），根据国家休耕政策要求，25°以上坡耕地不纳入休耕范围，因此，筛选出 25°以下的耕地作为理论上的最大休耕规模，构建休耕迫切度评价指标体系和休耕规模预测模型，将可休耕规模反演到各个乡镇和村（社区），最后根据各个乡镇和村（社区）的综合休耕指数进行休耕空间配置。三是综合评价指标体系方法（龙玉琴，2018），基于耕地稳定性，从耕地坡度、土地用途管制和城市规划等方面提取出适宜休耕地范围；从耕地本底质量、耕作条件及社会支持度三个层面构建了耕地休耕时序评价指标体系，从土壤养分、土壤质地和坡度等方面构建了耕地休耕时长评价指标体系。四是生态脆弱性评价方法（杨庆媛等，2018），主要针对土地退化地区生态系统的脆弱状况，从敏感性、暴露性和适应性 3 个维度构建耕地生态系统脆弱性评价指标体系，利用耕地保有量方法计算出可休耕理论规模，以此作为可休耕规模对耕地生态系统脆弱性评价结果进行约束，优选出休耕区域。②国家尺度。采用中国土地人口承载力方法和生态–粮食安全方法，分别测算国家可休耕规模，得到国家可休耕比例范围：基于中国土地人口承载力视角（Lu et al., 2019），将估算出中国土地人口承载力并与测算年份人口规模相比较，剩余承载力对应的耕地面积比例就是可休耕规模比例，进而可计算出中国可休耕规模。现实谷物粮食生产能力包括测算年份的谷物粮食总产量、待挖掘的耕地生产潜力和建设用地占用耕地导致的粮食产量下降量三个部分的综合。其中，待挖掘的耕地生产潜力指因单产下降、复种指数下降和种植结构调整所引起的粮食产量下降，而这部分耕地在一定条件下具有复耕的潜力；基于生态安全–粮食安全视角（龙玉琴等，2019），依据耕地规模预测值及确保粮食安全所需耕地需求量，确定基于粮食安全的中国耕地休耕规模，基于耕地生态安全构建耕地休耕规模分配指标体系，确定休耕规模分配权重，并以粮食安全为前提的耕地休耕规模作为总量控制，以各省耕地资源禀赋为主导因素，测算出基于粮食安全–生态安全的中国可休耕规模。

1.4.4　耕地休耕时空配置思路

根据休耕时空配置的内涵、关键问题及基本原理，构建休耕时空配置思路的基本框架（图 1-2）。具体步骤如下。

1）根据国家粮食安全战略、耕地保护制度、生态文明建设等总体要求，结合区域生态环境保护与建设和农业可持续发展的实际需求，确定休耕目标。

2）构建休耕区域选择综合评价指标体系，初步确定休耕区域、休耕规模和休耕时序。

3）以粮食市场、粮食安全、生态安全、耕地质量以及农户意愿与农户生计等作为主要约束条件，按照对应的执行方式，确定不同空间尺度的休耕区域。

4）根据休耕区域地力恢复或预期效益所需时长，确定休耕时长并进行空间布局。

需要说明的是：一是休耕目标和约束条件之间可以相互转化，如保障粮食安全是休耕的最终目标，路径是通过耕地休养生息，提高未来的耕地产能，以更可持续的方式保障粮食安全，但如果当前的粮食供给不足，则成为休耕的约束条件，又如，提升耕地质量和产能是休耕目标，而耕地质量下降就是休耕约束条件；二是休耕时空配置受制于约束条件，需要采用不同空间尺度的综合模型或评价指标体系，判断约束条件对休耕实施的约束强弱；三是诊断识别约束条件和构建综合模型或评价指标体系，需要充分考虑国际政治环境、国内外粮食市场形

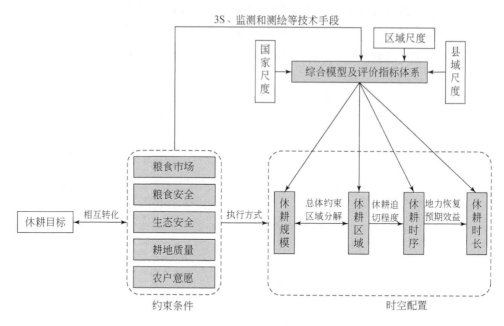

图 1-2　耕地休耕时空配置过程示意图

势、农户意愿，以及土地利用技术等因素，并适时监测和评估休耕效益，提高休耕空间配置时效性。

1.4.5　耕地休耕时空配置程序

根据休耕时空配置的研究思路，休耕时空配置研究可分为"目标厘定（约束条件）→对象识别→规模测算→区域布局→时间安排"五个程序。其中，以目标厘定为统领，规模测算和区域布局的确定与安排服务于总体目标；对象识别是规模测算和区域布局的基础；规模测算和区域布局相互制约、同步配置。

（1）休耕目标厘定

中国休耕的主要目标有以下 4 个方面。第一，提升耕地质量和产能，保障粮食安全（陈印军等，2016）。该目标主要针对中国"连轴转"的耕地利用方式（牛纪华和李松悟，2009），导致耕地质量急剧下降的问题。第二，坚持生态优先，促进农业可持续发展（王静等，2012）。该目标主要针对中国耕地生态系统已经遭到严重破坏，尤其是由于化肥、农药过量施用，利用率不高导致面源污染，严重威胁中国耕地生态安全（宋伟等，2013；刘肖兵和杨柳，2015）的问题。第三，缓解粮食供需矛盾，优化粮食供给结构（何蒲明等，2017；陈展图等，2017）。该目标主要针对中国粮食供需区域空间差异明显以及中国粮食供给结构不合理，粮食种植品种向谷物集中、粮食生产向主产区集中和国内外粮价倒挂导致过度进口粮食（邵海鹏，2016；于智媛和梁书民，2017）的问题。第四，减轻粮食库存的财政压力，稳定农民收入。该目标主要针对中国粮食库存压力巨大，财政支出负担过重，种粮成本增加，以及农民收入不稳定等问题。多元目标相互渗透、相互影响。例如，耕地质量下降将导致耕地生态环境变劣，进而影响生态安全，而耕地生态环境变劣又将造成耕地数量的直接损失和耕地质量下降的隐性损失（李青丰，2006）。

（2）休耕地诊断识别

休耕地诊断识别需综合考虑以下两个方面的问题，并找到对应的 5 个主要约束条件：粮食安全、粮食市场、生态安全、耕地质量以及农户生计与农户休耕意愿。

第一，粮食供需矛盾和粮食安全的问题。实施耕地休耕制度，首先必须考虑粮食安全问题，同样，休耕地诊断与识别也必须考虑粮食安全问题，将粮食安全问题放在首位，但在具体的研究视角方面，不同空间尺度存在一定差异。在国家尺度无论是土地人口承载力视角还是生态–粮食安全视角，都应该把粮食安全放在首位。县域尺度视角相对微观，首要问题是适应区域主体功能对土地利用的要求，其次才是粮食供需和粮食安全问题。

第二，耕地本底存在的问题土地，即"问题耕地"。"问题耕地"指受污染、生态退化和地下水资源严重不足等威胁的耕地，需要综合考虑耕地质量、耕地利用强度、区域社会经济状况等影响因素，按照因地制宜的配置方法，求取休耕区域适宜性综合分值。中国幅员辽阔，耕地资源禀赋、耕地利用状况和社会经济条件等区域差异明显。显然，不同空间尺度的休耕影响因素或约束条件不同，相应的休耕面积占比也会有所差异。

（3）休耕区域布局的规模测算依据

第一，国家尺度有以下两种方法测算休耕规模。一是从土地人口承载力视角，测算中国 2016 年和 2030 年耕地可休耕规模（Lu et al.，2019），通过估算中国土地生产力能够养活的人口数量（即土地人口承载力），并与现有人口规模相比，粮食富裕部分所折算的耕地则可用于休耕，从而得到国家可休耕规模。二是从粮食安全和生态安全的视角（龙玉琴等，2019），以粮食安全为约束目标的可休耕规模作为总量控制，以生态安全为约束目标的可休耕规模作为分配权重，并辅以各省耕地资源禀赋作为制约因素，从而得到基于粮食安全–生态安全的中国可休耕规模。

第二，区域尺度可通过构建区域耕地休耕指数测算休耕规模。Shi 等

（2019）通过构建西南地区 ILF，利用多源数据模拟空间尺度的可休耕规模。该研究方法的优势在于：一是通过建立统一指标体系同时测算区域多尺度下的可休耕规模，简化了休耕空间配置的过程；二是通过获取多源中低空间分辨率数据，提高了休耕空间配置的可靠性。

第三，县域尺度测算休耕规模方法。目前，主要有生态-粮食安全方法、综合评价指标体系方法和生态脆弱性方法等。大致包括两种方法思路：一是结合各级土地利用总体规划、城市总体规划、功能区划等规划成果，依据耕地保有量、建设用地总量等控制性指标，构建评价指标体系；二是在确定休耕规模的同时，同步探讨其空间布局，做到休耕规模数量与空间布局的有机结合，即定量与定位的结合。

（4）休耕区域空间布局

不同国家有不同的休耕目标且休耕目标会随着人们的需求变化而发生变化，粮食市场、粮食安全、生态安全、耕地质量和社会经济发展水平是空间布局必须考虑的五个主要约束条件。一方面，休耕区域选择和休耕规模之间相互制约，需要同步配置，最终的休耕规模是在休耕区域确定的基础上形成的。基于单一约束条件的休耕空间布局研究既可以直接进行空间分析，也可以通过构建预测模型或评价指标体系，而多种约束条件下的休耕空间布局研究则必须构建综合预测模型。另一方面，需要考虑休耕可行性。不同空间尺度的区域存在着本底条件、耕地利用条件、社会经济发展状况等方面的差异，不同空间尺度区域的约束条件与权重及评价指标体系都不一致。例如，美国某些 CRP 项目参与水平高的州（俄克拉何马州、北达科他州、爱达荷州和华盛顿州），由于仅考虑了生态环境目标，而忽视了当地社会经济状况或者其他因素，致使休耕对当地的经济产生了长期的负面影响（朱文清，2010a，2010b）。

除了上述五个主要约束条件以外，还需结合区域实际考虑相关约束条件，以提高耕地休耕空间布局效率。第一，"滑移效应"会抵消休耕效果（朱文清，2010a，2010b）。一方面，当休耕区域耕地退出生产时，由于规模经济和固定投入，农户可能会耕种附近非休耕区域的其他土地。另一方面，当某一区域休耕面积较大，而附近非休耕区域耕地可能会种植更多粮食作物以补偿本区域粮食缺口。因此，在选择休耕区域的同时，应注意避免对附近耕地和非耕地产生"滑移效应"。第二，空间结构的优化组合。例如，在平原、山区、丘陵和高原等不同地貌类型及各类型区内部，休耕地如何布局才能提高休耕效率？哪种地貌类型内部休耕更有效率？水田和旱地如何搭配休耕？距离城镇多远休耕效果最好？这些都需要在宏观上进行把控。

（5）休耕时间安排及调控

休耕时间安排是休耕时空配置的另一个重要维度，合理的休耕时间安排是休耕时空配置有效性的保障。休耕时间的调控仍需以目标为导向，从休耕迫切程度和预期效益方面综合考量，分别确定休耕时序和休耕时长，以便依据区域实际轮换休养和恢复生产。

根据休耕迫切程度确定休耕时序，其关键问题是区域休耕迫切程度的评价模型和评价指标体系构建以及休耕迫切程度的等级标准划分。例如，假设将保护生态环境作为优先休耕目标，则可借鉴美国的环境收益指数，从植被恢复、野生动物保护、水质改善、土壤生产力提高和空气质量改善等方面评价休耕区域带来的环境收益情况，划分拟休耕区域的环境收益等级，收益等级越高的区域越应优先休耕。再如，可采用生态安全评价方法，建立耕地生态安全评价指标体系，耕地生态安全等级越低的区域越应优先休耕（谢俊奇等，2014）。

根据预期效益确定休耕时长或周期，其关键问题是区域休耕预期效益评价与休耕时长之间的关系。由于不用区域的休耕约束条件不同，预期效益所需时长就会有所差异，并且预期效益是基于后期管护完全正常所形成的理论效益。事实上，中国永久性休耕项目退耕还林工程在实施过程中，由于休耕各利益主体尤其是政府利益和休耕农户利益之间存在激励不相容，出现了生态目标偏离（刘东生等，2011）。中国的耕地休耕政策实施也需高度重视相关利益主体的博弈，尽可能避免休耕目标偏离导致休耕预期效益出现偏离。需要特别强调的是，对于社会经济发展水平较低、人多地少的国家或地区，休耕的时长不宜过长，否则会影响到区域粮食安全，但也不宜过短，否则难以达到预期效益。

1.5　本 章 小 结

本章在综合分析典型国家及组织休耕空间配置实践和耕地休耕空间配置研究进展的基础上，融合地理学、农学、土地科学和管理学等多学科理论，系统阐释了耕地休耕时空配置的基本问题域和基本原理，形成了耕地休耕时空配置理论和分析框架。主要结论如下。

1）耕地休耕时空配置内涵本质就是将休耕规模、休耕区域、休耕时序和休耕时长进行优化组合，实现对休耕地的"定量、定位、定序、定时"宏观调控，包括休耕空间配置和休耕时间配置两个方面的核心内容。

2）中国休耕空间配置亟须解决不同空间尺度的休耕空间布局和不同区域的休耕时间安排两个关键问题。构建综合评价模型或评价指标体系和划分评价等级标准是解决这两个关键问题的难点和重点。

3）耕地休耕时空配置主要有 4 种类型：目标导向型时空配置、执行方式导向型时空配置、多条件约束导向型时空配置和技术导向型时空配置。休耕实施中应根据国际国内环境，选择一种类型或多种类型组合的休耕时空配置方式。

4）休耕时空配置由"国家–区域–省域–县域"的 4 级体系构成，按照"上下结合"（即"国家→区域→省域→县域→国家"）的配置顺序比较合理，形成了"不同尺度、相同方法"和"相同尺度、不同方法"2 种配置方法体系。

5）休耕时空配置过程包括"目标厘定→对象识别→规模测算→区域布局→时间安排"5 个程序。其中，目标厘定是统领，规模测算和区域布局的确定与安排服务于总体目标；对象识别为规模测算和区域布局奠定基础；规模测算和区域布局相互制约、同步配置。

第 2 章　中国耕地休耕规模
估算及调控的理论基础

中国是人口大国，粮食安全是国家安全的重要方面。粮食安全以足够的耕地数量作保障，因而在保证国家粮食安全的前提下，确定合理的休耕规模并对其进行适时调控是有效落实轮作休耕制度的核心任务之一。本章着重阐述休耕规模估算及调控的理论基础，并构建中国休耕规模估算及调控的思路框架，为中国休耕时空配置奠定规模测算的理论及方法基础。

2.1　休耕规模估算及调控的理论基础

2.1.1　土地资源稀缺性原理

土地作为人类生存发展的重要资源，具有明显的稀缺性。土地资源的稀缺性既体现为绝对稀缺，又体现为相对稀缺。土地资源的绝对稀缺性由土地资源绝对数量的有限性所决定；土地资源的相对稀缺性是指由于土地具有不可移动性，一定时期内某区域因土地需求大于土地供给而产生的稀缺。

耕地是人类赖以生存和发展的重要资源，其稀缺性远超其他土地利用类型。中国人口众多，人均耕地面积较小，加剧了耕地资源的相对稀缺，也导致了部分区域由于耕地稀缺而发生耕地过度使用的情况，耕地压力较大影响区域粮食安全（蔡运龙等，2009；刘笑彤和蔡运龙，2010）。耕地被占用和人口增长必然导致耕地压力的增加，耕地压力指数能很好地反映区域耕地资源的压力水平（陈素平和张乐勤，2017）。本书在建立耕地压力指数测算模型时，充分基于土地资源稀缺性原理，认为耕地面积的多寡直接决定耕地压力水平的高低；同样在利用耕地压力指数制定休耕规模调控策略时，也是基于土地资源稀缺性原理，对区域耕种耕地和休耕耕地的比例和空间进行合理分配和安排，以便更好地兼顾耕地利用的当前利益和长远利益，更好地权衡耕地利用的局部利益和整体利益。

2.1.2　人地关系理论

人地关系是人文地理学最核心的议题。人地关系思想大致经历了三个阶段：从最初强调人类顺应自然到企图征服自然，再到现在的"人地和谐"。人地协调理论是人类经历了农业文明和工业文明后，进入生态文明阶段自觉选择的重要结果，核心观点是将保护资源环境和发展经济有机结合起来，追求经济、社会、生态三者协调统一（蔡运龙，1989；方创琳，2004）。

几乎所有的农业生产都与耕地有关，所以协调的"耕地-人口""耕地-农业劳动力"关系是保证农业和农村可持续发展的重要前提。如今中国的"耕地-人口"关系面临人均占有耕地面积少、耕地产出能力不强、部分区域耕地利用过于粗放、有的区域又过度利用等严峻形势，亟待协调失衡的"耕地-人口"关系，加强耕地节约集约利用，保证区域耕地压力在可控范围内（张永恩等，2009；赵其国等，2006）。在"人口-耕地""耕地-农业劳动力"系统中加入"粮食"这一中间要素，形成"耕地-粮食-人口"系统，将粮食的供需作为人地关系沟通的桥梁，以此测度和预测正在休耕或拟休耕区域的耕地压力，探讨其时空特征，并利用休耕政策调节"耕地-粮食-人口"系统中的人地关系。同时，利用反映人地关系的耕地压力指数反推休耕规模，充分体现人类调控人与自然关系的主观能动性，并推动"人地和谐"不断向高级阶段发展。

2.1.3　粮食安全理论

粮食安全主要涉及粮食的供给保障问题，这一概念虽形成时间较长，但目前尚无明确、统一的界定。在不同历史发展时期，对粮食安全的定义有所不同，不同国家由于经济发展水平不同、消费观念不同，对粮食安全的理解和定义也存在着较大差异。

20 世纪 70 年代，FAO 在《世界粮食安全国际约定》中指出，粮食安全是"保证任何人在任何时候都能得到为了生存和健康所需要的足够食物"。1983 年 4月，FAO 对这一定义作了修订，指出粮食安全的目标为确保所有的人在任何时候既能买得到又能买得起所需的基本食品（丁声俊，2001）。修订后的粮食安全概念既包括提高粮食生产水平、确保粮食市场供应，又包括增加经济收入。FAO 是针对全世界范围来提出粮食安全这一概念的，并且着重从消除贫困、饥饿和营养不良的角度来定义粮食安全，较多地考虑了发展中国家，尤其是贫困国家的粮食安全状况。1996年，FAO在《世界粮食安全罗马宣言》中提出：只有当所有人在任何时候都能够在物质和经济上获得足够、安全和富有营养的粮食来满足其积极和健康生活的膳食需要及食物喜好时，才实现了粮食安全。显然，随着经济发展水平的提高，对于粮食安全的理解逐渐转移到关注人们膳食结构，顾及营养及人们对于食物的偏爱上来。

中国是世界上最大的发展中国家，中国的粮食安全问题，既不同于一般的发展中国家的，更不同于发达国家的。多年来中央一号文件将"三农"问题，特别是粮食安全问题提升至极其重要的战略高度（郭燕枝等，2009）。新形势下保证中国粮食安全，必须正确理解粮食安全战略的出发点，就是要始终坚持抓好粮食生产不动摇，并进一步明确保障国家粮食安全的优先次序。综合考虑未来一定时间内中国农产品的供需形势和资源条件，确保谷物基本自给、口粮绝对安全。2014年，时任农业部部长韩长赋提出"谷物基本自给、口粮绝对安全"的国家粮食安全量化指标。从资源条件、需求结构及国内外经验来看，做到"谷物基本自给"，就是要保持谷物自给率达到95%以上，做到"口粮绝对安全"，就是稻谷、小麦的自给率基本达到100%（谷物自给率100%）。这是保障国家粮食安全的硬指标，也是硬约束，这样的定位，并不是减轻保障国家粮食安全的责任，也不是放松国内粮食生产发展，而是在立足国内供给的基础上，充分发挥国内外"两个市场""两种资源"的作用，但确保把"饭碗"端在自己手上，只有这样才有能力应对各种难以预测的事件，无论是自然灾害，还是市场波动；也无论事件是来自国内，还是来自国外。

2.1.4　土地人口承载力理论

土地人口承载力是保障国家粮食安全情况下所能够供养的人口数量。通常采用式（2-1）进行估算：

$$CCLP = (Q \cdot L)/D \tag{2-1}$$

式中，CCLP为土地人口承载力；Q为土地生产力，即作为劳动对象的土地与劳动和劳动工具在不同结合方式下所形成的生产能力和生产效果，包括土地的质量、农业生产投入及农业生产技术；L为土地存量，即可生产粮食的土地面积；D为人均食物需求，指满足口粮消费的需求量，按照当年人均粮食消费（包含各种食物消费量，如主粮、肉类、蛋奶类和副食等）推算的符合当前经济发展水平及社会消费水平的人均粮食需求量。土地人口承载力立足于保障国家粮食安全，其不仅与人口数量有关，也与耕地数量、质量、利用方式有关。

当前，中国经济水平、人民生活水平不断提高，可以说已经远离了粮食极端匮乏的威胁，但是作为人口大国，粮食安全问题一刻也不能忽视。以确保粮食安全的耕地数量、质量和生态综合决定的产能所折算成的耕地规模，是土地利用及其管理和国土空间用途管制中刚性最强的底线。

2.2　休耕规模估算及调控的路径

基于粮食安全这一底线，从土地利用变化的视角出发，采用改进的土地人口承载力模型，探索中国耕地实际和潜在的生产能力，测算中国休耕规模的理论值，在此基础上进行休耕规模调控。由于中国的耕地、人口分布呈现出明显的地域分异，不同区域的人口、耕地、粮食三者的关系存在不同程度的差异，所面临的粮食安全问题与人地矛盾也不一样（曲福田和朱新华，2008；石晓平和曲福田，2001）。同时，粮食生产不是一个封闭的系统，需要分解到区域，在休耕规模的测算过程中需要基于各区域的粮食生产情况来确定。休耕规模不会一成不变，在实行休耕若干周期后，应根据实际情况对休耕计划进行动态优化调整（石飞等，2018）。

宏观上，应结合国内外粮食供需关系状况、耕地规模变化状况、耕地健康状况等现实条件，从休耕地总量规模和时序安排等方面对休耕规模进行动态调控，实现刚性规划与柔性调整相结合，确保顺利实现平衡粮食供需关系、提升耕地质量和产能等休耕目标。根据《探索实行耕地轮作休耕制度试点方案》，目前实行休耕试点的重点区域是地下水漏斗区、重金属污染区和生态严重退化地区，但并不意味着这三大典型区的所有耕地都实行休耕。休耕规模越大，能够种植粮食作物的耕地就越少，引起粮食安全问题的可能性就越大，针对休耕需要支付给农民的补贴产生的财政压力也越大；如果休耕的面积太小，则无法达到耕地休养生息的目的（黄国勤和赵其国，2017）。因此，休耕规模动态调控是休耕制度的重要构成部分，也是实行休耕制度必须解决的关键问题。

实行休耕制度涉及"生"（生态环境状况）、"地"（耕地本底条件）、"钱"（各类补偿均衡）、"用"（土地利用变化）、"粮"（区域粮食安全）五个方面，这五个方面都对可休耕规模估算和调控思路产生重要影响。因此，可以按"生-地-钱-用-粮"五个方面进行休耕规模测算及调控，即基于生态安全的休耕规模测算及调控、基于耕地质量等级的休耕规模测算及调控、基于财政支付能力的休耕规模测算及调控、基于耕地利用变化的休耕规模测算及调控，以及基于耕地压力（体现粮食安全）的休耕规模测算及调控（图2-1）。

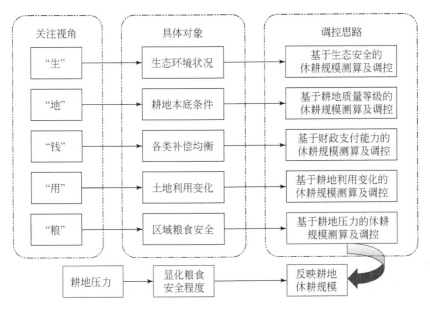

图 2-1 休耕规模估算及调控的主要路径

2.2.1 基于生态安全的休耕规模测算及调控

《探索实行耕地轮作休耕制度试点方案》中明确指出应重点在地下水漏斗区、重金属污染区和生态严重退化地区开展休耕试点，而休耕的规模和方式应该由三个典型区域不同生态状况和问题决定，尤其是中观和宏观尺度上休耕规模的确定必须以区域生态安全评价结果为依据。现阶段，对于地下水漏斗区，应结合区域地下水漏斗的数量、类型、面积及危害程度等评价耕地生态安全，确定和调整适宜的休耕规模；对于重金属污染区，应利用土壤监测和评价手段测度区域生态安全程度，根据生态安全水平确定差异化的休耕规模；对于生态严重退化区，更应该注重从耕地本身的生态安全视角去确定和调控休耕的规模，在恢复耕地生态环境的同时，进一步改善区域生态环境。从长远来看，可以首先在全国进行生态安全评价，然后开展生态风险、生态安全程度等级划分和生态安全等级区划，最后进行休耕规模调控和休耕区域空间优化。

2.2.2 基于耕地质量等级的休耕规模测算及调控

耕地本底条件的差异决定了不同区域耕地质量的差异，而不同质量等级的耕地粮食产出能力不同，于是就使得通过耕地质量等级换算休耕规模成为可能。根据 2014 年农业部发布的《关于全国耕地质量等级情况的公报》，全国耕地按质量等级由高到低依次划分为一至十等，其中，一至三等、四至六等和七至十等的耕地面积分别占总面积的 27.30%、44.80% 和 27.90%。不同等级的耕地对应着不同的水肥条件，决定了不同的粮食生产能力。对于休耕而言，由于高质量耕地与低质量耕地粮食单位面积产量的不同，在保证相同粮食供给的前提下，可进行规模换算。因此，确定基于耕地质量等级的休耕规模，应首先评定区域耕地质量等级，然后对不同等级耕地进行粮食生产能力换算，最后再结合区域耕地质量的整体水平及空间差异确定休耕规模。

此外，借助区域耕地综合整治和质量建设提升等级潜力评估，也可以指导休耕规模的确定与调控，在同等投资水平下，耕地综合整治提质增效快的区域可以考虑优先安排休耕。

2.2.3 基于财政支付能力的休耕规模测算及调控

对于休耕的农户给予补偿是实施休耕制度的重要内容。2016 年国家实行试点的休耕补助标准如下：河北黑龙港地下水漏斗区季节性休耕每年每亩补助 500 元，湖南省长株潭重金属污染区全年休耕每年每亩补助 1300 元（含治理费用），所需资金从现有项目中统筹解决，贵州省和云南省两季作物区全年休耕每年每亩补助 1000 元，甘肃省一季作物区全年休耕每年每亩补助 800 元。粗略计算 2016 年全国休耕补偿金额超过 6 亿元。在中国粮食生产实现"十二年连续增长"的背景下，如果不实行休耕，政府的财政压力主要源于支付巨大的粮食补贴和粮食库存的相关费用（陈展图等，2017）。因此，休耕规模的调整应考虑政府的财政支付能力在休耕补贴和种粮补贴之间的均衡问题，避免给政府造成过于沉重的财政负担。

2.2.4 基于耕地利用变化的休耕规模测算及调控

休耕区域和休耕规模之间相互制约，即休耕区域的数量受到休耕规模的限制，而休耕规模是休耕区域选择汇总的结果。一般来讲，国家尺度的休耕规模调控必须首先考虑粮食安全。近年来，由于土地利用的变化，耕地数量不断减少，一定程度上影响粮食种植面积。根据对近年来土地利用变化的分析，耕地减少的去向主要是转变为建设用地、园地、林地、牧场及鱼塘等类型。因此，可根据土地利用变化情况和耕地利用现实特点，测算当前耕地的粮食生产能力，并结合不同粮食消费水平下基于粮食安全的耕地需求, 厘定休耕规模的理论值。

2.2.5　基于耕地压力的休耕规模测算及调控

在中国, 实行耕地轮作休耕的前提是保障国家粮食安全和不影响农民收入。"国以民为本, 民以食为天", 粮食安全事关国家经济安全和国计民生。耕地压力是 "耕地-粮食-人口" 系统中能够有效反映区域粮食安全的重要参数, 不同的耕地压力水平揭示不同的粮食安全程度。从另一个角度理解, 耕地压力与耕地人口承载能力密切相关。耕地压力较小时, 表明耕地人口承载能力有盈余; 耕地压力较大时, 耕地人口承载能力难以承受继续增长的人口（杨栋等, 2017）。通过测度耕地压力, 探寻耕地压力的变化, 可以从保证区域粮食安全的视角, 为调整休耕规模和确定休耕规模阈值提供现实依据。

从耕地压力视角着手, 探讨基于耕地压力动态变化的休耕规模动态调控策略问题, 主要基于以下考虑: 第一, 确保粮食安全。利用可以表征粮食安全水平的耕地压力作为休耕规模调控的闸门, 真正体现确保粮食安全作为休耕制度试点和推广过程中的前提条件, 防止非农化和农业综合生产力被削弱的现象出现。第二, 易于量化。耕地压力水平的测算过程涉及的指标均是可以量化并且通过拟合发现其演变发展规律的变量, 可通过预测耕地压力相关要素确定未来耕地压力水平的高低, 进而确定休耕规模的调控方向和调控数量。第三, 因地制宜。基于耕地生态安全的休耕规模调控应该根据不同区域的生态问题, 因 "地" 制宜设计评价指标体系测度区域耕地生态安全, 再根据耕地生态安全的不同阈值思考差异化的调控手段和调控强度。

2.3　本　章　小　结

休耕规模估算是休耕时空配置的重要组成部分, 也是休耕时空配置的规模依据, 对休耕区域的选取和时序安排起到重要的约束作用。中国人多地少的国情决定了必须对休耕规模进行合理调控, 以保障粮食安全, 这是休耕制度的底线思维。本章系统解构了中国休耕规模估算及调控的理论基础和多元路径, 为中国休耕规模估算及调控奠定了理论基础, 也为空间多尺度休耕规模估算提供重要思路。第一, 以土地资源稀缺性原理、人地关系理论、粮食安全理论和土地人口承载力理论为理论指导, 基于耕地利用变化对全国粮食生产潜力进行评估, 以此测度休耕规模的理论值; 从粮食安全视角测算全国的耕地压力, 探究现行休耕规模下耕地压力的变化, 思考如何利用耕地压力变化调控休耕规模具体方案。第二,休耕规模的确定需要考虑"生"（生态环境状况）、"地"（耕地本底条件）、"钱"（各类补偿均衡）、"用"（土地利用变化）、"粮"（区域粮食安全）五个视角，也是休耕规模调控的五种思路，它们分别对应于基于生态安全的休耕规模测算及调控、基于耕地质量等级的休耕规模测算及调控、基于财政支付能力的休耕规模测算及调控、基于耕地利用变化的休耕规模测算及调控和基于耕地压力的休耕规模测算及调控。基于粮食安全测算的休耕规模可作为休耕规模的上限，除此之外，还需要综合考量生态安全和耕地质量等多方面因素，进而确定休耕规模调控的最终结果。

第3章 基于不同粮食消费水平和耕地利用变化的中国耕地休耕规模估算

耕地休耕规模测算的基本思路是：在农业生产力水平一定的前提下，基本耕地面积为保障自给自足条件下国内粮食需求所对应的耕地面积，剩余耕地则可进行休耕。从国家粮食安全的视角出发，已有学者对耕地休耕的规模进行了探索，但研究结果存在较大差异。李凡凡和刘友兆（2014）利用灰色预测模型对最小耕地面积进行预测，认为中国可用于休耕的耕地面积为 97.49 万 hm^2。罗婷婷和邹学荣（2015）以 1.08 亿 hm^2 粮食播种面积为粮食安全的底线，认为中国休耕的极限是 2730 万 hm^2，休耕比例应该控制在 6%～8%。黄国勤和赵其国（2017）则认为中国可以考虑拿出 5%～10% 的耕地用于休耕，最大比例不宜超过 20%。此外，寻舸等（2017）研究表明，全国耕地休耕总面积应控制在耕地总面积的 5% 以内。但上述研究缺乏对耕地利用变化对耕地粮食生产潜力影响的研究。

近年来，中国快速工业化和城镇化，导致农地非农化，耕地被占用成为必然；随着城镇化水平提高，特别是农村劳动力弃农务工，耕地种植投入降低，复种指数下降；城乡居民食物结构发生变化，引致耕地非粮化现象突出。以上情况叠加导致中国耕地利用发生了巨大变化。耕地利用变化带来粮食生产潜力的"储备"或"损失"，这些潜力在一定条件下可转化为现实的耕地规模。本章在依据人均粮食消费水平测算休耕规模的基础上，基于国家粮食安全和近 30 年来耕地利用变化特征，分别从粮食单位面积产量下降、复种指数下降、结构调整和建设用地扩张等方面系统测算全国现有耕地和待挖掘耕地的粮食生产潜力，并根据不同人均粮食消费水平，估算中国耕地可用于休耕的理论规模。

3.1 不同粮食消费水平的休耕规模估算

3.1.1 基于不同粮食消费水平的休耕规模估算模型

耕地休耕的目的是要实现"藏粮于地"，即将潜在的粮食保存于土地之上，或通过提高地力来提升粮食生产潜力。鉴于此，满足基本粮食消费需求后的剩余耕地面积，可作为休耕规模测算的理论值。计算现阶段中国耕地休耕总规模，人均年粮食需求量（G_r）是一个关键参数，其取值的不同直接影响休耕规模的大小。根据中国营养学会编制的《中国居民膳食指南》中关于"居民平衡膳食宝塔"的内容，得到每个成年人每天的食物摄入量范围（表 3-1）。表 3-1 中的鱼虾类、畜禽肉类、蛋类、奶类虽然不是粮食，但需要由饲料粮转化而来，该指南可作为推断人均粮食需求量的基础依据。

表 3-1　中国成年人每人每天食物摄入　（单位：g）

食物种类	主食（含谷薯类）	蔬菜类	水果类	蛋类	鱼虾类	畜禽肉类	奶类	大豆及坚果类	食用油
摄入范围	250~450	300~500	200~400	25~50	75~100	50~75	300	30~50	25~30

确定人均年粮食消费水平的依据如下：2008 年国家发展和改革委员会公布的《国家粮食安全中长期规划纲要（2008—2020 年)》中提出，到 2020 年人均粮食消费量将达到每年 395kg。辛良杰等（2015）通过测算提出，2012 年前后中国居民人均消费粮食量为每年 424kg，包含口粮用粮、饲料用粮、酒类用粮、工业用粮、损失浪费用粮、种子用粮等，但没有包含政策性粮食收购量与出口折合量，可以用作讨论现阶段中国在紧急情况下粮食自给自足时的综合粮食消费量。国家食物与营养咨询委员会提出全面小康社会时期的人均粮食需求量目标为 437kg/a。有学者将此数值作为中国全面小康水平下的人均粮食消费量（张慧和王洋，2017）。联合国粮食及农业组织提出人均年粮食消费量达到 400kg 时即可满足正常营养水平，而目前我国人均年粮食消费水平在 400~500kg。鉴于此，可以将中国满足温饱水平的人均年粮食消费量确定为 400kg。综上所述，本章将人均年粮食消费水平 400kg、424kg、437kg 作为测算休耕规模的三种粮食安全保障情景。

针对上述三种不同的人均年粮食消费水平，满足中国总人口消费的粮食需求量存在较大差异，因而所需要的耕地面积有较大波动范围，相应地，可进行休耕的耕地规模也有明显差别。休耕规模的估算模型（赵雲泰等，2011）如下：

$$Size = \frac{F - P \times G_r}{p \times (k \times q)} \tag{3-1}$$

式中，Size 为休耕规模；F 为粮食总产量；P 为总人口数；G_r 为人均年粮食需求量；p 为粮食单产；q 为粮食播种面积占总播种面积的比例（粮播比）；k 为复种指数。

3.1.2　基于三种人均粮食消费水平的耕地休耕规模

借助2017年《中国统计年鉴》和《中国国土资源统计年鉴》，选取总人口数、粮食总产量、粮食播种面积、作物总播种面积作为基本指标；粮食单产、粮播比均按照统计数据计算得出。复种指数的选取是计算休耕规模的关键，目前，对区域尺度的复种指数研究相对较多，但大多是基于统计数据的研究。虽然统计数据具有简单直观的特点，但不能表达统计单元的空间异质性。遥感技术的发展使得通过遥感反演复种指数成为可能。丁明军等（2015）在《1999～2013年中国耕地复种指数的空间演变格局》一文中提出以长时间序列归一化植被指数（NDVI）为基础，采用平滑方法重建作物年内植被指数变化曲线，进而获取复种指数。其研究基于1km×1km分辨率的SPOT-VGT、NDVI数据，利用S-G滤波方法对NDVI数据进行去噪，重建作物生长NDVI曲线，用峰值特征点反演提取全国尺度的复种指数，得出2012年中国耕地的复种指数是134.26%，年均增长率为1.29%，按照此种方法推算，则2016年的复种指数为141.32%，休耕规模测算采取该数值作为2016年复种指数进行计算。

计算结果显示（表3-2），在满足最基本的温饱条件下，即人均年粮食消费水平为400kg时，中国可用于休耕的面积为1208.73万hm^2，占当前中国耕地总面积的8.96%；在考虑到工业用粮、损失浪费、种子等因素耗粮的情况下，人均年粮食消费水平为424kg，中国可用于休耕的耕地面积为573.71万hm^2，占当前中国耕地总面积的4.25%；倘若要达到全面小康社会的粮食消费水平，即人均年粮食消费水平为437kg，则中国可用于休耕的耕地面积为229.74万hm^2，占当前中国耕地总面积的1.70%。

表3-2　三种人均年粮食消费水平下的全国休耕规模

项目	G=400kg	G=424kg	G=437kg
休耕规模/万 hm^2	1208.73	573.71	229.74
休耕规模占耕地总规模之比/%	8.96	4.25	1.70

本测算模型仅以统计数据为基础，基于当前土地生产力水平和三种不同人均年粮食消费水平所测算出的休耕规模，在测算过程中，该模型未考虑土地利用变化所形成的粮食生产潜力，也就是说，并未对土地人口承载力进行充分考虑，仅测算了传统的、理想情况下的休耕规模。

中国土地利用变化的过程中，大部分土地生产潜力尚未充分发挥出来，还存在着大量"待挖掘的耕地生产潜力"，如单产下降形成的储备、复种指数下降形成的储备、种植结构调整形成的储备等。由此，提出综合考虑土地利用变化和粮食安全的休耕规模测算模型，以充分挖掘中国耕地生产潜力，作为确定合理休耕规模的依据，以期为国家休耕制度的建立、完善及有效、有序实施提供指导。

3.2 基于耕地利用变化及其粮食生产潜力损益的休耕规模估算

3.2.1 耕地利用变化与粮食生产潜力的关系

自20世纪90年代以来，随着城镇化的推进和非农工资的持续上涨，大量的乡村劳动力转移到城市。2000~2015年全国年均减少农业劳动力约1133万人（李升发等，2017）。在此过程中，农村耕地利用发生了一系列变化，复种指数下降（蒋敏等，2019）、农作物种植结构变化（刘巽浩，2005；辛良杰等，2011）和非农建设占用耕地（Kong，2014；Song and Pijanowski，2014；Wang et al.，2012）等，上述耕地利用变化无疑对中国粮食生产能力产生了较大影响。根据耕地利用变化的特点及其对粮食生产能力的影响，可将其分为可逆的耕地利用变化和不可逆的耕地利用变化。

(1) 可逆的耕地利用变化

可逆的耕地利用变化是指虽然耕地的粮食生产能力下降了，但这些生产能力是可以恢复的，可以看作是"藏粮于地"，是可恢复利用的耕地粮食生产潜力，主要包括耕地粗放经营导致的单产下降、复种指数下降带来的产量下降和耕地利用结构调整导致的粮食产量减少等。

1）耕地单产下降储备的粮食生产潜力。随着非农工资的持续上涨，乡村劳动力大量析出，耕地出现了粗放化经营，耕地利用的劳动集约度不断下降，从1999年的2.59人/hm²减少到2012年的2.12人/hm²，年均降幅为1.53%（Xie et al.，2014；姚冠荣等，2014）。在此过程中，耕地利用强度和粮食单产均呈现下滑。以广东省为例，国家统计局数据显示，其粮食单产从1999年的5835kg/hm²下滑到2012年的5496kg/hm²，依据2012年的粮食播种面积估算，由此导致的粮食减产规模约为86.11万t。由耕地粗放化经营导致产量下降并非耕地丧失了这部分产能，必要时可以通过提高集约化经营实现增产。

2）复种指数下降储备的粮食生产潜力。自20世纪90年代以来，中国主粮作物的复种指数不断下降。以水稻为例，复种指数从1990年的148.3%下降到2015年的129.3%，下降了19个百分点。典型的表现是，中国南方地区出现了大面积的双季稻改种单季稻的现象，由此损失粮食播种面积达 253.16 万 hm²，粮食减产 2.6% （蒋敏等，2019）。复种指数下降所带来的粮食减产，并不意味着耕地丧失了这部分粮食产能，在必要时仍可通过提高作物复种指数来实现增产。

3）作物种植结构调整储备的粮食生产潜力。随着社会经济的发展，居民饮食消费结构发生了很大变化，尤其表现在对肉蛋奶、蔬菜和水果等需求的增长上（Zhai et al.，2014），居民消费结构的变迁引起农作物种植结构的调整。国家统计局数据显示，1986～2016 年中国农作物中粮食播种面积的比例持续降低（图 3-1），从 1986 年的 76.93% 降到 2016 年的 67.83%，下降了 9.13 个百分点。与之相对应，蔬菜和水果等经济作物的种植面积持续增加（图 3-2），1986～2016 年，果园和蔬菜面积分别增加了 931 万 hm² 和 1702.42 万 hm²，两者在末期的种植面积依次是初期的 2.5 倍和 3.2 倍。需要指出的是，农业种植结构调整尤其是耕地和园地之间的转换都具有可逆性（Yang and Li，2000），因而该部分由耕地转为园地的土地可以看作是储备的粮食生产潜力，只是目前尚未得以充分挖掘。此外，由耕地转为坑塘水面的土地，其耕作层并未被破坏，这部分土地仍可作为应急耕地后备来源。研究显示，鱼塘复垦后的耕地，其生产能力并未呈现明显下降，反而会适度增加（张凤荣等，2006）。因此，在估算全国耕地粮食生产潜力时，有必要把由耕地转为坑塘水面的土地看作粮食生产能力的一种储备。

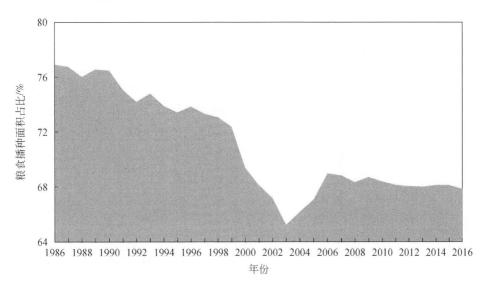

图 3-1　1986～2016 年粮食播种面积占比

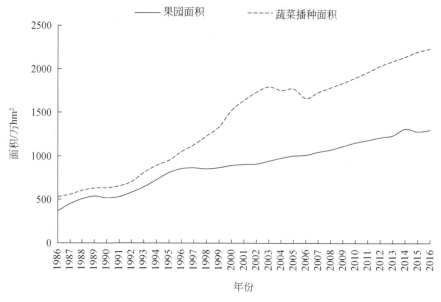

图 3-2　1986～2016 年果园、蔬菜面积变化

（2）不可逆的耕地利用变化

城市的扩张占用了大量耕地，用于城镇基础设施建设、房地产开发和工矿企业使用等，在土地用途转变的过程中通常采用"七通一平"等工程硬化处理，因而转为城市建设用地的耕地很难再复垦为耕地（Yang and Li，2000），故把其看作是粮食产量的实际损失。统计显示，1996～2009 年约有 300 万 hm² 的高质量耕地被建设占用（Kong，2014）。同时，1990～2010 年，城市扩张导致粮食作物产量的损失约为 3490 万 t（Liu et al.，2015），政府虽实行了耕地占补平衡政策（Liu et al.，2017），但建设占用耕地的势头并未得到很好的控制（Jin et al.，2016；Song and Liu，2017）。这部分耕地的减少因难以复垦而被计为粮食生产潜力的损失。

3.2.2　数据来源与研究方法

（1）数据来源

本章采用数据包括土地利用变化数据、数字高程模型（DEM）数据和统计数据。其中，1km×1km 土地利用数据来源于中国科学院资源环境科学数据中心（http://www. resdc. cn/）；粮食总产量、农作物播种面积等农业数据来自《中国农村统计年鉴》；地区生产总值、城镇居民人均可支配收入等社会经济数据来自国家统计局（http://data. stats. gov. cn/）；建设用地面积、耕地面积数据来源于自然资源部土地调查成果共享应用服务平台（http://tddc. mlr. gov. cn/to_Login）。

（2）研究方法

1）待挖掘耕地粮食生产潜力测算。待挖掘耕地利用形成的粮食生产潜力包括可恢复利用的耕地粮食生产潜力和不可恢复的耕地粮食潜力损失。测算公式如下：

$$\text{CLPP} = \text{CLPP}_1 - \text{CLPP}_2 \tag{3-2}$$

式中，CLPP 为待挖掘的耕地粮食生产潜力；CLPP_1 为可恢复利用的耕地粮食生产潜力；CLPP_2 为不可恢复的耕地粮食潜力损失。

2）休耕规模测算。休耕规模的测算原理是在保证谷物自给率 100%的前提下，将土地人口承载力与现有人口规模进行比较，将富余的粮食部分所折算的耕地作为休耕对象。测算公式如下：

$$\text{CCLP} = \frac{\text{TP}_{2016} + \text{CLPP}}{D} \tag{3-3}$$

$$F_{\text{size}} = \left[\left(\frac{\text{CCLP}}{P} \right) - 1 \right] \cdot 100\% \tag{3-4}$$

式中，CCLP 表示全国土地人口承载力；TP_{2016} 为全国 2016 年谷物粮食总产量；CLPP 为中国待挖掘的耕地粮食生产潜力；F_{size} 为测算的休耕规模；P 为全国总人口；D 为人均年粮食消费水平，这里选取了不同生活水平的人均年粮食消费量。一是国家食物与营养咨询委员会提出的全面小康社会人均粮食需求量为 437kg（张慧和王洋，2017）。二是综合用粮（居民口粮、饲料、工业消费、损失浪费和种子用粮等）为 424kg/人（辛良杰等，2015）。

3.2.3　可恢复利用的耕地粮食生产潜力测算

可恢复利用的耕地粮食生产潜力包括单产下降储备的潜力、复种指数下降储备的潜力和结构调整储备的潜力。具体计算公式如下：

$$\text{CLPP}_1 = \sum_{j=1}^{31} \left(Q_{j1} + Q_{j2} + Q_{j3} \right) \tag{3-5}$$

式中，CLPP_1 为可恢复利用的耕地粮食生产潜力；Q_{j1} 为 j 省（自治区、直辖市）单产下降储备的潜力，$j=1, 2, \cdots, 31$；Q_{j2} 为 j 省（自治区、直辖市）复种指数下降储备的潜力；Q_{j3} 为 j 省（自治区、直辖市）结构调整储备的潜力。数据不包括港澳台，余同。

（1）单产下降储备的潜力测算

1）测算方法。单产下降储备的潜力是指通过农业技术手段，使粮食单产达到历史粮食单产最大值，以实现粮食增产，粮食增产的部分就是单产下降储备的潜力。这部分潜能量通过粮食单产降低量与 2016 年粮食播种面积的乘积进行估算。计算公式如下：

$$Q_{j1} = (Y_{max} - Y_{2016}) \times S_{2016} \tag{3-6}$$

式中，Q_{j1} 为 j 省（自治区、直辖市）单产下降储备的潜力；Y_{max} 为 1990～2016 年单产最大两年的平均值，粮食单产以当年该省粮食总产量与粮食播种面积的比值表示；Y_{2016} 为 2016 年粮食单产；S_{2016} 为 2016 年粮食播种面积。

2）测算结果。全国单产下降储备的粮食生产潜力共计 920.67 万 t，主要分布在东北和东部地区。北京、内蒙古和辽宁等 22 个省（自治区、直辖市）粮食单产均有下降，形成了不同大小的潜力，其中黑龙江形成的潜力最大，为 264.11 万 t，湖北次之，为 100.5 万 t。相反，天津、河北和四川等 9 个省（自治区、直辖市）的粮食单产有所增长。从全国整体来看，单产增加所带来的粮食增产远小于单产降低导致的粮食减产，因而形成未充分挖掘的潜力。

（2）复种指数下降储备的潜力测算

1）测算方法。为避免因数据源不同导致结果出现较大差异，故采用自然资源部公布的耕地数据来测算复种指数下降储备的潜力。因可获取数据的起始年份为 2006 年，因此以 2006～2016 年为这部分潜力值的测算时段。复种指数下降储备的潜力值由粮食复种指数减少量、粮食播种面积和粮食单产的乘积所得。考虑到区位是影响农作物熟制的主要因素，在估算粮食复种指数变化时，以 2006 年耕地面积进行测算。估算公式如下：

$$Q_{j2} = (MCI_{max} - MCI_{2016}) \cdot A_{2006} \cdot Y_{2006} \tag{3-7}$$

式中，Q_{j2} 为 j 省（自治区、直辖市）复种指数下降储备的潜力；MCI_{max} 为 2006～2016 年粮食复种指数最大值，复种指数以当年该省（自治区、直辖市）粮食播种面积与耕地面积的比值表示；MCI_{2016} 为 2016 年粮食复种指数；A_{2006} 为 2006 年耕地面积；Y_{2006} 为 2006 年粮食单产。

2）测算结果。全国因复种指数下降储备的粮食生产潜力为 4320.86 万 t。具体来看，内蒙古、辽宁和吉林等 26 个省（自治区、直辖市）形成了不同大小的潜力。其中四川省潜力最大，为 1228.53 万 t，其次是黑龙江省约为 941.29 万 t；而天津、江苏、山东等 5 个省（自治区、直辖市）复种指数并未降低，不具有复种指数下降储备的潜力。

（3）作物种植结构调整储备的潜力测算

1）测算方法。结构调整储备的潜力包括蕴藏在经济作物用地中的潜力与蕴藏在果园和鱼塘中的潜力。蕴藏在经济作物用地中的潜力通过粮农比减少量进行估算；蕴藏在果园和鱼塘中的潜能通过对 1990 年与 2015 年土地利用变更数据进行分析，提取耕地转化为园地和坑塘水面的面积。考虑到园地和坑塘水面复垦后，粮食单产可能存在一定程度的下降，因此该部分潜力值采用 1990 年耕地粮食平均产量进行估算。估算公式如下：

$$q_1 = (R_{1990} - R_{2016}) \cdot S_{2016} \cdot Y_{1990} \tag{3-8}$$

$$q_2 = \Delta A \cdot Y_{cl} \tag{3-9}$$

式中，q_1 为蕴藏在经济作物用地中的潜力；q_2 为蕴藏在果园和鱼塘中的潜力；R_{1990} 为1990年的粮农比；R_{2016} 为2016年的粮农比；S_{2016} 为2016年粮食播种面积；Y_{1990} 为1990年粮食单产；ΔA 为研究年限内耕地向园地及水塘转移的面积；Y_{cl} 为1990年耕地粮食平均产量，取值为6153kg/hm²（蒋敏等，2019）。

2）测算结果。全国作物种植结构调整储备的粮食生产潜力总计为7759.82万t，其中蕴藏在经济作物用地中的潜力为6179.91万t。具体而言，河南、湖北和湖南等26个省（自治区、直辖市）存在不同大小的潜力。其中四川省潜力最大，约为527.97万t，其次为湖北省，为522.65万t，山西、吉林、黑龙江和江西尚未形成蕴藏在经济作物用地中的潜力。另外，根据土地利用变更矩阵分析，1990～2015年由耕地向其他园地转移的面积为124.56万hm²，向坑塘水面转移的面积为141.21万hm²，总计265.77万hm²。根据1990年耕地粮食平均产量对这部分粮食生产潜力进行估算，为1579.91万t。

3.2.4　不可恢复的耕地粮食潜力损失测算

不可恢复的耕地粮食潜力损失指由建设用地扩张占用耕地导致的粮食减产量，估算公式如下：

$$CLPP_2 = (\Delta S_1 + \Delta S_2) \cdot Y_{cl} \tag{3-10}$$

式中，$CLPP_2$ 为不可恢复的耕地粮食潜力损失；ΔS_1 为1990～2016年建设用地扩张占用耕地面积；ΔS_2 为2016年至预测年份期间建设用地占用耕地面积，估算2016年休耕规模时，$\Delta S_2 = 0$；Y_{cl} 为1990年耕地粮食平均产量。

3.2.4.1　1990～2016年建设用地扩张占用耕地及其导致的粮食生产潜力损失

（1）建设占用耕地面积估算

第一，1990～2016年建设用地扩张占用耕地面积估算。1990～2016年建设用地扩张占用耕地面积分为两个时段进行估算。第一阶段为1990～1999年，根据刘纪远等（2003）的研究显示，中国城乡建设用地增加了约175.93万hm²，其中81%的新增建设用地来源于耕地，即占用耕地142.51万hm²。第二阶段为2000～2016年，根据环境保护部和中国科学院联合开展的"全国生态环境十年变化（2000～2010年）遥感调查与评估"项目调查显示，2000～2010年中国（不含港澳台数据）建设用地年均新增55.30万hm²。此后，假设建设用地仍保持年均增长 55.30 万 hm^2 的速度（81% 来自耕地），到 2016 年因建设用地扩张导致的耕地面积减少量估算公式如下：

$$\Delta S_1 = 142.51 + 55.30 \times 81\% \times T_y \qquad (3\text{-}11)$$

式中，ΔS_1 为 1990～2016 年建设用地扩张占用耕地面积；T_y 为时间跨度，即估算年份与 2000 年的差值。

第二，2016 年至测算年份建设用地扩张占用耕地面积预测。2018 年中国的城镇化率为 58.58%，中国仍处于城镇化发展阶段，因而建设用地扩张占用耕地面积的速度在短时间内可能很难降低。为了预测未来 10 年建设用地扩张占用耕地所损失的粮食产量，参照陈春和冯长春（2010）采用固定效应模型识别建设用地规模变化的关键因子，构建驱动力分析模型，预测未来建设用地扩张占用耕地的面积。考虑到自然资源部公布的土地利用调查数据时间最早为 2009 年，故采用 2009～2016 年建设用地扩张的省级面板数据进行分析。参考城市扩张理论和相关文献，拟选取社会、经济、行政和地理因素作为驱动因子，各因子统计性描述见表 3-3，模型设置如下：

$$y_{it} = \sum_{k=1}^{K} \beta_{ki} x_{kit} + \mu_{it} \qquad (3\text{-}12)$$

式中，y_{it} 为 i 省（自治区、直辖市）在 t 年的建设用地面积，$i=1,2,\cdots$，31 为 31 个省（自治区、直辖市），t 为已知年份；x_{kit} 为第 k 个随机变量对 i 省（自治区、直辖市）在 t 年份的观测值；β_{ki} 为待估的参数；μ_{it} 为随机误差项。

表 3-3　变量统计性描述（2009～2016 年）

因素	变量名称	单位	样本量	平均值	最小值	最大值	标准差
经济因素	地区生产总值	亿元	248	19 039.80	441.36	80 854.91	15 702.95
	城镇居民人均可支配收入	元	248	24 147.86	11 929.78	57 691.67	8 192.75
社会因素	全社会固定资产投资总额	亿元	248	13 179.56	378.28	53 322.94	9 977.71
	外商投资总额	10^6 美元	248	112 423.86	534.00	879 868.00	166 834.01
	人口总数	万人	248	4 360.86	296.00	10 999.00	2 749.12
	城镇化率	%	248	53.79	22.30	89.60	13.95
	城镇人口	万人	248	2 332.08	66.00	7 611.00	1 549.15
行政因素	中小城市个数	个	248	5.01	0.00	10.00	3.20
	大城市个数	个	248	4.34	0.00	17.00	4.06
	建制镇个数	个	248	564.86	73.00	1 704.00	355.14
地理因素	耕地面积	万 hm^2	248	435.96	18.77	1 586.59	3 282.15
	铁路营运里程	万 km	248	0.33	0.03	1.23	0.20

续表

因素	变量名称	单位	样本量	平均值	最小值	最大值	标准差
	公路里程	万 km	248	13.83	1.17	32.41	7.42
地理 因素	中部地区虚拟变量	—	248	0.26	0.00	1.00	0.44
	东部地区虚拟变量	—	248	0.35	0.00	1.00	0.48
	平原地区虚拟变量	—	248	0.52	0.00	1.00	0.50

注：①中部地区、东部地区虚拟变量，是以西部地区作为基准，构建地区虚拟变量，其中东部包括北京、天津、河北、辽宁、山东、上海、江苏、浙江、福建、广东和海南；中部包括山西、吉林、黑龙江、安徽、江西、河南、湖北和湖南；②平原和山区是基于 DEM 高程因子确定，山区主要跟地形相关，根据世界保护监测中心（UNEP-WCMC），符合以下几个条件即可划为山区：第一，海拔大于 2500m；第二，海拔在 1500~2500m 且坡度大于 2°；第三，海拔在 1000~1500m 且坡度大于 5°或局部高差大于 300m；第四，海拔在 300~1000m 且局部高差大于 300m。

通过逐步回归分析，剔除显著性水平低于 20% 的驱动因子，筛选出对各省（自治区、直辖市）建设用地扩张影响程度较强的驱动因子，包括地区生产总值、公路里程、大城市个数、建制镇个数、耕地面积、外商投资总额和城镇居民人均可支配收入，构建建设用地扩张的驱动方程。共线性检验表明，各因子的方差膨胀因子（VIF）不足 4，总体 VIF 不足 5，远小于临界值 10，说明各因子之间不存在明显的共线性问题。实证结果显示，总体 F 值为 77.08，组间 R^2 为 0.48，总体 P 值为 0，说明模型拟合程度较好，构建的建设用地扩张的驱动方程较为合理。

（2）粮食生产潜力损失测算结果

2000~2016 年建设用地增加了 884.8 万 hm^2。按照 81% 的耕地占用比例折算，耕地损失约 716.688 万 hm^2。由此可见，1990~2016 年建设用地扩张占用耕地的面积总计为 859.20 万 hm^2。根据 1990 年耕地粮食平均产量，1990~2016 年带来的粮食潜力损失为 5286.66 万 t。

3.2.4.2　不同经济增长情景下建设用地扩张占用耕地导致的粮食生产潜力损失

根据固定效应模型计算的估计系数（表3-4），得到 2009~2016 年全国建设用地变化驱动力方程如下：

$$S_{cl} = -5148.21 + 0.001 GDP + 1.09l - 3.07 N_c + 0.02 N_t + 0.06 A - 0.00005 I_f + 0.0002 I_u$$

$$(3-13)$$

式中，S_{cl} 为建设用地面积；l 为公路里程；N_c 为大城市个数；N_t 为建制镇个数；A 为耕地面积；I_f 为外商投资总额；I_u 为城镇居民人均可支配收入。

表 3-4　固定效应模型估计系数

指标	系数	标准误差	t	$P>\vert t\vert$	标准化系数
GDP	0.001***	0.000	6.08	0.000	0.635
公路里程	1.091*	0.587	1.86	0.073	0.185
大城市个数	−3.066**	1.452	−2.11	0.043	0.260
建制镇个数	0.024**	0.011	2.14	0.041	0.110
耕地面积	0.057*	0.031	1.83	0.077	0.328
外商投资总额	−0.000***	0.000	−4.33	0.000	0.211
城镇居民人均可支配收入	0.000	0.000	1.58	0.124	0.126
_cons（截距项）	−5148.210	139.332	−1.19	0.243	
sigma_u（组间标准差）	158.513				
sigma_e（组内标准差）	7.003				
Rho（个体效应在整个误差项中的百分比）	0.998				

*、**、***分别表示在10%、5%和1%显著水平下显著；模型估计采用Stata15.0。

　　由表 3-4 可知，GDP 的标准化系数最大为 0.635，表明 GDP 是近 10 年来建设用地扩张的最主要驱动因子。故以 2016 年为基期，其他因素保持在 2009～2016 年的平均水平，仅考虑 GDP 变动，分别预测经济低速增长和经济中高速增长两种情景下，全国各年度建设用地扩张面积。根据国际经济增长划分标准，GDP 增长率在 3% 以下为经济低速增长；GDP 增长率在 3%～6% 为中速增长，6%～8% 则为中高速增长。研究中经济低速增长情景下，GDP 增长率取 3%；经济中高速增长情景下，GDP 增长率取 6%。建设用地扩张面积及其占用耕地所带来的粮食生产潜力损失预测结果如表 3-5 所示。

表 3-5　不可恢复的耕地粮食生产潜力损失（2017～2030 年）

年份	经济低速增长情景				经济中高速增长情景			
	GDP/亿元	建设用地扩张面积/万 hm²	占用耕地面积/万 hm²	粮食"损失"量/万 t	GDP/亿元	建设用地扩张面积/万 hm²	占用耕地面积/万 hm²	粮食"损失"量/万 t
2017	762 262.62	15.24	12.35	75.96	784 464.45	39.66	32.13	197.68
2018	785 130.50	40.40	32.72	201.33	831 532.31	91.44	74.07	455.72
2019	808 684.42	66.31	53.71	330.46	881 424.25	146.32	118.52	729.25
2020	832 944.95	92.99	75.32	463.47	934 309.71	204.49	165.64	1 019.18

续表

年份	经济低速增长情景				经济中高速增长情景			
	GDP/亿元	建设用地扩张面积/万 hm²	占用耕地面积/万 hm²	粮食"损失"量/万 t	GDP/亿元	建设用地扩张面积/万 hm²	占用耕地面积/万 hm²	粮食"损失"量/万 t
2021	857 933.30	120.48	97.59	600.46	990 368.29	266.16	215.59	1 326.51
2022	883 671.30	148.79	120.52	741.57	1 049 790.39	331.52	268.53	1 652.28
2023	910 181.44	177.95	144.14	886.90	1 112 777.81	400.81	324.65	1 997.60
2024	937 486.88	207.99	168.47	1 036.60	1 179 544.48	474.25	384.14	2 363.64
2025	965 611.49	238.93	193.53	1 190.79	1 250 317.15	552.10	447.20	2 751.64
2026	994 579.83	270.79	219.34	1 349.60	1 325 336.18	634.62	514.04	3 162.91
2027	1 024 417.23	303.61	245.93	1 513.18	1 404 856.35	722.09	584.90	3 598.87
2028	1 055 149.74	337.42	273.31	1 681.67	1 489 147.73	814.82	660.00	4 060.98
2029	1 086 804.23	372.24	301.51	1 855.21	1 578 496.59	913.10	739.61	4 550.82
2030	1 119 408.36	408.10	330.56	2 033.95	1 673 206.39	1 017.28	824.00	5 070.05

3.2.5　现有耕地和待挖掘耕地的总生产能力

根据上述测算结果，单产下降、复种指数下降和结构调整储备的潜力依次为920.67 万 t、4320.86 万 t 和7759.82 万 t。建设用地占用耕地导致的粮食产能损失为5286.66 万 t，收支相抵后的粮食潜力储备为7714.69 万 t（表3-6）。据统计，2016 年中国粮食谷物总产量为56 516.5 万 t，因此中国现有耕地和待挖掘耕地粮食总生产能力为64 231.19 万 t。

表3-6　待挖掘的耕地粮食生产潜力总量

潜力来源	粮食生产潜力/万 t	占 2016 年粮食谷物总产量的比例/%
单产下降	920.67	1.63
复种指数下降	4320.86	7.65
结构调整	7759.82	13.73
经济作物用地	6179.91	10.93
果园鱼塘	1579.91	2.80
建设用地扩张占用耕地	−5286.66	−9.35
合计	7714.69	13.66

3.2.6 休耕规模估算结果

（1）2016 年休耕规模的确定

按照全面实现小康水平人均用粮的标准，即约 437kg，得到中国土地可承载人口规模为 14.70 亿人；而根据全国综合人均用粮标准，即 424kg，得到可承载人口规模为 15.15 亿人。2016 年中国总人口为 13.83 亿人，全国耕地粮食总生产力的承载人数略大于中国现有人口数量，可进行适度的休耕。

根据测算，全国耕地最大可养活人口占现有人口的比例为 106.28%～109.54%。说明在考虑全国土地利用变化的背景下，全国耕地可以多养活 6.28%～9.54% 的人口，即大致可以将 6.28%～9.54% 的耕地进行休耕。

（2）不同经济增长情景下休耕规模预测

人口预测是进行休耕规模预测的又一关键内容。借鉴李建伟和周灵灵（2018）的研究成果，采用人口结构模型对中国人口的预测成果进行休耕规模预测，该研究成果是根据中国生育政策调整后生育率的变化情况，假定生育政策具有长期影响，即不同年龄育龄妇女的生育率在原发展趋势上会因生育政策提高 2%～2.9%，其中乡村和城市生育率均提高 2.9%，镇生育率提高 2%。根据这一判断，利用中国人口结构模型进行预测，结果显示（图 3-3），未来人口规模呈现倒 "U" 形发展趋势，到 2023 年，人口规模达到最大值；截至 2030 年，中国人口仍有 13.88 亿人。

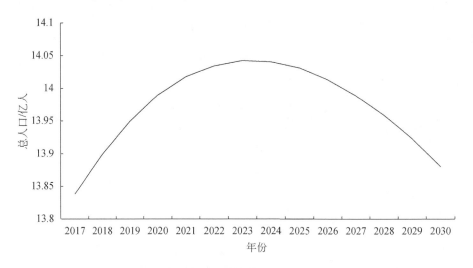

图 3-3 中国人口预测结果（2017～2030 年）

结合综合人均用粮标准进行休耕规模估算，结果显示（图 3-4），在经济低速增长情景下，即 GDP 增长率取 3%，休耕规模先减后增，在 2028 年达到最低为 5.68%，到 2030 年，中国仍可将 5.69% 的耕地用于休耕；在经济中高速增长情景下，即 GDP 增长率取 6%，建设用地占用耕地对粮食产能的影响更加明显，可休耕规模进一步下降，到 2030 年，在农业增产技术不变的条件下，仅可拿出 0.53% 的耕地用于休耕，此时的休耕规模明显小于初期。

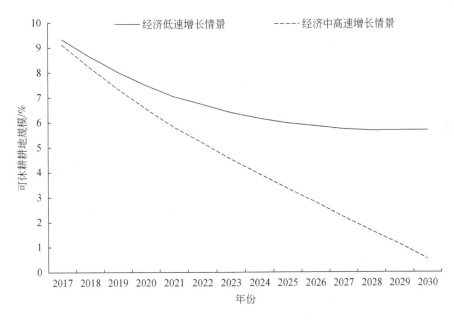

图 3-4　耕地可休耕规模比例（2017～2030 年）

3.3　讨　　论

3.3.1　不确定性分析

这里所说的不确定性主要包括生产力水平变化和模型估算的不确定性，导致测算结果可能会存在一定的偏差。①本章估算退耕规模的基本前提是农业生产力一定。但农业技术进步、农业生产力不断提高是总体趋势，在此条件下，可用于休耕的耕地规模可适度增加。②待挖掘耕地的粮食生产潜力估算结果可能偏小，其原因有以下三个方面：第一，作物种植结构调整仅考虑了粮农比降低、耕地向果园和鱼塘转移所导致的粮食减产，少量耕地转为草地等可复垦的土地利用方式尚未考虑。第二，退耕还林政策减少了大量劣质耕地，导致 2016 年粮食单产水平和复种指数提高，与历史数据对照得出的现实生产潜力值偏小。第三，采用 1km 分辨率的土地利用数据提取耕地转为果园和鱼塘的面积，受土地利用数据的精度限制，难以识别面积较小的果园和鱼塘面积，可能会造成测算结果偏小，若提高土地利用数据的精度，将会缩小误差。③实证分析中也存在一些因素可能导致待挖掘耕地潜力偏大。第一，非粮食作物的复种指数偏高，蕴藏在经济作物用地中的粮食生产潜力估计结果可能偏大。第二，部分果园采用间作粮食方式种植，书中未对此种情况进行分析。另外，粮食单产均采用省级层面的数据，研究尺度较大，如果采用县级甚至更小尺度的数据，可减小误差。

3.3.2 测算结果的比较分析

按照国家发布的《国家粮食安全中长期规划纲要（2008—2020 年)》，到 2020 年，耕地保有量不低于 18 亿亩。2016 年，《全国土地利用总体规划纲要（2006—2020 年）调整方案》进一步规定，到 2020 年，全国耕地保有量为 18.65 亿亩以上。研究发现，2016 年全国可拿出 850.22 万～1291.57 万 hm^2 的耕地用于休耕，即可用于耕种的耕地面积为 1.225 亿～1.269 亿 hm^2，基本与《全国土地利用总体规划纲要（2006—2020 年）调整方案》中的耕地保有量接近。

3.3.3 耕地粮食潜力挖掘的现实意义

随着城镇化的快速推进，大量优质耕地被占用。为应对耕地流失，保障粮食产量，中国政府实施了土地整治工程。据统计，2001～2015 年全国通过土地整治项目新增耕地面积为 413.5 万 hm^2（蒋敏等，2019）。这些新开发的耕地多数是从荒草地等地力较差的土地转化而来，耕地质量较差，并且存在水土流失和土地破碎化等问题（Kong，2014；Xie et al.，2017）。同时，耕地损失区域主要分布在水热资源丰富的中国南方地区，而新增耕地多数分布在自然条件相对较差和水土热资源匹配性较差的西北和东北地区（Lichtenberg and Ding，2008；Song and Liu，2017）。可以说，南方耕地的潜力尚未被完全挖掘，而投入大量的资金新开垦的耕地产能较低（Xu et al.，2017）。以复种指数变化为例，近 30 年来因复种指数下降形成的粮食生产潜力为 4320.86 万 t。按照 1990 年耕地粮食平均产量折算，这部分粮食生产潜力损失相当于减少耕地 702.24 万 hm^2。已有研究指出，全国建设占用耕地的平均质量约为通过土地开发整理等项目新增耕地的 1.18 倍

（Song and Pijanowski，2014），因此，由复种指数下降所导致的粮食减产相当于 828.64 万 hm² 新增耕地的粮食产能。目前土地开垦费用最低成本达到 7.5 万元/hm²（Xin and Li，2018），如果充分挖掘现有耕地的粮食生产潜力，将节省 6214.79 亿元的土地开垦费用。

3.4　本章小结

本章以粮食安全为底线，结合当前土地生产力水平和三种不同人均粮食消费水平对应的耕地粮食需求量，对照全国现有耕地总量，将多余耕地作为当前可休耕规模的理论值。在此基础上，着重从 1990～2016 年耕地利用变化视角，分别从粮食单产下降、复种指数下降、结构调整和建设用地扩张等方面系统地测算了中国现有耕地和待挖掘耕地的粮食生产潜力，并根据不同人均粮食消费水平，估算中国土地人口承载力和可用于休耕的理论规模。主要结论如下。

1）基于当前土地生产力水平，按照温饱、初步小康和全面小康三种消费水平对耕地的需求，中国可休耕规模分别占耕地总面积的 8.96%、4.25% 和 1.70%。

2）目前中国待挖掘耕地的粮食生产潜力为 7714.69 万 t。其中，粮食单产下降、复种指数下降和结构调整储备的粮食生产潜力分别为 920.67 万 t、4320.86 万 t 和 7759.82 万 t，1990～2016 年，由建设用地扩张导致的粮食生产潜力损失为 5286.66 万 t。

3）以全面建设小康水平和综合居民口粮的消费水平为基础，2016 年中国土地人口承载力分别为 14.69 亿人和 15.15 亿人，相较于 2016 年中国人口规模，粮食尚有富余，可拿出 6.28%～9.54% 的耕地用于休耕，即可休耕面积为 850.22 万～1291.57 万 hm²。

4）在不同的经济增长情景下，建设用地占用耕地导致的粮食生产潜力损失存在较大差异。在经济低速增长情景下，2030 年中国仍可拿出近 5.69% 的耕地用于休耕。在经济中高速增长情景下，可用于休耕的规模进一步下降，到 2030 年仅有 0.53% 的耕地可以用于休耕。

现阶段，若充分挖掘耕地生产潜力，现有耕地能够满足国内粮食需求。可以说，现阶段是推进中国休耕工作的较好时期。随着城镇化的发展，未来可休耕规模将会显著下降。同时，随着城乡居民收入的提高，居民粮食消费水平也将日益增长，国内粮食更加紧张，休耕工作的推进会受到粮食安全的限制。因此，现阶段应当尽快推进休耕工作，保障耕地有足够的休养生息时间，提高耕地生产能力，从而为保障国家粮食安全奠定物质基础，也为休耕可持续发展奠定制度基础。

此外，现有耕地的粮食生产潜力尚未充分发挥，应当着重关注挖掘现有耕地的粮食生产潜力，特别是在提高农作物种植集约度方面。充分利用存量耕地的粮食生产潜力，既能节约耕地开垦费用，还可以避免新开发耕地质量较差和对脆弱生态环境的干扰等问题，以更可持续、更科学的手段来实现耕地占补平衡。另外，针对中国北粮南运的现实状况，应当注重挖掘南方耕地的粮食生产潜力，促进中国粮食产销的空间平衡。

第4章 基于耕地压力的中国耕地休耕规模调控体系构建

实施休耕将会对"耕地-粮食-人口"系统造成影响，从而导致区域耕地压力变化。耕地压力水平在一定程度上表征了区域粮食安全状况，厘清休耕和耕地压力的相互关系，对于深刻理解休耕对耕地压力的影响和制定休耕规模调控策略有重要帮助。本章在分析休耕和耕地压力关系的基础之上，模拟休耕对中国耕地压力变化的短期与长期影响，进而构建基于耕地压力的休耕规模调控体系。

4.1 研究思路

为构建切实可行的基于耕地压力的休耕规模调控体系，本章沿着"耕地压力及休耕与耕地压力的关系分析→中国 2000～2015 年耕地压力变化测算→休耕对中国耕地压力影响的情景模拟与预测→基于耕地压力的休耕规模调控方案设计"的脉络和内容框架展开研究。

1）耕地压力及休耕与耕地压力的关系分析。在对耕地压力的内涵和测度原理进行理论阐释的基础上，探究耕地压力与休耕的关系，分析休耕对耕地压力的短期影响和长期影响，构建基于耕地压力的休耕规模调控逻辑框架。

2）中国 2000～2015 年耕地压力变化测算。在分析 2000～2015 年中国耕地、人口数量、耕地面积、粮食产量、粮食播种面积和复种指数等耕地压力指数相关要素的变化趋势基础上，利用改进后的耕地压力指数模型计算中国及各省（自治区、直辖市）的耕地压力，分析其空间分异和时空演变特征。

3）休耕对中国耕地压力影响的情景模拟与预测。利用 GM（1，1）灰色模型预测 2016～2020 年人口数量、耕地面积、粮食产量、粮食播种面积和复种指数等要素的数值，结合未来各省市休耕的目标对耕地压力进行预测和多种休耕规模的情景模拟，测度休耕对耕地压力的影响。

4）基于耕地压力的休耕规模调控方案设计。依据对中国耕地压力及其变化的测度和分析，构建耕地压力监测预警方案和休耕调控方案，进而形成基于耕地压力的休耕规模调控体系，提出休耕规模调控的主要内容和方法路径。

4.2 耕地压力测算模型及休耕对耕地压力的影响分析

4.2.1 耕地压力提出的背景及内涵

4.2.1.1 耕地压力提出的背景

耕地资源作为影响粮食产量最基本的因素，其数量的多寡和质量的优劣对粮食生产具有深刻的影响（陈展图和杨庆媛，2017）。中国的耕地资源明显不足、后备耕地资源数量有限。21 世纪以来，随着人口的持续增加和工业化、城镇化进程的加剧，中国的人地矛盾特别是人与耕地之间的矛盾日益凸显（方创琳，2004；李小云等，2016）。

1）在城镇化快速发展时期，耕地向建设用地转换加速，根据国家统计局数据，2016 年中国城镇化率达到 57.35%，比 2015 年高 1.25 百分点；根据第七次人口普查数据，2020 年中国的城镇化率已达到 63.89%，未来一段时间中国的城市化仍将处于高速扩张阶段，大量农用地向非农用地转化导致耕地流失严重。尽管中国实行了最严格的耕地保护制度，但在巨大的土地极差收益面前，违法占用耕地的现象屡禁不止，耕地资源的稀缺性日益突出。中国耕地数量以每年 10 万 hm² 的速度减少（罗翔等，2015；张浩等，2017；张乐勤和陈发奎，2014）。

2）中国耕地因污染（陈印军等，2011）、生态破坏（刘荣志等，2014）等原因总体质量不断下降。众所周知，中国农业取得了"用占世界 7% 的耕地养活了世界 22% 的人口"的巨大成就，但也付出了巨大代价，中国化肥、农药使用量均高居世界第一，而吸收率却仅有 35%（王克，2017），远低于发达国家的水平，大量未被吸收的农药化肥残留于耕地，造成耕地污染，影响粮食生产，有的地方甚至出现无法耕种的现象（薛旭初，2006）。

3）耕地撂荒现象突出。在城镇化背景下大量农村劳动力转向城镇，农村空心化严重，劳动力的缺失致使耕地大量撂荒。实证结果显示，基于全国 142 个山区县的分层抽样调查发现，全国 78% 的山区县出现了耕地撂荒现象，全国总体耕地撂荒率达到 14.3%（李升发等，2017）。

与此同时，近年来中国人口增长和消费升级引发的粮食需求逐年增加，全面建成小康社会的政治目标也要求保持较高的人均粮食消费量，于是国家只能依靠大量进口来满足国内的粮食消费，粮食安全得不到保证，中国人与耕地的矛盾越来越突出（常平凡，2005；高启杰，2004；唐华俊和李哲敏，2012）。

4.2.1.2 耕地压力的内涵

在上述背景下，国内学者意识到有必要使用一个相对精确的概念，以耕地为要素测度区域的粮食安全程度，于是，耕地压力这一概念应运而生。其中最经典的论述是蔡运龙等（2002）学者在分析中国耕地资源流失和粮食需求增加等现实背景基础上，提出区域最小耕地面积和耕地压力的概念，应用耕地数量、人口数量、粮食产量等变量，探讨、剖析区域内粮食消费和耕地产出的均衡关系，判断耕地资源能否提供足够的粮食，从而表征区域粮食安全（范秋梅和蔡运龙，2010；贺祥和蔡运龙，2013）。值得注意的是，不同于物理学上的压力概念，耕地压力是指区域现有耕地所产出粮食能满足区域人口粮食消费的能力，大多数国外学者都认为耕地压力与土地承载力存在较强联系，因而往往从土地承载力的角度展开对耕地压力的研究。土地承载力是在保持土地地力不减退的前提下，一个区域能够维持供养一定生活水平的人口数量，影响其大小的因素包括人口总量、土地面积、粮食产量、饮食消费水平及结构等，与耕地压力的驱动因子有一定程度的重叠（陈素平和张乐勤，2017；何刚等，2018；杨亮等，2010）。耕地压力越小，土地可以继续供养的人数相对越多，土地承载力有盈余；相反，耕地压力越高，土地可以继续供养的人数相对越少，土地承载力将不堪重负。尽管对耕地压力的研究视角多样，但其核心出发点依然是粮食安全。因此，基于粮食生产与粮食需求相互关系的耕地压力指数是学术界评价区域耕地压力水平的首选方法，该评价方法综合考虑到"人口–耕地–粮食"的相互关系，被广泛应用于区域粮食安全的评价。

4.2.2 耕地压力测算模型

4.2.2.1 传统的耕地压力指数模型

耕地压力是"耕地–粮食–人口"系统中反映区域耕地产出粮食满足区域人口粮食消费的能力或者程度，其测度的基础是最小人均耕地面积。最小人均耕地面积是指保障一定区域内食物安全而所需保护的耕地数量底线，即在一定区域范围内，一定食物自给水平和耕地综合生产能力条件下，能满足每个人正常生活的食物消费所需的耕地面积。其计算公式如下：

$$S_{\min} = \beta \times \frac{G_r}{p \times q \times k} \tag{4-1}$$

式中，$S_{\min}$ 为最小人均耕地面积（hm^2）；β 为粮食自给率（%）；G_r 为人均年粮食需求量（kg）；p 为粮食单产（kg/hm²）；q 为粮播比；粮食播种面积占总播种面积的百分比（%）；k 为复种指数。

耕地压力的大小可用耕地压力指数来度量。耕地压力指数是指人均所需最小耕地面积与实际人均耕地面积之比，其大小反映区域基于"耕地–粮食–人口"系统的耕地资源紧张程度。其计算公式如下：

$$K_0 = \frac{S_{\min}}{S_a} \tag{4-2}$$

式中，K_0 为传统耕地压力指数模型中的耕地压力指数；S_a 为实际人均耕地面积（hm²）。当 $K_0 < 1$ 时，耕地无明显压力，区域耕地供应人口粮食消费无较大压力，粮食安全形势乐观；当 $K_0 = 1$ 时，耕地濒临压力变化的边界，粮食安全处于警戒线；当 $K_0 > 1$ 时，耕地压力明显，区域耕地无法完全供应人口粮食消费，若不采取粮食增产措施，粮食安全可能出现问题，爆发区域粮食危机。

4.2.2.2 改进的耕地压力指数模型

从式（4-1）、式（4-2）可以发现，传统的耕地压力指数模型存在三方面不足：第一，现行的粮食配置政策已由过去统购统销转变为以市场配置为主、国家宏观调控为辅，传统模型中无法体现市场在粮食供给方面的影响；第二，粮食自给率涉及区域粮食产量、粮食调入量、粮食调出量和粮食储备量等多个指标，数据获取难度较大，在计算耕地压力指数时难以精确把握粮食自给率，可能导致最后测度结果出现误差；第三，公式中未考虑到区域间耕地质量本底条件的差异。

故在借鉴前人成果的基础上，对耕地压力指数模型进行了如下改进：

（1）增加传统模型的区域粮食经济获取能力

针对传统模型无法体现市场配置和无法精确计算粮食自给率两方面的不足，设置"粮食经济获取率"指标替代粮食自给率，利用某区域人均 GDP 的比例来表征该区域从经济角度看获得粮食的能力大小（朱红波和孙慧宁，2015），具体公式为

$$\varphi = \frac{X_i}{X_n} \tag{4-3}$$

式中，φ 为粮食经济获取率；X_i 为 i 地市的人均 GDP；X_n 为全省人均地区生产总值的平均值。当粮食经济获取率 $\varphi > 1$ 时，表明该区域的粮食经济获取能力较强，能够在粮食交易市场中具备竞争优势，可通过购买区域外粮食缓解部分耕地压力；当粮食经济获取率 $\varphi < 1$ 时，表明该区域的粮食经济获取能力较弱，无法在粮食交易市场中占据竞价优势，耕地压力的释放只能依靠内部途径。

（2）修正原模型的耕地质量区域差异

针对原公式忽略耕地质量的区域差异问题，设置"耕地质量修正系数"对

结果进行修正（李春华等，2006），具体公式为

$$\mu = \frac{p_i \times k_i}{p_n \times k_n} \tag{4-4}$$

式中，μ 为耕地质量修正系数；p_i 和 k_i 分别代表 i 地市播种面积粮食单产和复种指数；p_n 和 k_n 分别代表全省播种面积粮食单产和复种指数的平均值。μ 值大小表明区域耕地质量优劣，即 μ 越大，该区域的耕地质量越好；μ 越小，该区域的耕地质量越差。

通过"粮食经济获取率"和"耕地质量修正系数"改进后的耕地压力指数模型为

$$K = \frac{k_0}{\varphi \mu} = \frac{\dfrac{G_r}{p \times q \times k}}{S_a} \times \frac{X_n}{X_i} \times \frac{p_n \times k_n}{p_i \times k_i} \tag{4-5}$$

改进的耕地压力指数模型包含了区域经济发展水平和耕地质量的空间差异对耕地压力的影响，可以更客观地体现研究区耕地资源的压力状况。改进后的耕地压力指数 K 越大，说明区域的耕地压力越大，耕地资源就越紧张，粮食安全程度越低；反之，改进后的耕地压力指数 K 越小，粮食安全程度越高，说明该区域的耕地压力越小，耕地资源的产能越能够满足区域的粮食消费需求。

4.2.3　休耕对耕地压力的影响

4.2.3.1　休耕对耕地压力的短期影响

从上述构建耕地压力模型的变量可知，耕地压力的大小主要由实际人均耕地面积、人均年粮食需求量、粮食单产、粮食播种面积占总播种面积的百分比、复种指数几个因素决定。在短期内，受休耕政策影响较大的变量为实际进行耕种的耕地面积（未进行休耕的面积）的变化，可间接理解为耕地压力指数模型中（可利用的）实际人均耕地面积的减少。休耕意味着有部分耕地退出农业生产，所以实际可利用的耕地面积发生变化，从而影响（可利用的）实际人均耕地面积。

由改进后的耕地压力指数模型可知，耕地压力指数与实际人均耕地面积成反比。在短期内，如果投入农业生产的耕地面积减少，导致（可利用的）实际人均耕地面积变小，在其他变量变动很小的情况下，极大可能导致耕地压力的上升（图4-1）。休耕规模的增加将在短期内成为耕地压力的翘板，据此，可以通过模拟多种休耕情景来研究耕地压力的动态变化，进而反推休耕的适宜规模。

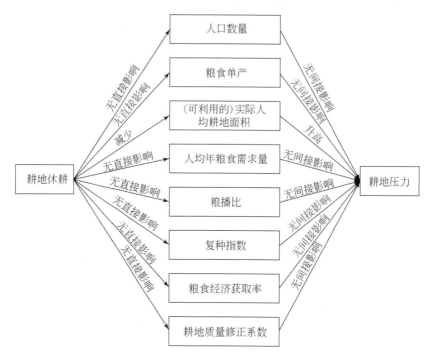

图 4-1　休耕对耕地压力的短期影响

4.2.3.2　休耕对耕地压力的长期影响

从长远来看，休耕的目的在于保持和改善土壤质量，减少农业污染，恢复和储备耕地地力，保证耕地的健康功能和有效产能，从而保障粮食安全。因此，在较长时间尺度，只要合理控制休耕规模，实行休耕不但不会导致耕地压力的升高，反而可以通过提升耕地质量保证粮食产量，恢复损毁耕地提高粮食播种面积等方式有效控制和减缓耕地压力，从而保证粮食安全（图 4-2）。

具体而言，长时间实施休耕会引起粮食单产、（可利用的）实际人均耕地面积、复种指数和耕地质量修正系数四个变量的变化，从而影响耕地压力。

1）用现在换未来，即用短期可利用耕地量的减少换取可利用耕地质量的提升。实行休耕能够使耕地休养生息，进而改良土壤、培肥地力，增强农业发展动力，实现"藏粮于地"，增加粮食产量。而粮食产量（粮食单产）是影响耕地压力的重要变量，通过增加粮食产出能力提升单位面积的粮食产量，从而降低耕地压力。

2）在实行休耕后的一定时间内，因为地力恢复，可以适度提高复种指数。

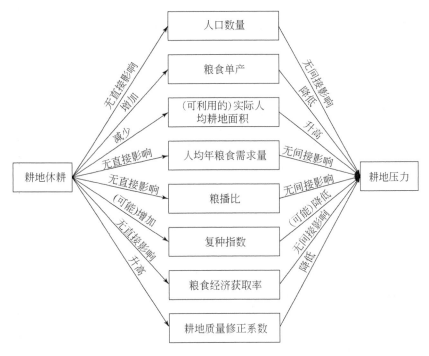

图 4-2　休耕对耕地压力的长期影响

复种指数受区域光照（热量）、土壤、水分、肥料、劳力和科学技术水平等多种因素的影响。在热量条件、无霜期、总积温、水分条件等确定的基础上，可通过培肥地力适度提高复种指数，从而降低耕地压力。

3）休耕可以通过改变粮食单产和农作物复种指数调节耕地质量修正系数的大小，间接作用于耕地压力。最后，必须承认休耕会减少实际利用耕作的耕地，导致部分耕地因没有进行生产无法提供粮食，一定程度上会造成耕地压力升高。综合上述分析，在影响耕地压力的四个变量中，有三个因素间接降低耕地压力，一个因素间接增加耕地压力，但并不能凭借影响因素数量多寡来判断耕地压力的改变方向和程度，应进一步利用复杂系统和系统动力学方法构建休耕对耕地压力长期影响方程。

4.2.4　基于耕地压力的休耕规模调控逻辑框架

粮食安全问题对于中国这样的人口大国而言，在任何时候都不能低估。"中国人的饭碗任何时候都要牢牢端在自己手上"的粮食安全定位，将是判定中国今后实行休耕规模调控的根本标准。休耕在短期内可能会对粮食产出造成负面影响，减少粮食总产量。因此，需要谨慎实行休耕，并对休耕制度对中国粮食安全的影响有充分的认识和科学的评估。只有在粮食安全有保障的前提下才能实行休耕，否则就背离了休耕的宗旨。粮食安全是休耕规模调控的"总闸"，耕地压力则是"总闸"上的"指示表"，提示未来休耕规模调整的方向和幅度。并且，通过对休耕对耕地压力的短期影响和长期影响进行分析，更有利于及时调整休耕规模调控方案。本章将以耕地压力及休耕对耕地压力的短期影响作为休耕规模调控的基础，以此设计休耕规模调控的逻辑框架，如图4-3所示。

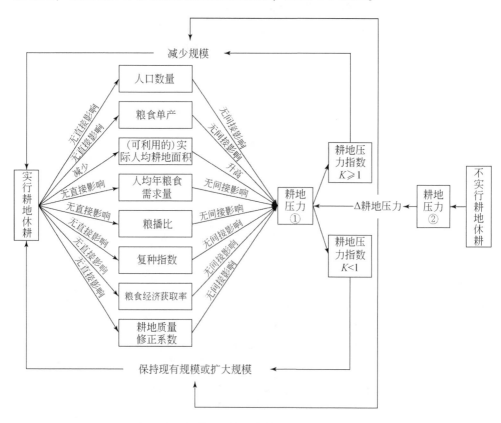

图4-3　基于耕地压力的休耕规模调控逻辑框架

从图4-3可知，初步设想的基于耕地压力的休耕规模调控逻辑框架主要由两条主线构成：实行休耕时形成"耕地压力①"；不实行休耕时形成"耕地压力②"。两个耕地压力水平的差值"Δ耕地压力"就是判断休耕规模调整方向及数量的有效工具。具体的调控又可以大致分为以下两种情况：第一，当耕地压力指数 $K \geqslant 1.00$ 时，耕地压力水平超过粮食安全警戒线，出现粮食供应危机可能性较大，应及时根据"Δ耕地压力"控制和减少近期休耕的规模，保证充足的粮食产量。第二，当耕地压力指数 $K<1.00$ 时，耕地压力水平未超过粮食安全警戒线，出现粮食供应危机可能性小，可以保持现有的休耕规模，当耕地压力指数距离 1.00 较远时，可考虑根据"Δ 耕地压力"在保证粮食安全的前提下适当扩大休耕规模。

4.3　耕地压力变化分析及休耕对耕地压力影响的情景模拟

利用中国人口数量、耕地数量、粮食产量等数据，测度耕地压力并分析其时空演变特征，预测未来 3 年的耕地压力值，并通过情节模拟分析休耕对耕地压力值的影响，为中国推行休耕制度进程中科学调控休耕规模提供依据。

4.3.1　中国耕地压力的时空演变

从横向上来看，基于中国区域"人口-耕地-粮食"的相互关系，不难看出，中国耕地压力存在显著的空间分异特征。国内学者基于不同的空间尺度分析了中国耕地压力差异格局，主要体现为东中西差异、南北差异和省际差异（杨人豪等，2018；张慧和王洋，2017；张雅杰等，2018；朱红波和张安录，2007）。这些实证研究成果为科学认识中国耕地压力格局提供了重要基础。

从纵向上来看，中国耕地压力在时间上的分异也很明显，自改革开放以来中国耕地面积逐年减少，而人口却不断增长，人地矛盾越来越剧烈。进入 21 世纪，尤其是 2003 年以来，粮食产量和粮食播种面积逐年增加，粮食安全形势好转，但是城镇化驱使的人口流动极大地改变了区域"人口-耕地-粮食"系统，耕地压力的区域间差异逐渐增大，并呈现南北、东西分化趋势。因此，有必要系统地分析 21 世纪以来中国耕地压力时空分异的格局与特征，充分发挥耕地压力指标在调控休耕规模与分布的实践价值。

4.3.1.1　研究区范围与数据来源

以中国 31 个省级行政区（包括省、自治区和直辖市）及 336 个地级行政区（包括副省级城市、地级市、地区、州、自治州）为基本单元，在研究地市级行政区时，部分西部欠发达地区只选取有代表性的市，研究年份为 2001 年、2005 年、2009 年、2013 年及 2016 年。行政区划以 2010 年为准，其他年份行政区划有变动的数据按 2010 年修正。选取各地级单元的耕地面积、农作物总播种面积、粮食作物总播种面积、粮食产量、人口数量作为评价其粮食安全的基本指标；数据主要来源于相关年份的《中国统计年鉴》《中国国土资源统计年鉴》及各地区统计年鉴，以上年鉴中缺少的部分所需数据，则以该地级行政区的国民经济与社会发展统计公报数据进行补充，若有的研究区仍缺失相关数据，则保留其为数据缺失区。

4.3.1.2 省际耕地压力时空演变

探讨粮食安全问题时要考虑极端情况，假设将中国看作一个独立的粮食生产与消费单位，即无粮食进口也无粮食出口，不考虑粮食自给率、区域粮食经济获取能力、耕地质量修正指数，因此可采取未改进前的耕地压力指数公式进行计算。如图4-4所示，21世纪以来，最小人均耕地面积一直保持振荡下降趋势，S_{400}、S_{424}、S_{437}[1]分别从高值 0.11hm^2、0.12hm^2、0.13hm^2 下降至 0.09hm^2 左右。

耕地压力指数 K_{400}、K_{424}、K_{437}[2]也基本呈现振荡下行态势，分别在 2009 ~ 2013 年降低至 1 以下，表明在三种方案中，中国在 21 世纪前 15 年是耕地压力较小（$K<1$）的时期（图4-4）。

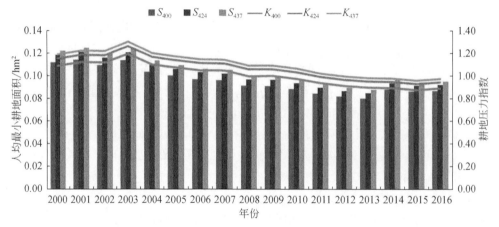

图4-4 人均最小耕地面积与耕地压力指数变化（2001 ~ 2016 年）

在 2001 ~ 2016 年，全国耕地压力整体呈下降趋势，然而从地区来看，耕地压力指数的变化却有着明显差异（图4-5），这 15 年来有 16 个省级行政区耕地压力呈上升趋势，15 个省级行政区耕地压力呈下降趋势，上升的地区主要分布在东部及东南沿海，西南地区也呈现出上升势态，其中北京市、上海市、西藏自治区等地的耕地压力指数上升明显；而广大的西北、华北、华中地区的耕地压力则

---

① S_{400}、S_{424}、S_{437} 分别为人均年粮食需求量 G_r 取值为 400kg、424kg、437kg 时对应的最小人均耕地面积。

② K_{400}、K_{424}、K_{437} 指人均年粮食需求量 G_r 分别为 400kg、424kg 和 437kg 时的耕地压力指数计算值，下同。

呈现明显的下降趋势，其中内蒙古自治区、山西省、河北省、陕西省等地耕地压力指数呈现显著下降趋势。

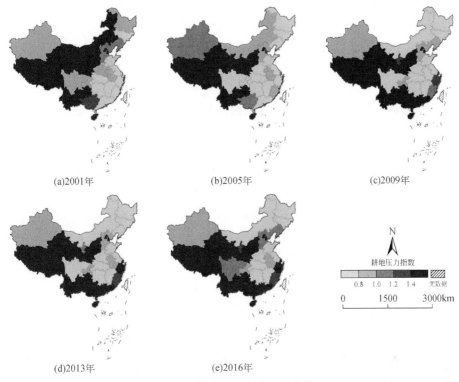

(a)2001年　　　　　　　　　(b)2005年　　　　　　　　　(c)2009年

(d)2013年　　　　　　　　　(e)2016年

图 4-5　中国各省级行政区耕地压力指数 K 的变化（2001～2016 年）

2001 年，吉林省、黑龙江省、上海市、江苏省、浙江省、安徽省、福建省、江西省、山东省、河南省、湖北省、湖南省、广东省、重庆市、四川省、新疆维吾尔自治区 16 个省级行政区的耕地压力指数 $K<1.00$；2005 年 $K<1.00$ 的省级行政区依然为 16 个，只是分布格局发生了变化，新增了内蒙古自治区和辽宁省，减少了上海市和新疆维吾尔自治区；2009 年耕地压力指数 $K<1.00$ 的省级行政区减少到 15 个，即新疆维吾尔自治区、河北省、内蒙古自治区、辽宁省、吉林省、黑龙江省、江苏省、安徽省、江西省、山东省、河南省、湖北省、湖南省、重庆市、四川省，其中，新疆维吾尔自治区耕地压力减小，说明与 2005 年相比，有 3 个省级行政区的耕地压力增加，即广东省、浙江省和福建省；2013 年 $K<1.00$ 的省级行政区共有 15 个，与 2009 年相比整体格局变化不明显；2016 年耕地压力指数 $K<1.00$ 的省级行政区共有 13 个，包括内蒙古自治区、吉林省、黑龙江省、江苏省、安徽省、江西省、山东省、河南省、湖北省、湖南省、重庆市、四川省、新疆维吾尔自治区，与 2013 年的整体格局相比略有变化，其中河北省、辽宁省的耕地压力上升到了 1.00 以上。

上述结果呈现出两个明显特点：第一，五个年份中，耕地压力格局总体平稳，存在局部变化，反映了这些区域的耕地资源利用和人地关系的波折起伏；第二，在空间分布上，环渤海、长三角、珠三角等经济发达地区，以及西南部分地区和青海省、甘肃省、陕西省和山西省等干旱、半干旱地区耕地压力一直较高，东北地区与东部平原区耕地压力普遍较低。

4.3.1.3 地市级行政区耕地压力的时空演变

从目前的研究来看，因省际尺度的研究单元面积偏大，容易忽略其内部耕地压力的时空差异性，亟须更为细化的行政单元来分析中国耕地压力的时空格局。比省级尺度小的单元主要是市级和县级尺度单元，在研究县级尺度单元时，需要将市区与县进行比较，但二者的城乡地域结构差异较大，使其在耕地压力方面的可比性不高。因此，将地市级单元作为分析耕地压力差异格局的研究尺度较为恰当。基于此，以地市级行政区为研究单元，分析 2001～2016 年中国耕地压力时空演变和分异趋势（图4-6）。相比于省级尺度，采用地级单元面板数据进行分析，获得的信息更多，结论更精确，可为休耕规模与分布调控提供更好的现实依据。

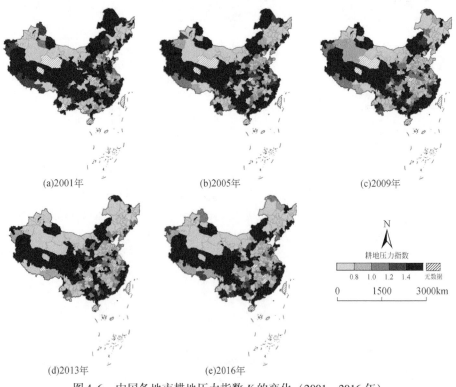

图4-6 中国各地市耕地压力指数 K 的变化（2001～2016 年）

与省级尺度相比,运用 GIS 空间分析技术对 2001 年、2005 年、2009 年、2013 年及 2016 年中国地级行政区耕地压力状况进行分析,所反映的耕地压力和人地关系更深刻、更细致,据此进行的中国耕地压力的时空分异分析更具科学性。结果显示,在 5 个年份中耕地压力格局仍然处于总体平稳、局部变化状态。

1) 总体平稳。耕地压力较高的区域集中在东南沿海和西部的青藏高原与云贵高原。前者由于经济迅猛发展,耕地非农化严重,再加上人口大量涌入,人地矛盾尖锐;而后者主要是由生态脆弱、生产条件差等原因造成。在东北、内蒙古西部和新疆北部的广大地区,耕地压力一直较小,此外,耕地压力较小的地区在华中和华东广大平原区零星分布,其产生的原因各不相同,不具有普遍规律。东北是中国主要的粮食生产基地,粮食产量和质量都很高;内蒙古西部和新疆北部主要是人口流出地,人地矛盾小。

2) 局部变化。第一,内蒙古西部、陕北及山西等地耕地压力减轻,由 2001 年高耕地压力区转变为低耕地压力区,这是由该区域粮食产量大幅增加所致;第二,内蒙古东北部和华东一些城市耕地压力显著减小;第三,新疆北部和黄淮海地区耕地压力也呈现降低势态,粮食安全状况明显改善。2001 年以来中国耕地压力的南北分化趋势非常明显,原本耕地压力较小的东北地区,耕地压力更小、粮食安全状况更好,在 2009 年形成了大面积的低耕地压力集聚区;而东南沿海地区耕地压力更大,2009 年以后形成了稳定连片的高耕地压力集聚区,粮食安全风险较大,上述情况及变化也从侧面印证了这 15 年来中国耕地重心北移的态势。

另外,耕地压力指数小于 1.00 的地市数量呈现逐渐上升趋势(2001 年为 108 个,2005 年为 130,2009 年为 157,2013 年为 161 个,2016 年为 153 个),说明接近一半数量的地市耕地压力在近 10 年内都处于较安全的范围内,在中国各地市范围内出现粮食供应危机的可能性在逐渐减小。

耕地压力除了可以用来调控休耕数量以外,还可为未来休耕区域的选择提供指导。根据上述结论,当需要在全国范围内安排休耕时,休耕规模的安排应参考该地区近期的耕地压力指数予以确认,耕地压力指数小的地区优先休耕,耕地压力指数大的地区后休耕或不休耕。

但耕地压力并非休耕规模调控的唯一因素,还应考虑区域粮食调配、生态安全及主体功能区划等因素,例如,在《探索实行耕地轮作休耕制度试点方案》中列出的河北省、云南省、贵州省、甘肃省、湖南省五个试点区中,云南省、贵州省、甘肃省三省在五个年份中耕地压力均处于较高水平,但国家仍然将其选择为休耕试点,这是因为这五个省份或处于地下水漏斗区,或处于重金属污染区,或处于生态严重退化地区,急迫需要休耕恢复地力,修复生态。而辽宁省、河北省、山东省、吉林省、内蒙古自治区、江西省、湖南省、四川省、河南省、湖北省、江苏省、安徽省、黑龙江省 13 个省（自治区）作为中国粮食主产区，在满足自身粮食需求的基础上，还承担着为全国其他地区提供粮食的任务，虽然这些地区普遍耕地压力较小，但也不宜进行大范围休耕，而像青海省、甘肃省等地区虽然耕地压力指数较大，但其耕地质量差，粮食产量低，再加上生态脆弱，生态恢复能力差，所以也可以优先考虑休耕，以从区外调配的方式解决粮食问题。

综合以上分析，选择休耕区域顺序的原则应为：优先安排生态环境恶化区域休耕，尤其是那些耕地质量低下、生态严重退化、耕地严重污染的地区要优先考虑休耕；其次安排资源趋紧的地区休耕，主要是水资源短缺、地下水超采、土壤肥力下降、盐碱度增加的地区；最后安排地力透支、复种指数较高的区域休耕，主要是耕地本身质量比较好，但由于长期高强度、超负荷利用，复种指数高，耕地得不到休息，耕地质量出现下降的地区。不同地区宜可同时进行休耕，但要区分不同地区的休耕比例和规模，生态环境恶化区的休耕比例宜高，资源趋紧地区的休耕比例适中，地力透支地区的休耕比例宜稍低。在上述宏观原则指导下，再按照区域耕地压力指数大小安排休耕的优先顺序，耕地压力指数小的地区优先安排休耕，耕地压力指数大的地区后休耕或不休耕。

4.3.2　耕地压力预测过程

人口数量、耕地面积、粮食产量、播种面积和复种指数等数据既可以用于测度现阶段的耕地压力，也可以预测未来的耕地压力。一是分析中国休耕试点的规模及布局；二是利用灰色 GM（1，1）模型对中国耕地压力的相关要素及耕地压力指数进行预测，并分析其变化趋势；三是对休耕导致耕地压力变化进行多情景模拟。

耕地压力指数预测的前提是，对耕地压力指数的相关要素进行预测。预测模型多种多样，但对于具有较长时间序列特征的数列预测而言，适配度较高的是灰色 GM(1，1) 模型，预测模型具体建立过程分为以下 5 个步骤。

1）设 $x^{(0)}=\{x^{(0)}(1),x^{(0)}(2),\cdots,x^{(0)}(n)\}$ 为原始数据序列，将原始数据作一次累加生成处理，即 $x^{(1)}=x^{(0)}(1)$，$x^{(1)}(2)=x^{(0)}(1)+x^{(0)}(2)$，$x^{(1)}(3)=x^{(0)}(1)+x^{(0)}(2)+x^{(0)}(3)$，$x^{(1)}(k)=\sum_{t=1}^{k}x^{(0)}(t)$，$x^{(1)}(M)=\sum_{t=1}^{M}x^{(0)}(t)$，整理后得到：

$$x^{(1)}=\{x^{(1)}(1),x^{(1)}(2),\cdots,x^{(1)}(n)\} \tag{4-6}$$

2）构造累加矩阵和常数向量：

$$B = \begin{bmatrix} -\frac{1}{2}\left(x^{(1)}(1)+x^{(1)}(2)\right) & 1 \\ -\frac{1}{2}\left(x^{(1)}(2)+x^{(1)}(3)\right) & 1 \\ \cdots \\ -\frac{1}{2}\left(x^{(1)}(N-1)+x^{(1)}(N)\right) & 1 \end{bmatrix}, Y_N = \begin{bmatrix} x^{(0)}(2) \\ x^{(0)}(3) \\ \cdots \\ x^{(0)}(N) \end{bmatrix} \qquad (4\text{-}7)$$

式中，B 为新数据序列累加矩阵；Y_N 为常数向量；N 为新生成数据序列的元素个数。

3）运用最小二乘法拟合灰色参数：

$$a = (\alpha, u)^{\mathrm{T}} = (B^{\mathrm{T}}B)^{-1}B^{\mathrm{T}}Y_N \qquad (4\text{-}8)$$

式中，a 为所求灰色参数；α 和 u 为待求参数；B^{T} 为转置后的累加矩阵。

4）构建时间函数：

$$x^{(1)}(t+1) = \left(x^{(0)}(1) - \frac{u}{\alpha}\right)\mathrm{e}^{-u} + \frac{u}{\alpha} \qquad (4\text{-}9)$$

将灰色参数代入时间函数，并作一次累减生成，得到预测公式：

$$x^{(0)}(t) = \left(x^{(0)}(1) - \frac{u}{\alpha}\right)(1-\mathrm{e}^{\alpha})\mathrm{e}^{\alpha}\mathrm{e}^{-\alpha(t-1)} \qquad (4\text{-}10)$$

式中，$x^{(1)}(t+1)$ 为累加数据序列中 $t+1$ 个预测值；$x^{(0)}(t)$ 为第 t 个需要预测的值。

5）检验模型的精度和可信度。检验预测公式精度一般采用方差比 C 和小误差概率 P。如果 $C<0.35$，$P>0.95$，预测精度高；如果 $C<0.5$，$P>0.80$，预测精度较高；$C<0.65$，$P>0.70$，预测精度一般；$C\geqslant0.65$，$P\leqslant0.70$，预测精度不合格。

2016 年，国家组织实施季节性休耕试点的省域为河北省、云南省、贵州省、甘肃省、湖南省，共计休耕试点 13.13 万 hm^2（图 4-7）。其中，河北省休耕任务占比最大。

现将 2000~2015 年中国总人口数、耕地面积、粮食产量、粮食播种面积占总播种面积的百分比、复种指数等变量代入 DPS 软件中，利用灰色 GM（1,1）模型预测 2016~2020 年各变量的值。但对休耕区域进行耕地压力的预测，需在耕地面积的预测结果中扣除休耕耕地面积。其中，由于河北省实施的是季节性休耕，实行"一季休耕、一季种植"，所以在对河北省的数据进行预测时，模型中涉及的可利用耕地总面积应扣除"实施休耕面积乘以 50%"，以切实反映耕地休养生息的实际情况。根据《农业农村部 财政部关于做好 2018 年耕地轮作休耕制度试点工作的通知》，2018 年的试点规模较 2017 年翻一番，为保证区域粮食安全，当年假定 2019 年和 2020 年中国的休耕面积持续为 2017 年的两倍。

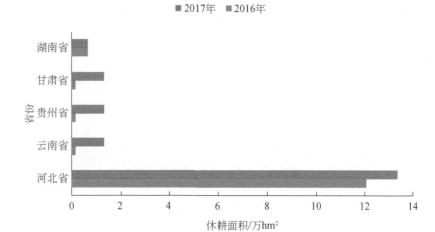

图 4-7　中国 2016～2017 年休耕面积变化

　　基于耕地压力指数的各要素的预测值，进一步计算中国的耕地压力指数 K，分析其耕地压力的变动情况。在 2016～2020 年均实行休耕（2018～2019 年休耕规模为 2017 年的 2 倍）的情况下，分别在人均年粮食需求量 G_r 取值为 400kg、424kg、437kg 时，计算中国的最小人均耕地面积和耕地压力指数 K（图 4-8）。由图 4-8 可知，2016～2020 年中国耕地压力指数处于稳定趋势，各年均小于1.10，说明其间全国出现粮食短缺危机的可能性较小。实行休耕并未造成耕地压力超过粮食安全警戒线。并且，实行休耕与不实行休耕时全国层面的耕地压力差异非常小，K 值仅在个别年份（2018 年 G_r 为 437kg 时）相差 0.01。

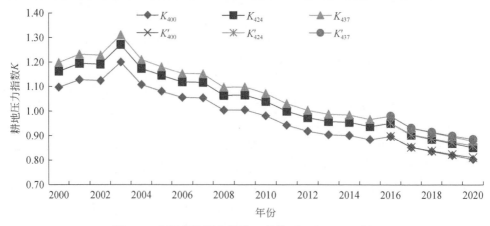

图 4-8　中国耕地压力指数 K 变化（2000～2020 年）

K_{400}、K_{424}、K_{437} 指人均年粮食需求量 G_r 分别为 400kg、424kg 和 437kg 时 2000～2015 年的耕地压力指数计算值；K'_{400}、K'_{424}、K'_{437} 指 2016～2020 年对应的耕地压力指数预测值

4.3.3　休耕对耕地压力影响的情景模拟

4.3.3.1　稳定规模的休耕情景模拟

以实施了休耕的省份为例,通过设置实行休耕(2019 年和 2020 年保持 2018 年的休耕规模)和未实行休耕两个情景,对比耕地压力指数的变化。统计 2016 ～ 2020 年每年实行休耕与不休耕的耕地压力指数 K(表 4-1、表 4-2),可以清晰反映耕地压力受到休耕的影响程度。在 G_r 为 400kg 的人均年粮食需求量方案中,河北省、云南省、贵州省、甘肃省和湖南省在预测期 2016 ～ 2020 年的大部分休耕时间中耕地压力指数 K 有不同程度的上涨,其中,河北省、甘肃省和湖南省在预测期的耕地压力指数 $K<1$。

表 4-1　休耕试点地区的耕地压力指数 K 的变化(稳定休耕规模)

年份	河北省		云南省		贵州省		甘肃省		湖南省	
	未休耕	休耕	未休耕	休耕	未休耕	休耕	未休耕	休耕	未休耕	休耕
2000	1.03	1.03	1.16	1.16	1.29	1.29	1.43	1.43	0.95	0.95
2001	1.08	1.08	1.15	1.15	1.28	1.28	1.36	1.36	1.06	1.06
2002	1.11	1.11	1.22	1.22	1.48	1.48	1.29	1.29	1.09	1.09
2003	1.13	1.13	1.19	1.19	1.40	1.40	1.29	1.29	0.95	0.95
2004	1.10	1.10	1.17	1.17	1.36	1.36	1.26	1.26	0.89	0.89
2005	1.05	1.05	1.17	1.17	1.30	1.30	1.22	1.22	0.96	0.96
2006	0.99	0.99	1.23	1.23	1.42	1.42	1.26	1.26	0.87	0.87
2007	0.98	0.98	1.24	1.24	1.32	1.32	1.24	1.24	0.91	0.91
2008	0.96	0.96	1.20	1.20	1.24	1.24	1.15	1.15	0.88	0.88
2009	0.97	0.97	1.16	1.16	1.21	1.21	1.13	1.13	0.92	0.92
2010	0.97	0.97	1.12	1.12	1.25	1.25	1.07	1.07	0.90	0.90
2011	0.91	0.91	1.06	1.06	1.58	1.58	1.01	1.01	0.88	0.88
2012	0.90	0.90	1.02	1.02	1.29	1.29	0.93	0.93	0.91	0.91
2013	0.87	0.87	1.03	1.03	1.36	1.36	0.91	0.91	0.90	0.90
2014	0.88	0.88	1.01	1.01	1.23	1.23	0.89	0.89	0.90	0.90
2015	0.88	0.88	1.01	1.01	1.20	1.20	0.89	0.89	0.92	0.92
2016	0.89	0.90	1.03	1.03	1.19	1.19	0.92	0.92	0.90	0.90
2017	0.89	0.89	1.02	1.02	1.17	1.17	0.92	0.92	0.87	0.87

年份	河北省		云南省		贵州省		甘肃省		湖南省	
	未休耕	休耕	未休耕	休耕	未休耕	休耕	未休耕	休耕	未休耕	休耕
2018	0.88	0.90	1.01	1.01	1.20	1.21	0.83	0.84	0.86	0.87
2019	0.87	0.89	0.99	1.00	1.19	1.20	0.81	0.81	0.86	0.86
2020	0.86	0.88	0.98	0.99	1.18	1.19	0.79	0.79	0.85	0.85

表 4-2　休耕试点地区休耕对耕地压力指数 K 的影响（稳定休耕规模）

年份	河北省			云南省			贵州省			甘肃省			湖南省		
	K	K'	$\Delta K/\%$	K	K'	$\Delta K/\%$	K	K'	$\Delta K/\%$	K	K'	$\Delta K/\%$	K	K'	$\Delta K/\%$
2016	0.893	0.902	0.943	1.029	1.029	0.017	1.193	1.193	0.027	0.915	0.916	0.026	0.902	0.904	0.156
2017	0.886	0.895	1.044	1.017	1.019	0.169	1.167	1.169	0.245	0.922	0.924	0.252	0.871	0.872	0.155
2018	0.878	0.897	2.111	1.006	1.009	0.329	1.205	1.210	0.449	0.834	0.836	0.243	0.865	0.867	0.308
2019	0.871	0.890	2.112	0.994	0.997	0.320	1.194	1.199	0.411	0.810	0.812	0.234	0.858	0.861	0.305
2020	0.864	0.882	2.114	0.983	0.986	0.312	1.184	1.188	0.376	0.786	0.788	0.226	0.852	0.855	0.302

各省市耕地压力的变幅均为正值，为 0.017%~2.114%[①]，平均变动幅度从大到小依次为：甘肃省、云南省、湖南省、贵州省、河北省。

4.3.3.2　变动规模的休耕情景模拟

前述在保持 2018 年休耕规模的前提下，中国的耕地压力指数虽然有一定变化，但都是小范围内的波动，不会引起粮食供应危机。如果休耕规模发生较大变化，耕地压力又将如何变化呢？农业农村部提出要将 2018 年的休耕规模提升至 2017 年的 2 倍，以及党的十九大报告中提出要扩大耕地轮作休耕试点，这里尝试设置另外两种情景（情景 A "休耕规模连续翻番" 和情景 B "休耕间隔一年翻番"），模拟休耕导致耕地压力变化的幅度。

情景 A "休耕规模连续翻番" 是指从 2018 年起，休耕的规模每年增长一倍。从表 4-3 和表 4-4 可以看出，在情景 A 中，中国耕地压力指数变化幅度为 0.017%~9.027% 间，其中贵州省的耕地压力指数最高，河北省的耕地压力变化幅度最大。

---

① 为方便进行更细致的比较，耕地压力指数 K 和耕地压力变幅 ΔK 小数位置设置为 3 位。

表 4-3　休耕试点地区的耕地压力指数 K 变化（情景 A）

年份	河北省		云南省		贵州省		甘肃省		湖南省	
	未休耕	休耕	未休耕	休耕	未休耕	休耕	未休耕	休耕	未休耕	休耕
2000	1.03	1.03	1.16	1.16	1.29	1.29	1.43	1.43	0.95	0.95
2001	1.08	1.08	1.15	1.15	1.28	1.28	1.36	1.36	1.06	1.06
2002	1.11	1.11	1.22	1.22	1.48	1.48	1.29	1.29	1.09	1.09
2003	1.13	1.13	1.19	1.19	1.40	1.40	1.29	1.29	0.95	0.95
2004	1.10	1.10	1.17	1.17	1.36	1.36	1.26	1.26	0.89	0.89
2005	1.05	1.05	1.17	1.17	1.30	1.30	1.22	1.22	0.96	0.96
2006	0.99	0.99	1.23	1.23	1.42	1.42	1.26	1.26	0.87	0.87
2007	0.98	0.98	1.24	1.24	1.32	1.32	1.24	1.24	0.91	0.91
2008	0.96	0.96	1.20	1.20	1.24	1.24	1.15	1.15	0.88	0.88
2009	0.97	0.97	1.16	1.16	1.21	1.21	1.13	1.13	0.92	0.92
2010	0.97	0.97	1.12	1.12	1.25	1.25	1.07	1.07	0.90	0.90
2011	0.91	0.91	1.06	1.06	1.58	1.58	1.01	1.01	0.88	0.88
2012	0.90	0.90	1.02	1.02	1.29	1.29	0.93	0.93	0.91	0.91
2013	0.87	0.87	1.03	1.03	1.36	1.36	0.91	0.91	0.90	0.90
2014	0.88	0.88	1.01	1.01	1.23	1.23	0.89	0.89	0.90	0.90
2015	0.88	0.88	1.01	1.01	1.20	1.20	0.89	0.89	0.92	0.92
2016	0.89	0.90	1.03	1.03	1.19	1.19	0.92	0.92	0.90	0.90
2017	0.89	0.89	1.02	1.02	1.17	1.17	0.92	0.92	0.87	0.87
2018	0.88	0.90	1.01	1.01	1.20	1.21	0.83	0.84	0.86	0.87
2019	0.87	0.91	0.99	1.00	1.19	1.20	0.81	0.81	0.86	0.86
2020	0.86	0.94	0.98	1.00	1.18	1.20	0.79	0.79	0.85	0.86

表 4-4　休耕试点地区休耕对耕地压力指数 K 的影响（情景 A）

年份	河北省			云南省			贵州省			甘肃省			湖南省		
	K	K'	$\Delta K/\%$	K	K'	$\Delta K/\%$	K	K'	$\Delta K/\%$	K	K'	$\Delta K/\%$	K	K'	$\Delta K/\%$
2016	0.893	0.902	0.943	1.029	1.029	0.017	1.193	1.193	0.027	0.915	0.916	0.026	0.902	0.904	0.156
2017	0.886	0.895	1.044	1.017	1.019	0.169	1.167	1.169	0.245	0.922	0.924	0.252	0.871	0.872	0.155
2018	0.878	0.897	2.111	1.006	1.009	0.329	1.205	1.210	0.449	0.834	0.836	0.243	0.865	0.867	0.308
2019	0.871	0.909	4.316	0.994	1.001	0.643	1.194	1.204	0.825	0.810	0.812	0.234	0.858	0.864	0.612
2020	0.864	0.942	9.027	0.983	0.995	1.258	1.184	1.202	1.520	0.786	0.788	0.226	0.852	0.863	1.221

　　情景 B "休耕间隔一年翻番" 是指 2018 年比 2017 年的休耕规模增长 1 倍，2019 年与 2018 年相等，2020 年比 2019 年的休耕规模又增长 1 倍。由表 4-5 和表 4-6 可知，休耕期间的耕地压力仍然比未休耕时高，但明显比情景 A 中的变化幅度要小，情景 B 中 ΔK 范围为 0.017%~4.319%。

表 4-5　休耕试点地区的耕地压力指数 K 变化（情景 B）

年份	河北省		云南省		贵州省		甘肃省		湖南省	
	未休耕	休耕	未休耕	休耕	未休耕	休耕	未休耕	休耕	未休耕	休耕
2000	1.03	1.03	1.16	1.16	1.29	1.29	1.43	1.43	0.95	0.95
2001	1.08	1.08	1.15	1.15	1.28	1.28	1.36	1.36	1.06	1.06
2002	1.11	1.11	1.22	1.22	1.48	1.48	1.29	1.29	1.09	1.09
2003	1.13	1.13	1.19	1.19	1.40	1.40	1.29	1.29	0.95	0.95
2004	1.10	1.10	1.17	1.17	1.36	1.36	1.26	1.26	0.89	0.89
2005	1.05	1.05	1.17	1.17	1.30	1.30	1.22	1.22	0.96	0.96
2006	0.99	0.99	1.23	1.23	1.42	1.42	1.26	1.26	0.87	0.87
2007	0.98	0.98	1.24	1.24	1.32	1.32	1.24	1.24	0.91	0.91
2008	0.96	0.96	1.20	1.20	1.24	1.24	1.15	1.15	0.88	0.88
2009	0.97	0.97	1.16	1.16	1.21	1.21	1.13	1.13	0.92	0.92
2010	0.97	0.97	1.12	1.12	1.25	1.25	1.07	1.07	0.90	0.90
2011	0.91	0.91	1.06	1.06	1.58	1.58	1.01	1.01	0.88	0.88
2012	0.90	0.90	1.02	1.02	1.29	1.29	0.93	0.93	0.91	0.91
2013	0.87	0.87	1.03	1.03	1.36	1.36	0.91	0.91	0.90	0.90
2014	0.88	0.88	1.01	1.01	1.23	1.23	0.89	0.89	0.90	0.90
2015	0.88	0.88	1.01	1.01	1.20	1.20	0.89	0.89	0.92	0.92
2016	0.89	0.90	1.03	1.03	1.19	1.19	0.92	0.92	0.90	0.90
2017	0.89	0.89	1.02	1.02	1.17	1.17	0.92	0.92	0.87	0.87
2018	0.88	0.90	1.01	1.01	1.20	1.21	0.83	0.84	0.86	0.87
2019	0.87	0.89	0.99	1.00	1.19	1.20	0.81	0.81	0.86	0.86
2020	0.86	0.90	0.98	0.99	1.18	1.19	0.79	0.79	0.85	0.86

表 4-6　休耕试点地区休耕对耕地压力指数 K 的影响（情景 B）

年份	河北省			云南省			贵州省			甘肃省			湖南省		
	K	K'	$\Delta K/\%$	K	K'	$\Delta K/\%$	K	K'	$\Delta K/\%$	K	K'	$\Delta K/\%$	K	K'	$\Delta K/\%$
2016	0.893	0.902	0.943	1.029	1.029	0.017	1.193	1.193	0.027	0.915	0.916	0.026	0.902	0.904	0.156
2017	0.886	0.895	1.044	1.017	1.019	0.169	1.167	1.169	0.245	0.922	0.924	0.252	0.871	0.872	0.155

年份	河北省			云南省			贵州省			甘肃省			湖南省		
	K	K'	$\Delta K/\%$	K	K'	$\Delta K/\%$	K	K'	$\Delta K/\%$	K	K'	$\Delta K/\%$	K	K'	$\Delta K/\%$
2018	0.878	0.897	2.111	1.006	1.009	0.329	1.205	1.210	0.449	0.834	0.836	0.243	0.865	0.867	0.308
2019	0.871	0.890	2.112	0.994	0.997	0.320	1.194	1.199	0.411	0.810	0.812	0.234	0.858	0.861	0.305
2020	0.864	0.901	4.319	0.983	0.989	0.625	1.184	1.193	0.754	0.786	0.788	0.226	0.852	0.857	0.607

中国休耕试点省份的耕地压力在不同休耕情景模拟中所受影响存在差异。在保持休耕规模不变、休耕规模连续翻番和休耕规模间隔一年翻番三种情景中，中国耕地压力有一定增加，说明在研究时段中，在相同人均年粮食需求量下，休耕时的耕地压力比不实行休耕要高，但耕地压力变化幅度基本都小于5%。

4.4　耕地压力监测预警及休耕规模调控体系构建

基于耕地压力的休耕规模调控逻辑分析框架，刻画了耕地压力的变化趋势，在预测耕地压力的基础上，模拟了多种休耕情景对耕地压力变化的影响，为构建基于耕地压力的休耕规模调控方案奠定了基础。对耕地压力的测度和分析发现，短期内耕地压力随着其影响因素的变化而发生变化，据此，可利用耕地压力影响因素建立耕地压力监测预警系统，及时探寻耕地压力的变动情况，为休耕规模调控决策提供依据。这里重点对耕地压力监测预警方案和休耕规模调控体系构建进行探讨。

4.4.1　耕地压力监测预警方案

耕地压力监测预警方案主要由耕地压力监测、耕地压力预警和耕地压力监测预警发布几部分组成。

4.4.1.1　耕地压力监测

通过前文论述可知，实施休耕政策在短期内会减少区域内可利用耕地面积，从而导致粮食总产量下降，一定程度上可能成为耕地压力增加的催化剂，为保证能够及时发现和处理休耕引起的粮食安全问题，必须采取一定措施对耕地压力进行监测。具体而言，耕地压力监测是指利用技术手段，监测实行休耕政策时的耕地压力相关指标对耕地压力综合影响的结果，利用其动态变化的幅度和规律作为耕地压力监测预警的基础。根据需求，耕地压力监测指标包括人口数量、粮食单产和（可利用的）实际人均耕地面积等，通过对这些指标的监测，既可以测得耕地压力水平，也可以明确此刻的耕地压力是否构成影响粮食安全的风险源，以及原风险源的变化情况。耕地压力的监测统计结果将成为耕地压力预警和基于耕地压力的休耕规模调控的依据。

4.4.1.2　耕地压力预警

耕地压力预警是指以耕地压力监测为基础，设定耕地压力指数阈值，对照耕地压力监测指标所表征的耕地压力状况及粮食安全状况，一旦耕地压力指数超过设定阈值，即发出预警。建立耕地压力预警系统可以分析粮食安全危机发生的可能性及危害程度，以便及时调整休耕规模，降低耕地压力，保证粮食安全。

结合前文分析和相关文献成果（张锐，2015），根据不同的耕地压力水平和可能造成的危害程度将预警警情分为以下四个级别：一级警情（耕地压力指数 $K \in [1.20, +\infty]$）、二级警情（耕地压力指数 $K \in [1.00, 1.20)$）、三级警情（耕地压力指数 $K \in [0.90, 1.00)$）、四级警情（耕地压力指数 $K \in [0, 0.90)$）。一级警情：耕地压力水平高，发生粮食安全危机的可能性高，一旦发生该级别的粮食安全危机，将需要集中大量人力、物力和财力处理该风险带来的危害。二级警情：耕地压力水平较高，一旦发生该级别的粮食安全危机，将在一定时间内对区域的粮食供应造成较大影响。三级警情：耕地压力水平较低，发生粮食安全危机的可能性较小，发生安全危机的可能性不大，但仍需警惕耕地压力的上涨导致粮食安全危机的发生。四级警情：耕地压力水平很低，发生粮食安全危机的可能性很小，区域粮食生产和粮食需求均衡，粮食安全程度较高。

4.4.1.3　耕地压力监测预警内容

耕地压力监测预警内容主要包括三个环节：耕地压力要素监测、耕地压力水平评估、耕地压力预警（图4-9）。

耕地压力要素监测主要是通过收集相关要素的信息，分析其变化情况，构成耕地压力水平评估的基础，主要包括耕地面积监测、人口数量监测、粮食产量监测、粮农比监测和复种指数监测。耕地压力水平评估是在对影响耕地压力相关要素的信息采集、监测统计的基础上，计算耕地压力指数，并进行警情分级，构成耕地压力预警信息发布的依据和基础。耕地压力预警是在整合前期数据信息基础上，对耕地压力风险和粮食安全危机发生风险进行判断，及时汇总和发布耕地压力预警信息，并制定相应预警措施。

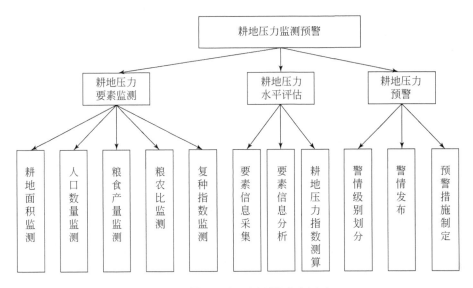

图 4-9　耕地压力监测预警内容图示

4.4.1.4　耕地压力监测预警发布机制

耕地压力监测预警是休耕规模调控的重要依据。应该及时准确地获取耕地压力的动态变化信息，增强基于耕地压力的休耕规模调控的精准性和及时性。建立耕地压力监测预警发布机制主要包括以下内容：第一，组建耕地压力预警团队或者委托第三方机构开展耕地压力预警研究。招募专业的监测统计人员，明确监测预警成员的职能。利用预警团队展开监测、统计、分析、发布等相关工作，完善耕地压力预警机制。第二，建立警情发布系统。通过对耕地压力相关要素的监测和耕地压力水平的评估，基本可以判断粮食安全的程度和耕地压力预警级别。因此，需要建立科学适宜的发布系统及机制对耕地压力相关信息进行汇总、发布，以便及时指导休耕规模的调控工作。

4.4.2　休耕规模调控方案

休耕规模调控方案的构建主要从调控目标与重点、调控方针与原则、调控策略与内容等方面展开。

4.4.2.1　调控目标与重点

（1）调控目标

随着国际粮食市场的逐渐稳定，预计在未来一段时间内，中国将有较大可能和足够能力从国际粮食市场中购买粮食，并且国内粮食生产能力稳步提升，部分区域已出现库存较多状况，为实行休耕甚至适度提高休耕规模具备了较充足的条件。

前面已经论述，耕地压力是体现粮食安全的重要指标，能够快速、直观提示一个国家或区域是否存在粮食安全风险及风险的程度。所以基于耕地压力的休耕规模调控主要以耕地压力的动态变化为依据，对休耕的规模进行预测和设定，从而保证粮食安全，降低爆发粮食供应危机的可能。休耕规模调控的主要目标是在从"藏粮于库"向"藏粮于地"的转化过程中，以休耕的可持续，确保当前和未来耕地可持续利用，粮食保障零风险。

（2）调控重点

基于耕地压力的休耕规模调控应当依托保证区域粮食安全的总体目标，对区域的耕地面积、粮食产量、人均粮食需求量等进行深入研究，重点结合多种休耕情景对于耕地压力影响的模拟，科学制定调控幅度和频率，实现区域基本粮食自给，保证区域粮食安全。

调控的重点和非重点主要针对不同区域的耕地压力水平及受休耕影响程度而言的。需要重点把握和调控的区域首先是短期内休耕情景模拟中对耕地压力上涨有较大影响的区域，其次是短期内休耕对耕地压力未造成明显影响的区域，最后是短期内实行休耕时耕地压力不升反降的区域。

对于短期内休耕导致耕地压力提升较大的区域，监控和保证其粮食安全在可控范围内显得尤为重要。短时期内，休耕客观上会减少区域粮食总产量，直接导致耕地压力的上涨，成为可能威胁粮食安全的因素。一旦耕地压力水平突破粮食安全临界状态，区域粮食供应就可能出现问题，无法满足区域人口的粮食基本需求。因此，休耕规模调控方案应对这种耕地压力易受休耕影响的区域保持高度警惕和关注。对于短期内受休耕影响耕地压力变化不明显的区域和耕地压力下降的区域，在制定调控策略和调控方案时，可以将这些区域作为次要矛盾进行调控。

4.4.2.2　调控方针与原则

（1）调控方针

基于耕地压力的休耕规模调控在确定调控目标和厘清调控重点后，还必须设定科学合理的调控方针，做到针对具体的、差异化的耕地压力区域的休耕规模调控目标明确、计划清晰。休耕规模的调控方针可以总结为"保粮食安全、控耕地压力、调休耕规模"。具体而言，调控方针主要指在保证区域粮食安全的前提下，以合理控制耕地压力水平为目的，调整休耕规模。调整后的耕地压力指数保持在≤1.00 的状态。根据耕地压力指数模型的推导原理，只有当耕地压力指数≤1.00

时，区域的"耕地 – 粮食 – 人口"系统才能协调平衡，满足区域人口的粮食消费。

（2）调控原则

在基于耕地压力的休耕规模调控方案构建过程中，应遵循因地制宜原则、可持续性原则、有效性原则和灵活性原则。

1）因地制宜原则。各省（自治区、直辖市）自然条件、社会经济基础、发展历史背景等诸多方面存在差异，休耕对其所造成的影响也不一样，使得耕地压力的地域分异更加明显。在制定休耕规模调控方案时，应立足于各地耕地压力的确切状况，将因地制宜和适度相结合，构建差异化的调控引导体系，合理指导休耕规模调控。

2）可持续性原则。休耕着眼于耕地休养生息，控制耕地压力着眼于保证区域粮食安全。这两者并不是互相对立的双方，可以通过休耕规模的动态调整将两者有机结合起来，利用耕地压力作为指示器，调整休耕规模；反过来，也可以利用休耕涵养土地，培肥地力，保证粮食产能，有效控制和降低耕地压力。因此，在应用耕地压力调整休耕规模的过程中，应该兼顾耕地休养和粮食安全在短期和长期的目标关联。

3）有效性原则。必须根据耕地压力在粮食安全警戒线中所处的位置和变动情况及时调整休耕规模，唯有这样，才能达到休耕规模调控方案的设计初衷，及时有效地避免粮食安全危机，保证区域人口粮食的基本自足。

4）灵活性原则。耕地压力会随着人口数量、耕地面积、人均年粮食需求量、复种指数等因素变化而变化，耕地压力变化，必然传递休耕规模显示信号的变化。所以在构建基于耕地压力的休耕规模调控方案时，应考虑调控策略、调控频率和调控手段的灵活性，增加调控策略的容错性，从而保证休耕规模调控的合理性和有效性。

4.4.2.3　调控策略与内容

（1）调控策略

基于耕地压力的休耕规模调控是立足于"耕地 – 粮食 – 人口"系统内部协调均衡的调控，是在考虑耕地自然本底条件和区域人口粮食消费的基础上，以粮食安全为准绳、以耕地压力指数为工具、以休耕地调整为手段的调控方式。所以其调控策略应该是以耕地压力水平作为基础衡量依据，以休耕对耕地压力造成的影响作为重要约束。主要的调控策略可以概括为"减、保、扩"，即减少耕地压力水平高且休耕对耕地压力正向影响较大区域的休耕规模；保持耕地压力水平适中且休耕对耕地压力影响有限区域的休耕规模；适当扩大耕地压力水平较低且休耕对耕地压力影响较小区域的休耕规模。

对于耕地压力水平高且休耕对耕地压力正向影响大的区域而言，较高水平的耕地压力已经提示区域耕地压力负荷较重，极大可能难以承受休耕引起的耕地面积和粮食数量减少所产生的粮食供应负担，应该根据耕地压力水平和情景模拟中休耕对耕地压力的影响程度及时调整休耕规模。

对于耕地压力水平适中且休耕对耕地压力影响较小的区域而言，耕地压力水平显示此类区域的粮食安全程度处于临界状态。如果在休耕情景模拟中耕地压力变化较大，仍不能急于扩大休耕规模；如果在情景模拟中耕地压力变化较小，则可以考虑保持现有的休耕规模。

对于耕地压力水平较低且休耕对耕地压力影响较小的区域而言，粮食安全已得到保证，并且在休耕情景模拟中耕地压力变化较小，或出现耕地压力降低的现象，可以考虑适当扩大休耕规模。

（2）调控内容

基于耕地压力的休耕规模调控内容主要涉及休耕面积数量、休耕规模变更频率等，以控制区域耕地压力。在休耕面积调控方面，比较好的调控策略是设定一个具有操作性的调整区间，而不是过于精确化的具体数字，方便调控方案进一步分解目标和落地实施，而且，休耕规模的具体变动数值的调控应该根据该区域本身的耕地压力状态和受休耕政策的影响程度，因"地"制宜、因"时"制宜地设定。

4.4.3 基于耕地压力的休耕规模调控体系

4.4.3.1 休耕规模调控体系构成

基于耕地压力的休耕规模调控由耕地压力监测预警模块和休耕规模调控模块两个部分组成（图4-10）。通过耕地压力监测预警模块将耕地压力警情分为耕地压力一级警情、耕地压力二级警情、耕地压力三级警情和耕地压力四级警情四种类型，再通过规避风险、转化风险、自留风险三种风险选择处理方式进入休耕的调控选择模块，对休耕规模的调整做出决策。

4.4.3.2 休耕规模调控程序

基于前文的分析，在设计利用耕地压力调整休耕规模的程序时，可将最低级别的耕地压力警情（四级警情：$K \in [0, 0.90)$）设置为首要条件。原因在于耕地压力指数 $K = 1.00$（三级警情和二级警情的临界值）时，表明区域耕地的粮食

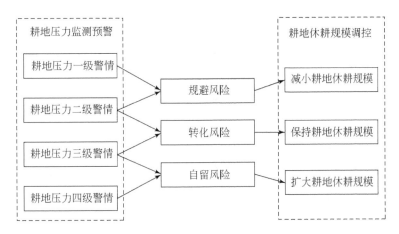

图 4-10　基于耕地压力的休耕规模调控路径

产出与区域人口的粮食消费大致均衡，粮食安全处于临界状态，如果贸然大规模增加休耕规模，可能在短期内引起区域粮食供不应求；而当 $K=0.90$ 时，耕地压力低于粮食安全警戒状态，耕地的粮食产能有盈余。结合前面对中国耕地压力受到休耕影响的对比分析，情景 A 的耕地压力涨幅 ΔK 除了 2019 年以外，均低于 5%。如果耕地压力指数 $K<0.90$，即使未来每年休耕的规模增长一倍（情景 A 的方案），耕地压力指数 K 值仍处于低于 1.00 的范围内，出现粮食供应危机的可能性很小。并且，休耕事关粮食安全，应该在试点中探寻规律，谨慎推进，所以取以上论述中休耕对耕地压力影响的普遍上限"ΔK 为 5%"作为基于耕地压力的休耕规模调整的另一重要阈值。

休耕是一个长期的过程，意味着对休耕规模的动态调控也是一个长期的过程，并且前面述及情景 A 和情景 B 设置中涉及了基期年的第二、第三年，因此，将休耕规模的调整范围设置为 2 年一次（图 4-11）。

第一个主判别条件为耕地压力是否处于四级警情（$K\in[0,0.90)$），即判断基期年第 t 年耕地压力指数 K 值是否大于 0.90。当耕地压力处于四级警情（$K\in[0,0.90)$）时，执行情景 A 的休耕规模调整方案（休耕规模连续翻番），分别将第（$t+1$）年和第（$t+2$）年的休耕规模设置为第 t 年的 2 倍和 4 倍。当耕地压力超过四级警情，即耕地压力指数 K 大于 0.90 时，开始进行第二个主判别条件计算。

第二个主判别条件为耕地压力是否处于三级警情（$K\in[0.90,1.00)$），即判断基期年第 t 年的 K 值是否大于 0.90 且大于 1.00。当耕地压力处于三级警情（$K\in[0.90,1.00)$），K 值虽然没有突破粮食安全警戒线，但已处于接近的状态。所以进一步设置次判别条件"ΔK 是否大于 5%"，利用情景模拟中休耕对耕

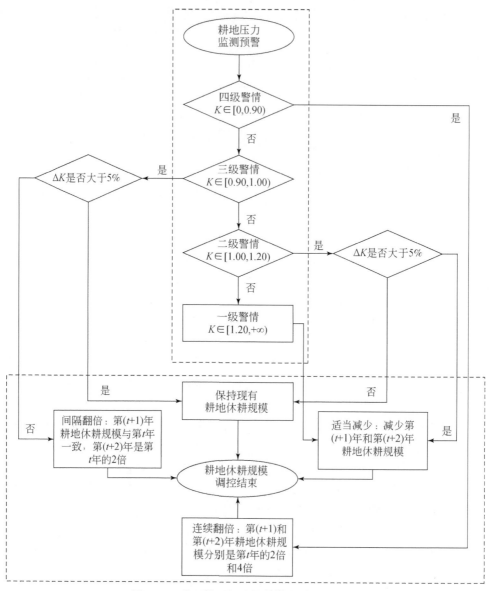

图 4-11　基于耕地压力的休耕规模调控程序

地压力的影响程度 ΔK①对耕地压力情况进一步细分。如果 ΔK 大于 5%，K 值很有可能突破 1.00 这一安全阈值出现粮食供应危机，所以建议维持现有休耕规模；

_____

①　为方便比较，此处休耕规模调整中的 ΔK 均指当 G_r 为 400kg 时，休耕对耕地压力造成的影响程度。

如果 ΔK 小于 5%，可采用情景 B 的休耕规模调整方案，即间隔一年增加一倍休耕的面积，使一定量耕地休养生息的同时，不会对粮食安全造成较大影响。当耕地压力超过三级警情，即耕地压力指数 K 大于 1.00 时，开始第三个主判别条件的计算。

第三个主判别条件为耕地压力是否处于二级警情（$K \in [1.00, 1.20)$），即先判断基期第 t 年的 K 值是否大于 1.00 且大于 1.20。当耕地压力处于二级警情（$K \in [1.00, 1.20)$），表明耕地压力已突破粮食安全警戒线，发生区域粮食供应不足的可能性较大。再进一步设置次判别条件"ΔK 是否大于 5%"：如果 ΔK 也大于 5%，应当适当减小第（$t+1$）年和第（$t+2$）年休耕的规模，以免出现因耕地压力过大，无法提供足够的粮食供应区域人口消费而产生粮食供应危机。减少休耕的面积应该根据区域粮食供给、消费水平和更大范围内的粮食市场（全国市场和国际市场）等因素综合确定。如果 ΔK 小于 5%，可采取保持相同的休耕规模的策略，待两年后再根据第（$t+3$）年的 K 值来确定休耕规模的调整方案。当耕地压力超过二级警情，即耕地压力指数 K 大于 1.20 时，表明耕地压力进入一级警情（$K[1.20, +\infty)$），应当适当减少休耕规模。

4.4.4　调控方案运用

以全中国为例，结合全国及各地区耕地压力变化特点、休耕实践，利用以上基于耕地压力的休耕规模调控方案进行分析，既为中国未来调整休耕规模提供理论依据，也为其他区域的休耕规模调控及研究提供实证案例借鉴和参考。

对于中国整体而言，2016～2020 年三种人均年粮食需求量方案中的耕地压力指数值为 0.76～0.94，均低于 0.90，属于耕地压力四级警情，耕地压力水平较低，粮食安全程度较高。根据此阶段的耕地压力值，执行"未来 2 年里休耕规模连续翻倍"的调节决策（图 4-12）。

由于中国各地区耕地压力的空间分异明显，这里仅针对休耕试点省份的耕地压力状态设计差异化的休耕规模调控方式（表 4-7）。根据 2018 年中国已实行休耕政策各地区耕地压力的预测值，河北省、甘肃省和湖南省耕地压力处于四级警情区间，建议在未来较短时段内可以实行休耕规模连续翻倍。云南省耕地压力处于三级警情区间，并且 ΔK 小于 5%，建议后续一定时期耕地休耕规模隔年翻番。贵州省耕地压力处于二级警情区间，并且 ΔK 小于 5%，建议一定时期内耕地休耕规模不变。值得注意的是，国家在制定休耕试点方案时，不仅考虑了地下水漏斗区、生态退化区和重金属污染区耕地资源面对的现实问题，同时还考虑了区域

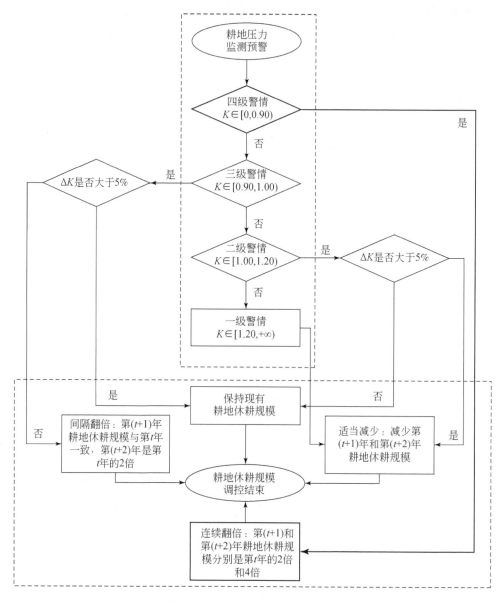

图 4-12　基于耕地压力的休耕规模调控方案

粮食安全和耕地压力等方面问题，所以在考虑休耕数量任务分配时耕地压力较低的区域多承担休耕任务，耕地压力较高的区域适度少承担休耕任务，以确保区域的粮食安全。

表 4-7　休耕试点各省休耕规模调控建议

	2018 年 K	ΔK/%	耕地压力监测预警	休耕规模调控建议
河北省	0.88	2.11	四级警情	2019~2020 年休耕规模连续翻倍
云南省	1.01	0.33	三级警情	2019~2020 年休耕规模间隔翻倍
贵州省	1.20	0.45	二级警情	2019~2020 年休耕规模保持不变
甘肃省	0.83	0.24	四级警情	2019~2020 年休耕规模连续翻倍
湖南省	0.86	0.31	四级警情	2019~2020 年休耕规模连续翻倍

4.5　本章小结

本章立足于耕地压力视角探讨休耕规模调控体系，分析休耕与耕地压力之间的关系，模拟休耕对中国耕地压力的影响过程，进而构建基于耕地压力的休耕规模调控体系。主要结论如下：

1）休耕与耕地压力相互影响、相互作用。休耕对耕地压力的影响可分为短期影响和长期影响，其中，休耕对耕地压力的短期影响可作为基于耕地压力的休耕规模调控的依据，所构建的基于耕地压力的耕地休耕规模调控逻辑框架能够实现对耕地休耕规模的动态调控。

2）2016~2020 年中国耕地压力在多种休耕情景模拟中均小于 1.00，时空演变特点基本与前期保持一致。并且，在保持休耕规模不变、连续翻番和间隔一年翻番三种情景中，耕地压力受到休耕的影响程度（ΔK）存在差异，但都低于 5%。

3）基于耕地压力的休耕规模调控体系由耕地压力监测预警方案和休耕规模调控方案构成。耕地压力监测预警方案中，将耕地压力警情分为警情一级到四级，这也是耕地压力预警信息发布的依据和基础。根据耕地压力警情级别设定三个主判别条件，将耕地压力变化幅度 ΔK 设定为次判别条件，对基期年的第二、第三年的休耕规模调整的方向和数量进行决策。在"保粮食安全、控耕地压力、调休耕规模"的方针指导下，将休耕规模调控的策略概括为"减、保、扩"，即减少耕地压力水平高且休耕对耕地压力正向影响大的区域休耕规模，保持耕地压力水平适中且休耕对耕地压力影响较小区域的休耕规模，扩大耕地压力水平较低且休耕对耕地压力影响较小区域的休耕规模。

第5章 基于耕地压力的省域休耕规模调控实证

本章选择国家休耕制度试点区域之一的河北省作为案例地，实证分析河北省近40年来（1978~2015年）耕地压力的时空变化特征，对河北省耕地压力进行预测，并进行休耕对耕地压力影响的情景模拟，测度和分析河北省耕地压力及其变化，以期为构建科学合理的耕地压力监测预警方案和休耕规模调控方案提供案例支持。

5.1 河北省近40年来耕地压力变化分析

5.1.1 研究区概况及数据来源

（1）研究区概况

河北省（113°04′E~119°53′E，36°01′N~42°37′N）地处内蒙古高原、燕山和太行山山地及华北平原交界处，总面积约18.88万km²，辖石家庄、唐山、秦皇岛、邯郸、邢台、保定、张家口、承德、沧州、廊坊、衡水11个地级市。河北省属温带大陆性季风气候，四季分明，冬夏均温相差达20℃，年均降水量484.5mm，年无霜期81~204天。2016年末全省总人口为7424.95万人，全年地区生产总值31 827.86亿元，人均生产总值40 260元，年末耕地面积652.55万hm²，全年粮食播种面积873.98万hm²，粮食产量3363.80万t。

选取河北省为研究对象，主要基于以下几点考虑：第一，河北省是国家实行耕地轮作休耕政策的首批试点区域，是验证休耕规模调控与区域适宜性的较优选择；第二，河北省是中国重要的粮食主产区之一，以其作为研究区分析其耕地压力的动态变化，可以更好地预测和判断其粮食安全的程度，为保证中国的粮食安全提供支持；第三，河北省是地下水漏斗区的代表，研究其休耕的情景模拟和思考休耕对耕地压力的影响，有助于利用耕地压力反推休耕的适宜规模。

（2）数据来源

研究中所涉及的耕地面积、人口数量、粮食产量、粮食播种面积、农作物播种面积等数据主要来源于《河北统计年鉴》（1979~2016年）、《河北农村统计年鉴》（1979～2016 年）、河北省国民经济和社会发展统计公报及各市统计年鉴（1979～2016 年）等。

5.1.2　河北省耕地压力指数相关要素分析

(1)　河北省耕地面积与人均耕地面积变化

河北省耕地面积从 1978 年的 667.50 万 hm² 下降至 2015 年的 652.55 万 hm²，总体呈缓慢下降趋势。人均耕地面积从 1978 年的 0.13hm² 下降到 2015 年的 0.09hm²，呈现前期快速下降、后期降速放缓的趋势。根据耕地总面积和人均耕地面积的动态变化情况可划分为两个阶段（图 5-1）。第一，1978～2007 年为动态下降阶段。其间耕地面积除 1995～1996 年有小幅回升外，全省耕地总面积总体呈下降态势。其间耕地资源数量先后由于建设用地占用耕地和退耕还林、还草工程等原因下降明显，至 2007 年耕地规模下降到 631.51 万 hm²。人均耕地面积下降速度明显，随着人口不断增长，人均耕地面积由 0.13hm² 迅速下降至 0.09hm²。第二，2007～2015 年为增长平稳阶段。其间，各市将耕地保护作为重要目标，实行宅基地复垦、土地整治、城乡建设用地增减挂钩等措施积极保护耕地，耕地总面积总体保持一定增长，只是在 2014 年和 2015 年出现轻微下降，但人均耕地面积未继续减少。2015 年底全省耕地面积为 652.55 万 hm²，人均耕地面积保持在 0.09hm²。

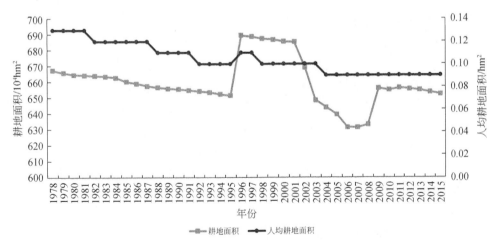

图 5-1　河北省耕地面积和人均耕地面积变化（1978～2015 年）

(2)　河北省粮食产量与人均粮食产量变化

河北省粮食总产量从 1978 年的 1687.90 万 t 上升至 2015 年的 3363.80 万 t，

人均粮食产量从1978年的333.78kg上升到2015年的453.04kg，两者基本均呈震荡上升趋势，并且起伏趋势保持一致，存在较强的相关性。全省粮食总产量3次上台阶（图5-2）：第一，1978~1987年粮食产量迅速增长，跨过1000万t门槛，1987年底，粮食产量为1920万t，人均粮食产量为336.25kg。第二，1988~2010年粮食产量继续增加，超过2000万t，2010年底，粮食产量为2975.9万t，人均粮食产量为413.66kg。第三，2011~2015年粮食产量超过3000万t，2015年底粮食产量为3363.80万t，人均粮食产量为453.04kg。

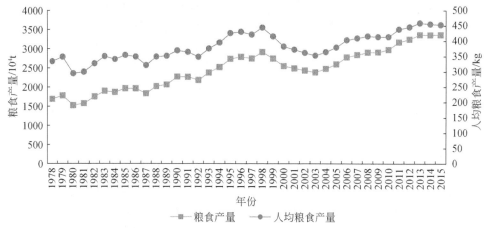

图5-2　河北省粮食产量和人均粮食产量变化（1978~2015年）

（3）河北省人口总数与人口自然增长率变化

河北省总人口数从1978年的5057.00万人上升至2015年的7425.00万人，基本呈持续增长态势，分别在1990年和2009年超过6000万和7000万。人口自然增长率起伏较大，按照波动可以分为两个阶段（图5-3）：第一，1978~1996年为震荡下降阶段，其间中国实行改革开放、计划生育等重大政策，人口自然增长得到一定控制，自然增长率呈震荡下降；1996年底，人口总数为6508.11万人，人口自然增长率为7.30‰。第二，1997~2015年为平稳浮动阶段，其间计划生育政策得到有效和严格实施，人口自然增长进入非常平稳的阶段，基本保持在5‰~7‰；2015年底，人口总数为7425.00万人，人口自然增长率为7.04‰。

5.1.3　河北省耕地压力及其时空演变

考虑到河北省粮食生产实际情况和当前全国人均年粮食消费水平（400kg~500kg）（王千等，2010），结合现有文献成果（范秋梅和蔡运龙，2010；李玉平和蔡运龙，2007；赵素霞和牛海鹏，2015），参照本书3.1.1小节关于人均粮食

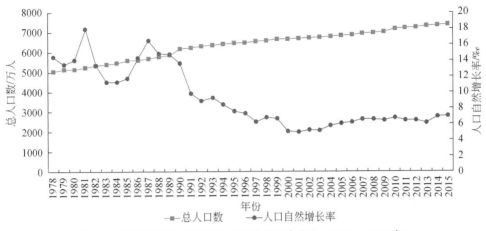

图 5-3 河北省总人口数和人口自然增长率变化（1978～2015 年）

消费水平的设定，在对河北省耕地压力进行测度时，设置三种人均年粮食消费的方案：将 G_r 取值为 400kg、424kg、437kg。

（1）河北省总体耕地压力测算

图 5-4 显示，1978～2015 年河北省最小人均耕地面积一直保持震荡下降趋势，S_{400}、S_{424}、S_{437} 分别从高值 0.16hm^2、0.17hm^2、0.17hm^2 下降至 0.05hm^2 左右。在 1995 年之后，最小人均耕地面积基本保持在 0.12hm^2 及以下。图 5-5 中耕地压力指数 K_{400}、K_{424}、K_{437} 也基本呈现震荡下行态势，分别在 1995 年、1996 年、1998 年首次低于 1，在 2008 年、2011 年、2011 年之后持续保持低于 1.20，表明在三种方案中，河北省在 21 世纪初期进入耕地压力较小的时期。

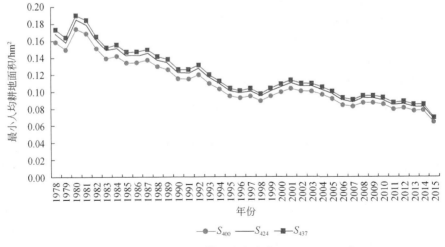

图 5-4 河北省最小人均耕地面积变化（1978～2015 年）

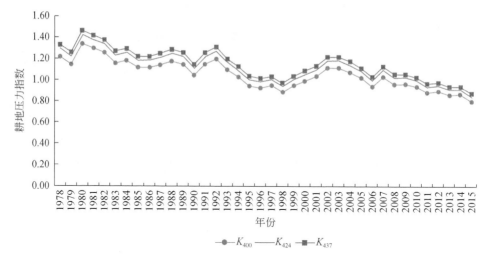

图 5-5　河北省耕地压力指数变化（1978～2015 年）

（2）河北省各地市耕地压力差异

在分析河北省耕地压力的时序变化时，仅用修正后的耕地压力指数 K 表征其耕地压力水平，但在比较省域内各市的耕地压力水平时，将从原始耕地压力指数 K_0 和修正后的耕地压力指数 K 两个视角，并综合考虑经济发展水平、耕地产出能力及耕地压力的空间差异，系统观察耕地压力的空间分异规律。

假定人均年粮食需求量 G_r 取中间值 424kg 时，根据改进后的耕地压力指数模型，利用河北省 11 地市的数据分别计算 1985 年、1995 年、2005 年、2015 年的原始耕地压力指数 K_0 和修正后的耕地压力指数 K（图 5-6）。1985～2015 年，6 个地市的原始耕地压力指数均从高值（$K_0 \geqslant 1.20$）下降至较低水平（$K_0 \leqslant 1.00$）；4 个地级市的修正后的耕地压力指数均从高值（$K \geqslant 1.20$）下降至较低水平（$K \leqslant 1.00$）。

在 1985 年 11 地市原始耕地压力指数 K_0 中，除石家庄市和秦皇岛市外均大于 1.00，修正后的耕地压力指数 K 除石家庄市、秦皇岛市、唐山市、廊坊市、邯郸市外均大于 1.00；1995 年仅秦皇岛市、承德市、张家口市的原始耕地压力指数 K_0 大于 1.00，而沧州市、邢台市、承德市和张家口市的修正后的耕地压力指数 K 大于 1.00；2005 年唐山市、承德市、秦皇岛市、张家口市的原始耕地压力指数 K_0 大于 1.00，仅承德市和张家口市的修正后的耕地压力指数 K 大于 1.00，值得注意的是张家口的原始耕地压力 K_0 和修正后的耕地压力指数 K 在 1985～1995 年和 1995～2005 年两个时间段一直处于升高的态势；2015 年唐山市、廊坊市、张家口市、承德市、秦皇岛市的原始耕地压力 K_0 大于 1.00，承德市、秦皇岛市、张家口市的修正后的耕地压力指数 K 大于 1.00。

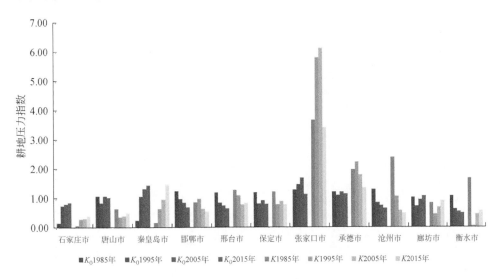

图 5-6 河北省原始耕地压力指数 K_0 与修正后的耕地压力指数 K（1985～2015 年）

（3）河北省各地市耕地压力的时空演变过程

由图 5-7 可知，河北省绝大多数地市的原始耕地压力指数 K_0 在 1985～2015 年呈现下降态势，其中有两个明显特点：第一，秦皇岛市的原始耕地压力指数

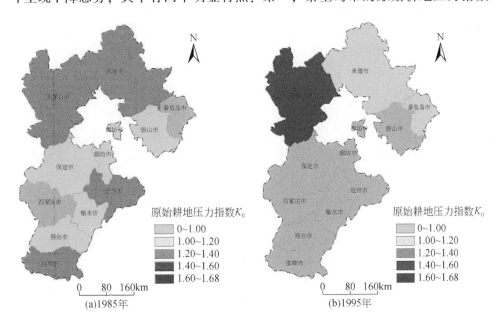

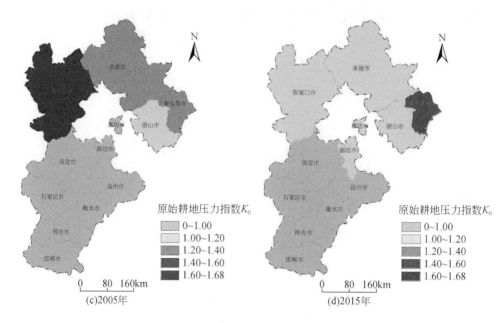

图5-7　河北省各地市原始耕地压力 K_0 变化

K_0 在四个年份中逐渐增高，由0.23升至1.44。原始耕地压力逐渐升高，反映出在不考虑经济获取能力和耕地质量差异的情况下其区域逐渐紧张的人地关系。第二，河北省南部地市的原始耕地压力指数 K_0 一直较低，且除廊坊市外其余地市的 K_0 值在1995年后一直保持在1.00以下；而北部几个地市的原始耕地压力指数 K_0 在下降趋势中出现反弹或持续升高的现象，反映了这些区域的耕地资源利用和人地关系的波折起伏状况。

　　与原始耕地压力指数 K_0 相比，河北省各地市修正后的耕地压力指数 K 更能体现出这四个年份耕地压力和人地关系的深刻变化（图5-8）。首先，在河北省北部的地市中，四个年份里承德市和张家口市修正后的耕地压力指数 K 持续大于1.00，人地关系比较紧张，而北部的其他两地市（唐山市和秦皇岛市）的修正后的耕地压力指数 K 却比原始耕地压力指数 K_0 低，除个别年份外基本维持在1.00以下的水平，说明考虑区域内实际的经济发展水平及其耕地质量、利用状况后，唐山市和秦皇岛市的耕地压力并未有前文计算的 K_0 那样高。其次，在1985～1995年，南部几个地市修正后的耕地压力指数 K 逐渐下降，并在2005年以后持续保持在1.00以下，说明其实际的耕地压力在近10年内都处于较安全的范围内，在河北省省域范围内出现粮食供应危机的可能性较小。

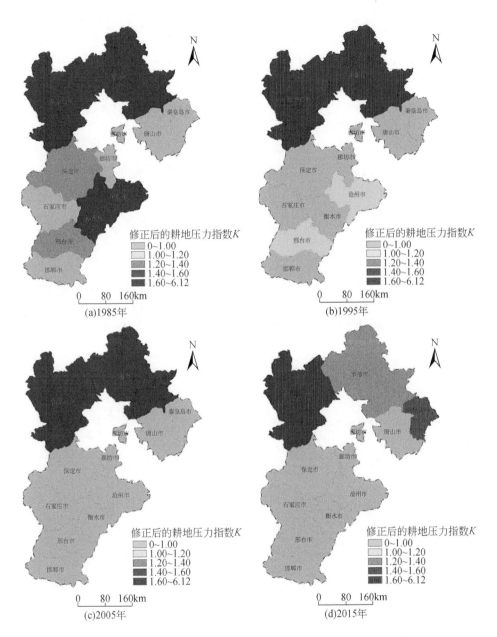

图 5-8　河北省各地市修正后的耕地压力 K 变化（1985～2015 年）

　　空间的演变不仅体现在各地市耕地压力指数的数值高低，还体现在各地市耕地压力的空间关联性上。研究采取全局 Moran's I 表征耕地压力在空间上相互关联、相互影响的程度。全局 Moran's I 是目前空间分析中较为成熟的方法，当全局

Moran's *I* 为正时，表示空间正相关性，其值越大，空间相关性越强；当全局 Moran's *I* 为负时，表示空间负相关性，其值越小，空间差异越大；当全局 Moran's *I* 指数为 0 时，空间分布呈随机性。Moran 散点图可将区域自相关性的类型进行可视化表达，将图分为四个象限，第一象限 H-H 为显著高高集聚类型区，第二象限 L-H 为显著低高集聚类型区，第三象限 L-L 为显著低低集聚类型区，第四象限 H-L 为显著高低集聚类型区。

这里采用 Geoda 软件基于邻接的 Queen 原则，测得 1985 年、1995 年、2005 年和 2015 年河北各地市的修改后的耕地压力指数 *K* 的全局 Moran's *I* 估计值，并制作 Moran 散点图（图 5-9）。4 个年份中，修改后的耕地压力指数 *K* 的全局

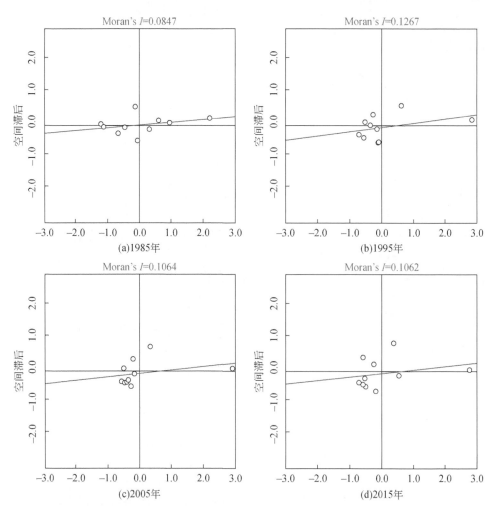

图 5-9 河北省修正后耕地压力 *K* 值的全局 Moran's *I* 指数变化（1985～2015 年）

Moran's I 依次为 0.0847、0.1267、0.1064、0.1062, 均为正数, 耕地压力显现出空间聚集的正相关性。近 40 年以来, 位于第一象限 H-H 和第三象限 L-L 的市域数量一直为 8 个, 但明显向第三象限 L-L 集中, 说明耕地压力指数 K 越高的地区, 其周边耕地压力也较高。

5.1.4   河北省耕地压力影响因素的相关分析

相关性分析是为了揭示地理要素之间相互影响、相互关系的密切程度, 一般统计学中常使用 Pearson 相关 (Pearson product-moment correlation coefficient, PMCC) 和 Spearman 相关 (Spearman's rank correlation coefficient) 两种相关分析方法。Pearson 相关常用于计算连续数据的相关, 如地区生产总值与区域劳动力人口数量的相关关系, 而 Spearman 相关常用于测度有序变量之间的相关关系, 如城市土地面积排名与城市人口规模排名之间的相关关系。这里采用 Pearson 相关方法计算耕地压力指数模型中各要素与耕地压力指数值的相关性。具体计算公式如下:

$$r_{xy} = \frac{\sum\limits_{i=1}^{n}(x_i - \bar{x})(y_i - \bar{y})}{\sqrt{\sum\limits_{i=1}^{n}(x_i - \bar{x})^2}\sqrt{\sum\limits_{i=1}^{n}(y_i - \bar{y})^2}} \tag{5-1}$$

式中, r_{xy} 为 x 和 y 的 PMCC 值; $\bar{x}$ 和 $\bar{y}$ 分别为 x 和 y 两个要素样本值的平均值 x_i 和 y_i 分别为第 i 个样本的 x 值和 y 值; r_{xy} 的范围为 [−1, 1], $r_{xy}>0$, 表示两个要素之间呈正相关, 即两个要素是同向相关关系; $r_{xy}<0$, 表示两个要素之间呈负相关, 即两个要素是反向相关关系; r_{xy} 的绝对值越接近 1, 表明两个要素的关系越密切; r_{xy} 越接近 0, 则表示两个要素的关系越不密切。

在每年实际人均耕地面积已知情况下, 耕地压力指数 K 主要受到最小人均耕地面积 S_{min}、粮食经济获取率 φ 和耕地质量修正系数 μ 的影响, 而 S_{min} 受粮食单产 p, 粮播比 q, 复种指数 k 三个变量共同影响。故可利用 Pearson 相关先计算 S_{min} 与 p、q、k 的 PMCC 值, 再测算 K 与 p、q、k、φ、μ 的 PMCC 值, 进一步剖析各要素对最小人均耕地面积及耕地压力指数的正负影响和影响程度。利用 1978 ~ 2015 年河北省的数据, 通过 SPSS Statistics 13.0 计算最小人均耕地面积 S_{min} 与粮食单产 p、粮播比 q 和复种指数 k 的 Pearson 相关系数。从表 5-1 中发现, 河北省的 p 和 k 均与 S_{min} 的 PMCC 值为绝对值大于 0.50 的负值, 呈明显的负相关; 河北省的 q 与 S_{min} 的 PMCC 值为绝对值大于 0.50 的正值, 呈明显正相关关系。

表 5-1　最小人均耕地面积 $S_{\min}$ 和三个变量 p、q、k 的 PMCC 值

变量	S_{400}	S_{424}	S_{437}
粮食单产 p	−0.911**	−0.898**	−0.932**
粮播比 q	0.615**	0.675**	0.623**
复种指数 k	−0.831**	−0.829**	−0.811**

** 表示显著性水平 $P<0.01$。

p、q、k 三个变量对最小人均耕地面积 $S_{\min}$ 的影响方向并不一致，并且影响程度不一。河北省的最小人均耕地面积 $S_{\min}$ 与粮食单产 p 的 PMCC 值最大，其次是复种指数 k，最后是粮播比 q，说明在河北省，耕地的粮食产出能力对最小人均耕地面积的变动影响最大，其次是作物的复种指数，最后是粮食作物的播种比例。在最小人均耕地面积 $S_{\min}$ 的影响因素中，各要素的影响程度排序与区域的实际情况较吻合。河北省一直是中国的农业大省和粮食主产区之一，优质耕地资源广布，通过合理地规划和合理使用土地资源、投入先进的农业机械等方式能较快提高单位耕地的粮食产出能力，从而达到降低最小人均耕地面积的目的。

当人均耕地面积一定，粮食单产 p、粮播比 q、复种指数 k 是影响 $S_{\min}$ 最重要的因素，也成为原始耕地压力指数 K_0 值大小的决定性因素。但由于修正后的耕地压力指数 K 还受到粮食经济获取率 φ 和耕地质量修正系数 μ 的影响，故进一步分析这五个要素与 K 的相关关系。

利用 1978~2015 年河北省的数据，通过 SPSS Statistics 13.0 计算河北省的耕地压力指数 K 与粮食单产 p、粮播比 q、复种指数 k、粮食经济获取率 φ、耕地质量修正系数 μ 的 Pearson 相关系数。表 5-2 中，河北省的粮食单产 p、复种指数 k、粮食经济获取率 φ、耕地质量修正系数 μ 均与耕地压力指数 K 的 PMCC 值为负数，仅粮播比 q 与 K 的 PMCC 值为正数。

前面对粮食单产 p、粮播比 q、复种指数 k 与最小人均耕地面积 $S_{\min}$ 的相关关系分析表明，由于耕地压力指数模型中 $S_{\min}$ 和 K 成正比，且 $S_{\min}$ 与 p、k 呈负相关，与 q 呈正相关，故 K 应与 p、k 呈负相关，与 q 呈正相关。验证与预期一致，K 与 p、k 的 PMCC 值不仅为负值，并且绝对值较大（超过 0.80），呈现较强的负相关关系；K 与 q 的 PMCC 值为正，呈现正相关关系。φ 和 μ 均与 K 的 PMCC 值为负数，也呈明显的负相关关系。

表 5-2　耕地压力指数 K 与五个变量 φ、μ、p、q、k 的 PMCC 值

变量	K_{400}	K_{424}	K_{437}
粮食单产 p	−0.832**	−0.831**	−0.826**
粮播比 q	0.456	0.489	0.502

变量	K_{400}	K_{424}	K_{437}
复种指数 k	-0.807^{**}	-0.792^{**}	-0.797^{**}
粮食经济获取率 φ	-0.754^{**}	-0.716^{**}	-0.721^{**}
耕地质量修正系数 μ	-0.621^{**}	-0.609^{**}	-0.699^{**}

$**$ 表示显著性水平 $P<0.01$。

5 个变量与 K 的密切相关程度排序不完全一致，其中 PMCC 的绝对值最大的是粮食单产 p，其后依次是复种指数 k、粮食经济获取率 φ、耕地质量修正指数 μ、粮播比 q。就粮食单产 p 而言，其与耕地压力指数 K 的 PMCC 值为绝对值接近 0.90 的负数，呈现非常明显的负相关关系。单位面积粮食产量的增减对于耕地压力指数的变动产生非常明显的负向影响。粮播比 q 与耕地压力指数 K 的 PMCC 值为小于 0.60 的正数，呈现较弱的正相关关系，但其未通过显著性检验。在复种指数 k 方面，河北省复种指数 k 对于耕地压力指数 K 的负向影响较大。粮食经济获取率 φ 与耕地压力指数 K 的相关关系为负向，但两者 PMCC 值的绝对值较高。耕地质量修正系数 μ 与 K 值也呈负相关关系，为绝对值较低的负数。

5.2　河北省耕地压力预测及休耕的情景模拟

根据人口数量、耕地面积、粮食产量、播种面积和复种指数等数据可以测度耕地压力，同样可以通过一定的数学方法对这些指标进行预测，进而计算出预测期的耕地压力。本章首先对河北省的休耕的规模、布局等进行分析，进而利用灰色 GM(1，1) 模型对河北省耕地压力的相关要素及耕地压力指数进行预测，并分析其变化趋势，最后对多种休耕情景中耕地压力变化进行情景模拟。

5.2.1　河北省休耕区域分布

2016 年，河北省在位于地下水超采区的廊坊市、保定市、衡水市、沧州市、邢台市和邯郸市组织实施季节性休耕，共计休耕 12.07 万 hm^2（图 5-10）。其中，衡水市、沧州市和邢台市休耕任务占比最大，三市合计占总休耕规模的 76.02%。

2017 年，河北省实施耕地季节性休耕的区域仍主要集中在地下水超采区的廊坊市、保定市、衡水市、沧州市、邢台市和邯郸市，共计休耕 13.33 万 hm^2（图 5-10）。其中，仍是衡水市、沧州市和邢台市休耕任务占比最大，三市合计

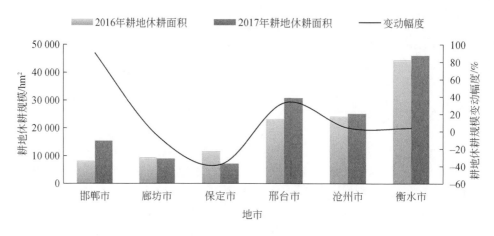

图 5-10　河北省 2016～2017 年休耕面积变化

占总休耕规模的 76.46%。虽然 2017 年河北省休耕面积总量比 2016 年增长不多，仅 10.44%，但个别市的休耕规模增减幅度较大，如 2017 年邯郸市休耕面积的涨幅达 90.08%，邢台市、沧州市、衡水市休耕面积的涨幅分别为 32.76%、4.14% 和 3.75%，保定市和廊坊市休耕面积，分别减少 38.15% 和 4.29%，表明 2017 年部分区域的耕地取消了季节性休耕政策。

　　2016 年和 2017 年河北省实施季节性休耕的区域从一定层面可以反映河北省耕地压力的空间异质性（图 5-11）。实施耕地季节性休耕的廊坊市、保定市、衡水市、沧州市、邢台市和邯郸市是地下水超采较严重的区域，也是河北省耕地压力较低的区域。耕地压力较低意味着人地资源紧张程度低，出现粮食供应危机的可能性小，划定一定规模的耕地实行休耕，对区域内部粮食的供给影响不大。

5.2.2　河北省耕地压力指数相关要素预测

　　耕地压力指数的预测以耕地压力指数的相关要素预测为基础。预测模型有多种，但对于具有较长时间序列特征的数列预测适配度较高的为灰色 GM(1，1) 模型。这里利用 1978～2015 年的数据预测河北省 2016～2020 年的耕地压力水平。对于预测时间段选取主要基于以下两点考虑：第一，利用较长的时间序列预测较短时间内数据的准确性更高。利用近 40 年各要素的值预测未来 5 年的数据，可以提升耕地压力变化趋势预测的客观性和结论的可靠性。第二，休耕政策仍处于试点阶段，休耕规模及休耕时空配置等诸多方面都需进一步探索和改进。

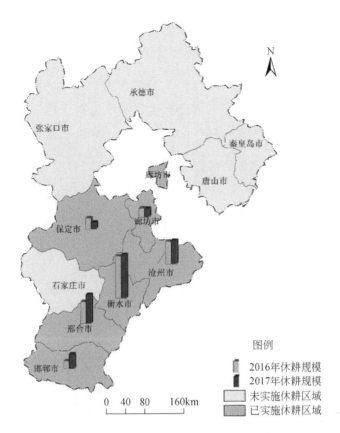

图 5-11　河北省 2016 ~ 2017 年休耕区域分布

现将 1978 ~ 2015 年河北省总人口数、耕地面积、粮食产量、粮食播种面积占总播种面积的百分比、复种指数等变量代入 DPS 软件中，利用灰色 GM(1，1) 模型预测 2016 ~ 2020 年各变量的值。但对休耕区域进行耕地压力的预测，需在耕地面积的预测结果中扣除休耕耕地面积。由于河北省实施的是季节性休耕，实行"一季休耕、一季种植"，所以模型中涉及的（可利用的）耕地总面积应扣除"实施休耕面积乘以 50%"，以切实反映耕地休养生息的实际情况。根据农业部公布的 2018 年关于"开展耕地轮作休耕制度试点"的工作安排，2018 年的试点规模在 2017 年的基础上翻一番，为保证区域粮食安全，假定 2019 ~ 2020 年期间河北省的休耕面积持续为 26.66 万 hm^2（2017 年的两倍）。

（1）河北省总人口数的预测

基于 1978 ~ 2015 年河北省的人口数据，在灰色理论指导下，利用灰色 GM(1，1) 模型，建立了河北省人口的预测模型：

$$x^{(1)}(t+1) = 536\,803.618\,507\mathrm{e}^{0.009\,905t} - 531\,746.118\,507 \tag{5-2}$$

根据式（5-2）求得河北省人口总数的拟合值、残差和相对误差（%）（表5-3）。

表5-3　河北省总人口数的GM(1，1)预测

年份	观察值	拟合值	残差	相对误差/%
1979	5168.00	5344.36	−176.36	−0.03
1980	5168.00	5396.39	−228.39	−0.04
1981	5256.30	5448.92	−192.62	−0.04
1982	5356.30	5501.96	−145.66	−0.03
1983	5420.20	5555.52	−135.32	−0.03
1984	5487.50	5609.60	−122.10	−0.02
1985	5617.00	5664.20	−47.20	−0.01
1986	5627.00	5719.34	−92.34	−0.02
1987	5710.00	5775.01	−65.01	−0.01
1988	5795.00	5831.23	−36.23	−0.01
1989	5888.40	5887.99	0.41	0.00
1990	6183.16	5945.31	237.85	0.04
1991	6249.33	6003.18	246.15	0.04
1992	6309.61	6061.62	247.99	0.04
1993	6365.95	6120.63	245.32	0.04
1994	6420.47	6180.21	240.26	0.04
1995	6461.03	6240.37	220.66	0.03
1996	6508.11	6301.11	207.00	0.03
1997	6555.31	6362.45	192.86	0.03
1998	6602.16	6424.38	177.78	0.03
1999	6670.93	6486.92	184.01	0.03
2000	6674.00	6550.07	123.93	0.02
2001	6699.00	6613.83	85.17	0.01
2002	6735.00	6678.21	56.79	0.01
2003	6769.00	6743.22	25.78	0.00
2004	6809.00	6808.86	0.14	0.00
2005	6851.00	6875.14	−24.14	0.00
2006	6898.00	6942.06	−44.06	−0.01
2007	6943.00	7009.64	−66.64	−0.01
2008	6989.00	7077.87	−88.87	−0.01
2009	7034.00	7146.77	−112.77	−0.02
2010	7194.00	7216.34	−22.34	0.00

续表

年份	观察值	拟合值	残差	相对误差/%
2011	7241.00	7286.59	−45.59	−0.01
2012	7288.00	7357.52	−69.52	−0.01
2013	7332.61	7429.14	−96.53	−0.01
2014	7384.00	7501.46	−117.46	−0.02
2015	7425.00	7574.48	−149.48	−0.02

从表 5-3 可知，河北省人口总数的拟合值与真实值的相对误差均小于 5%，且模型中方差比 C 为 0.2094，小误差概率为 1.0000，模型拟合程度较好。河北省人口数量预测如图 5-12 所示。

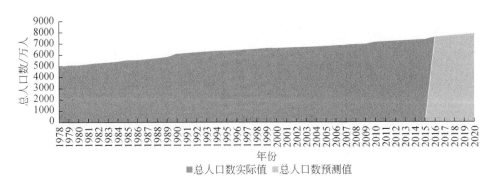

图 5-12　河北省人口总数变化（1978～2020 年）

（2）河北省耕地面积的预测

基于 1978～2015 年河北省的耕地面积数据，在灰色理论指导下，利用灰色 GM（1，1）模型，建立了河北省耕地面积的预测模型：

$$x^{(1)}(t+1) = -11\,562\,210\,253.912\,479e^{-0.000\,577t} + 11\,568\,885\,263.912\,479$$

$$(5-3)$$

根据式（5-3）求得河北省耕地面积的拟合值、残差和相对误差（%）（表 5-4）。

表 5-4　河北省耕地面积的 GM（1，1）预测

年份	观察值	拟合值	残差	相对误差/%
1979	6 659 070.00	6 664 706.00	−5 636.00	−0.08
1980	6 648 010.00	6 660 864.32	−12 854.32	−0.19
1981	6 645 010.00	6 657 024.85	−12 014.85	−0.18
1982	6 641 140.00	6 653 187.60	−12 047.60	−0.18

续表

年份	观察值	拟合值	残差	相对误差/%
1983	6 636 720.00	6 649 352.56	−12 632.56	−0.19
1984	6 628 670.00	6 645 519.73	−16 849.73	−0.25
1985	6 603 410.00	6 641 689.11	−38 279.11	−0.58
1986	6 592 020.00	6 637 860.70	−45 840.70	−0.70
1987	6 576 533.33	6 634 034.49	−57 501.16	−0.87
1988	6 567 466.67	6 630 210.49	−62 743.82	−0.96
1989	6 560 466.67	6 626 388.70	−65 922.03	−1.00
1990	6 556 066.67	6 622 569.10	−66 502.43	−1.01
1991	6 549 720.00	6 618 751.71	−69 031.71	−1.05
1992	6 543 730.00	6 614 936.52	−71 206.52	−1.09
1993	6 536 050.00	6 611 123.53	−75 073.53	−1.15
1994	6 524 330.00	6 607 312.74	−82 982.74	−1.27
1995	6 517 300.00	6 603 504.14	−86 204.14	−1.32
1996	6 897 110.00	6 599 697.74	297 412.26	4.31
1997	6 888 520.00	6 595 893.53	292 626.47	4.25
1998	6 874 940.00	6 592 091.52	282 848.48	4.11
1999	6 868 770.00	6 588 291.69	280 478.31	4.08
2000	6 857 080.00	6 584 494.06	272 585.94	3.98
2001	6 854 040.00	6 580 698.62	273 341.38	3.99
2002	6 691 130.00	6 576 905.36	114 224.64	1.71
2003	6 486 510.00	6 573 114.29	−86 604.29	−1.34
2004	6 441 510.00	6 569 325.41	−127 815.41	−1.98
2005	6 396 250.00	6 565 538.71	−169 288.71	−2.65
2006	6 315 340.00	6 561 754.19	−246 414.19	−3.90
2007	6 314 530.00	6 557 971.86	−243 441.86	−3.86
2008	6 331 890.00	6 554 191.70	−222 301.70	−3.51
2009	6 561 350.00	6 550 413.72	10 936.28	0.17
2010	6 551 420.00	6 546 637.92	4 782.08	0.07
2011	6 563 780.00	6 542 864.30	20 915.70	0.32
2012	6 558 330.00	6 539 092.85	19 237.15	0.29
2013	6 551 200.00	6 535 323.58	15 876.42	0.24
2014	6 537 740.00	6 531 556.48	6 183.52	0.09
2015	6 525 500.00	6 527 791.55	−2 291.55	−0.04

虽然河北省耕地面积的 GM(1，1) 模型中方差比 C 为 0.9717，小误差概率为 0.6757，模型拟合程度一般，但从表 5-4 可知，河北省耕地面积的拟合值与真实值的相对误差几乎都小于 5%，比较符合耕地面积的变化趋势。在预测值的基础上扣除"休耕面积的 50%"得到图 5-13 所示的耕地面积的变化趋势。耕地面积在预测期内表现为轻微下降趋势。

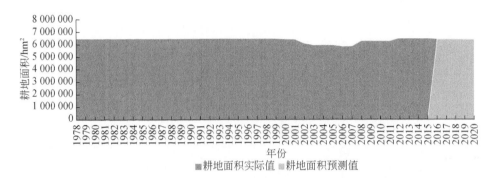

图 5-13　河北省耕地面积变化（1978~2020 年）

（3）河北省粮食产量的预测

基于 1978~2015 年河北省的粮食产量数据，在灰色理论指导下，利用灰色 GM(1，1) 模型，建立了河北省粮食产量的预测模型：

$$x^{(1)}(t+1) = 973\ 768\ 717.531\ 785e^{0.017\ 947t} - 956\ 889\ 717.531\ 785 \tag{5-4}$$

根据式 5-4 求得河北省粮食产量的拟合值、残差和相对误差（%）（表 5-5）。

表 5-5　河北省粮食产量的 GM(1，1) 预测

年份	观察值	拟合值	残差	相对误差/%
1979	17 795 000.00	17 633 554.09	161 445.91	0.91
1980	15 225 000.00	17 952 872.45	−2 727 872.45	−17.92
1981	15 750 000.00	18 277 973.21	−2 527 973.21	−16.05
1982	17 520 000.00	18 608 961.07	−1 088 961.07	−6.22
1983	19 000 000.00	18 945 942.65	54 057.35	0.28
1984	18 700 000.00	19 289 026.49	−589 026.49	−3.15
1985	19 666 000.00	19 638 323.08	27 676.92	0.14
1986	19 655 000.00	19 993 944.93	−338 944.93	−1.72
1987	18 338 000.00	20 356 006.58	−2 018 006.58	−11.00
1988	20 225 000.00	20 724 624.64	−499 624.64	−2.47
1989	20 686 000.00	21 099 917.86	−413 917.86	−2.00

续表

年份	观察值	拟合值	残差	相对误差/%
1990	22 769 000.00	21 482 007.09	1 286 992.91	5.65
1991	22 687 000.00	21 871 015.41	815 984.59	3.60
1992	21 856 000.00	22 267 068.11	−411 068.11	−1.88
1993	23 802 000.00	22 670 292.76	1 131 707.24	4.75
1994	25 235 000.00	23 080 819.23	2 154 180.77	8.54
1995	27 390 000.00	23 498 779.75	3 891 220.25	14.21
1996	27 894 900.00	23 924 308.93	3 970 591.07	14.23
1997	27 467 000.00	24 357 543.83	3 109 456.17	11.32
1998	29 174 800.00	24 798 624.00	4 376 176.00	15.00
1999	27 462 900.00	25 247 691.49	2 215 208.51	8.07
2000	25 511 000.00	25 704 890.95	−193 890.95	−0.76
2001	24 918 000.00	26 170 369.64	−1 252 369.64	−5.03
2002	24 358 000.00	26 644 277.48	−2 286 277.48	−9.39
2003	23 878 000.00	27 126 767.11	−3 248 767.11	−13.61
2004	24 801 000.00	27 617 993.93	−2 816 993.93	−11.36
2005	25 986 000.00	28 118 116.17	−2 132 116.17	−8.20
2006	27 806 000.00	28 627 294.90	−821 294.90	−2.95
2007	28 416 000.00	29 145 694.13	−729 694.13	−2.57
2008	29 058 000.00	29 673 480.83	−615 480.83	−2.12
2009	29 102 000.00	30 210 824.99	−1 108 824.99	−3.81
2010	29 759 000.00	30 757 899.67	−998 899.67	−3.36
2011	31 726 000.00	31 314 881.10	411 118.90	1.30
2012	32 466 000.00	31 881 948.66	584 051.34	1.80
2013	33 650 000.00	32 459 285.00	1 190 715.00	3.54
2014	33 602 000.00	33 047 076.07	554 923.93	1.65
2015	33 638 000.00	33 645 511.19	−7 511.19	−0.02

从表5-5可知，河北省粮食产量的拟合值与真实值的相对误差为基本在10%以下，模型中方差比 C 为0.3577，小误差概率为0.9189，模型拟合程度较好。河北省粮食产量预测如图5-14所示，在预测的2016~2020年，保持了非常明显的上涨趋势。

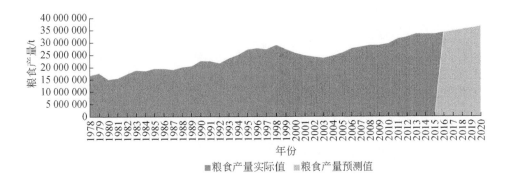

图 5-14　河北省粮食产量变化（1978～2020 年）

（4）河北省粮播比的预测

基于 1978～2015 年河北省的粮播比数据，在灰色理论指导下，利用灰色 GM（1，1）模型，建立了河北省粮播比的预测模型：

$$x^{(1)}(t+1) = 536\,803.618\,507 e^{0.009\,905t} - 531\,746.118\,507 \qquad (5\text{-}5)$$

根据式（5-5）求得河北省粮播比的拟合值、残差和相对误差（％）（表5-6）。

表 5-6　河北省粮播比的 GM（1，1）预测

年份	观察值	拟合值	残差	相对误差/%
1979	83.98	81.52	2.46	2.93
1980	83.06	81.19	1.87	2.25
1981	82.76	80.87	1.89	2.28
1982	80.53	80.55	−0.02	−0.03
1983	79.58	80.23	−0.65	−0.82
1984	76.43	79.92	−3.49	−4.56
1985	75.00	79.60	−4.60	−6.13
1986	77.82	79.29	−1.47	−1.88
1987	76.96	78.97	−2.01	−2.62
1988	75.78	78.66	−2.88	−3.80
1989	77.13	78.35	−1.22	−1.58
1990	77.70	78.04	−0.34	−0.44
1991	77.12	77.73	−0.61	−0.79
1992	77.31	77.42	−0.11	−0.15
1993	81.14	77.12	4.02	4.96
1994	78.64	76.81	1.83	2.33
1995	78.32	76.51	1.81	2.31

续表

年份	观察值	拟合值	残差	相对误差/%
1996	80.45	76.20	4.25	5.28
1997	80.16	75.90	4.26	5.31
1998	80.30	75.60	4.70	5.85
1999	79.91	75.30	4.61	5.76
2000	76.67	75.01	1.66	2.17
2001	73.73	74.71	−0.98	−1.33
2002	72.57	74.41	−1.84	−2.54
2003	69.50	74.12	−4.62	−6.65
2004	69.04	73.83	−4.79	−6.93
2005	71.03	73.53	−2.50	−3.52
2006	71.45	73.24	−1.79	−2.51
2007	71.29	72.95	−1.66	−2.33
2008	70.68	72.66	−1.98	−2.81
2009	71.60	72.38	−0.78	−1.08
2010	72.06	72.09	−0.03	−0.04
2011	71.65	71.81	−0.16	−0.22
2012	71.77	71.52	0.25	0.35
2013	72.19	71.24	0.95	1.32
2014	72.67	70.96	1.71	2.36
2015	72.95	70.68	2.27	3.12

从表 5-6 可知，绝大部分情况下，河北省粮播比的拟合值与真实值的相对误差小于 5%，模型中方差比 C 为 0.5962，小误差概率为 0.7568，模型拟合程度尚可。河北省粮播比预测结果如图 5-15 所示，在预测期内呈现轻微下降趋势。

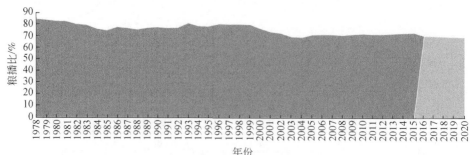

图 5-15　河北省粮播比变化（1978～2020 年）

（5）河北省复种指数的预测

基于1978～2015年河北省的复种指数数据，在灰色理论指导下，利用灰色 GM（1，1）模型，建立了河北省复种指数的预测模型：

$$x^{(1)}(t+1) = 536\ 803.618\ 507e^{0.009\ 905t} - 531\ 746.118\ 507 \qquad (5\text{-}6)$$

根据式5-6求得复种指数的拟合值、残差和相对误差（%）（表5-7）。

表5-7　河北省复种指数的 GM（1，1）预测

年份	观察值	拟合值	残差	相对误差/%
1979	1.39	1.32	0.07	4.70
1980	1.36	1.33	0.03	2.41
1981	1.33	1.33	0.00	0.03
1982	1.30	1.33	−0.03	−2.47
1983	1.31	1.33	−0.02	−1.88
1984	1.31	1.34	−0.03	−2.07
1985	1.31	1.34	−0.03	−2.26
1986	1.33	1.34	−0.01	−0.91
1987	1.32	1.34	−0.02	−1.86
1988	1.34	1.35	−0.01	−0.52
1989	1.34	1.35	−0.01	−0.71
1990	1.34	1.35	−0.01	−0.90
1991	1.35	1.35	0.00	−0.34
1992	1.31	1.36	−0.05	−3.59
1993	1.33	1.36	−0.03	−2.23
1994	1.33	1.36	−0.03	−2.42
1995	1.34	1.36	−0.02	−1.84
1996	1.37	1.37	0.00	0.20
1997	1.36	1.37	−0.01	−0.72
1998	1.40	1.37	0.03	1.98
1999	1.39	1.37	0.02	1.09
2000	1.40	1.38	0.02	1.62
2001	1.39	1.38	0.01	0.72
2002	1.46	1.38	0.08	5.31
2003	1.44	1.39	0.05	3.81
2004	1.45	1.39	0.06	4.30

续表

年份	观察值	拟合值	残差	相对误差/%
2005	1.47	1.39	0.08	5.43
2006	1.49	1.39	0.10	6.52
2007	1.47	1.40	0.07	5.07
2008	1.38	1.40	−0.02	−1.30
2009	1.37	1.40	−0.03	−2.23
2010	1.38	1.40	−0.02	−1.68
2011	1.39	1.41	−0.02	−1.14
2012	1.34	1.41	−0.07	−5.11
2013	1.34	1.41	−0.07	−5.30
2014	1.33	1.41	−0.08	−6.29
2015	1.43	1.42	0.01	0.96

从表 5-7 可知，河北省复种指数的拟合值与真实值中，大部分情况下相对误差小于 5%，模型中方差比 C 为 0.8538，小误差概率为 0.7027，模型拟合程度一般。河北省复种指数预测如图 5-16 所示，在预测期内基本保持平稳。

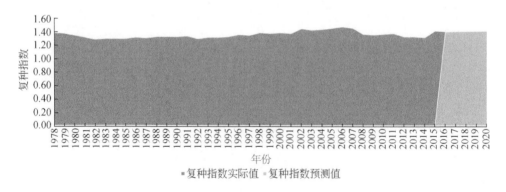

图 5-16　河北省复种指数变化（1978～2020 年）

(6) 河北省粮食经济获取率的预测

基于 1978～2015 年河北省的粮食经济获取率数据，在灰色理论指导下，利用灰色 GM（1，1）模型，建立河北省粮食经济获取率的预测模型：

$$x^{(1)}(t+1) = 437.815\ 975\mathrm{e}^{0.002\ 016t} - 436.865\ 975 \tag{5-7}$$

根据式（5-7）求得粮食经济获取率的拟合值、残差和相对误差（%）（表 5-8）。

表 5-8　河北省粮食经济获取率的 GM(1, 1) 预测

年份	观察值	拟合值	残差	相对误差/%
1979	0.95	0.88	0.07	6.99
1980	0.92	0.89	0.03	3.76
1981	0.87	0.89	−0.02	−1.98
1982	0.90	0.89	0.01	1.22
1983	0.90	0.89	0.01	1.02
1984	0.87	0.89	−0.02	−2.59
1985	0.84	0.89	−0.05	−6.47
1986	0.81	0.90	−0.09	−10.64
1987	0.83	0.90	−0.07	−8.19
1988	0.89	0.90	−0.01	−1.10
1989	0.92	0.90	0.02	2.00
1990	0.89	0.90	−0.01	−1.51
1991	0.91	0.91	0.00	0.52
1992	0.88	0.91	−0.03	−3.08
1993	0.89	0.91	−0.02	−2.13
1994	0.85	0.91	−0.06	−7.15
1995	0.88	0.91	−0.03	−3.70
1996	0.91	0.91	0.00	−0.49
1997	0.94	0.92	0.02	2.52
1998	0.95	0.92	0.03	3.35
1999	0.95	0.92	0.03	3.16
2000	0.96	0.92	0.04	3.97
2001	0.95	0.92	0.03	2.77
2002	0.95	0.93	0.02	2.57
2003	0.97	0.93	0.04	4.39
2004	1.01	0.93	0.08	7.99
2005	1.03	0.93	0.10	9.59
2006	1.00	0.93	0.07	6.69
2007	0.97	0.93	0.04	3.61
2008	0.96	0.94	0.02	2.41
2009	0.95	0.94	0.01	1.19
2010	0.94	0.94	0.00	−0.07
2011	0.94	0.94	0.00	−0.27
2012	0.93	0.94	−0.01	−1.55

续表

年份	观察值	拟合值	残差	相对误差/%
2013	0.92	0.95	−0.03	−2.86
2014	0.86	0.95	−0.09	−10.26
2015	0.82	0.95	−0.13	−15.87

模型中方差比 C 为 0.9297，小误差概率为 0.6216，模型拟合程度不太好，与现行经济发展影响因素复杂多变有关。但从表 5-8 可知，河北省粮食经济获取率的拟合值与真实值中，大部分情况下相对误差小于 10%。河北省粮食经济获取率预测如图 5-17 所示，在预测期内基本保持平稳下降趋势。

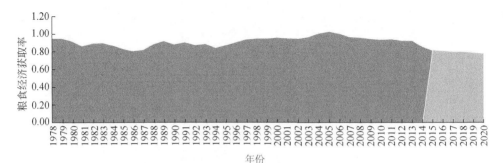

图 5-17　河北省粮食经济获取率变化（1978~2020 年）

5.2.3　河北省耕地压力时空演变特点

(1) 耕地压力预测

基于耕地压力指数的各要素的预测值，进一步计算河北省的耕地压力指数 K，分析其耕地压力的变动情况。在 2016~2020 年均实行休耕（2018~2019 年休耕规模为 2017 年的 2 倍）的情况下，分别在人均年粮食需求量 G_r 取值为 400kg、424kg、437kg 时，计算河北省的最小人均耕地面积（图 5-18）和耕地压力指数 K（图 5-18）。由图 5-19 可知，2016~2020 年河北省耕地压力指数处于稳定趋势，各年均小于 1.00，说明其间年全省出现粮食短缺危机的可能性较小。实行休耕并未造成耕地压力超过粮食安全警戒线。

在 2016~2020 年实行休耕和人均年粮食需求量 G_r 取值为 400kg 的情景下，根据河北省各地市的数据进行预测，计算 2020 年各地市的耕地压力指数 K（图 5-20）。与 2015 年相比，2020 年仍然是南部地市的 K 值小于 1.00，除唐山

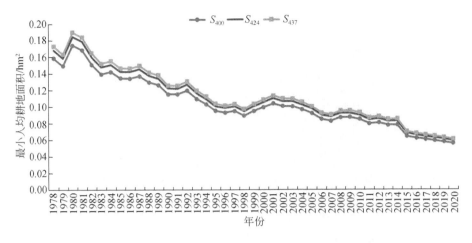

图 5-18　河北省最小人均耕地面积变化（1978～2020 年）

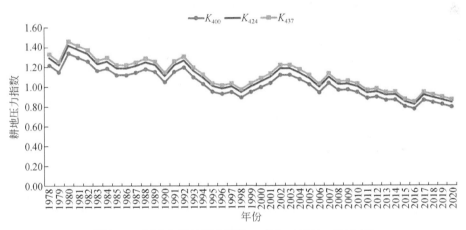

图 5-19　河北省耕地压力指数 K 变化（1978～2020 年）

市外其余北部城市大于 1.00，继续保持了"北高南低"的空间分异特征。但北部的承德市和秦皇岛市的耕地压力指数 K 均下降一个等级，分别从 2015 年的 [1.20，1.40] 和 [1.40，1.60] 下降至 2020 年的 [1.00，1.20] 和 [1.20，1.40]，耕地压力状况有所好转，人地关系紧张程度有所缓解。

（2）河北省耕地压力时序变化特征

第一，耕地压力指数 K 呈现震荡下降趋势，耕地压力逐渐趋于乐观态势。1994 年以前，在三种人均年粮食需求量方案中，河北省的耕地压力指数 K 均大于 1.00。2001～2002 年，耕地压力指数 K 均出现明显上升趋势。整体上来看，1978～2020 年，三种人均粮食需求量的方案中，河北省的耕地压力指数 K 从 [1.10，1.30] 下降至 [0.70，0.80] 之间，曾出现最高 ±0.20 的涨跌变化。

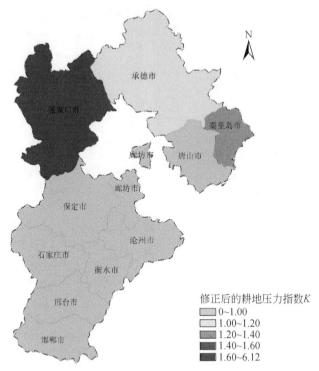

图 5-20　2020 年河北省各地市的耕地压力指数 K

　　第二，耕地压力起伏变化的程度越来越小。21 世纪以前河北省的耕地压指数 K 均经历了较大的震荡波动；在 21 世纪以后，耕地面积、人口数量、粮食产量等因素都趋于稳定，耕地压力指数 K 的波动也逐渐减小，并且逐渐接近（甚至小于）1.00。

　　第三，河北省耕地压力在 21 世纪初出现明显反弹。21 世纪初，河北省耕地压力上升是由耕地面积和粮食播种面积"双减少"和人口增加等多重原因引起的，而当时耕地面积减少是最主要也是最根本的原因。河北省耕地面积减少主要存在以下几种方式：一是城市边界扩张侵占耕地；二是为保护生态环境实行的生态退耕和退耕还林等；三是洪涝、泥石流、沙化等自然灾害造成的耕地损毁；四是区域农业结构调整引起的耕地数量减少。并且不同城市耕地面积减少的原因也不尽相同，1997～2005 年由于生态退耕政策减少耕地面积最多的是张家口市和承德市，而建设用地占用耕地导致面积减少的情况主要出现在保定市和衡水市。

　　第四，三种人均年粮食需求方案中，河北省耕地压力指数 K 小于 1.00 的持续时间较长。在 1978～2020 年有近一半时间（1995～1999 年和 2008～2020 年）河北省的耕地压力指数 K 小于 1.00。并且，在预测的 2016～2020 年耕地压力指数也小于 1（图 5-21），在个别年份不同人均粮食需求量 G_r 的情况下耕地压力指数的值相同。

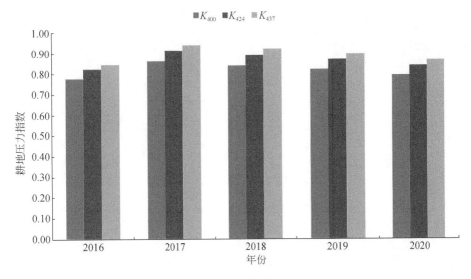

图 5-21　河北省耕地压力指数 K 变化（2016～2020 年）

(3) 耕地压力空间变化特征

将 1985 年、1995 年、2005 年、2015 年和 2020 年河北省各地市的耕地压力指数 K 的空间分布放在一起，能够更加清晰地看出耕地压力的空间变化特征（图 5-22）。

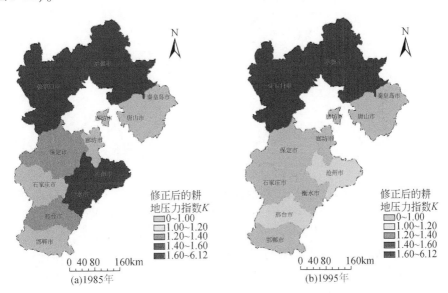

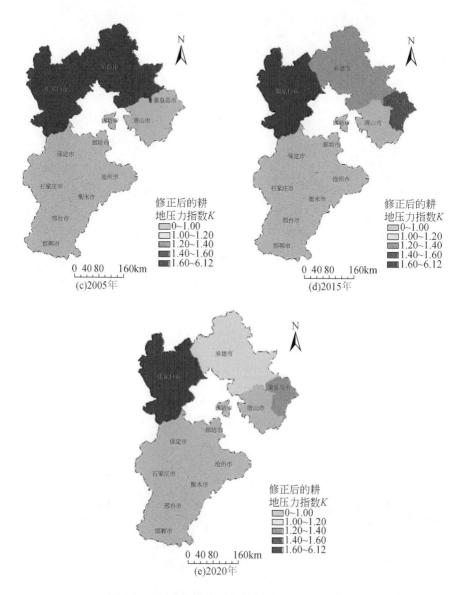

图 5-22　河北省耕地压力变化（1985~2020 年）

　　第一，大部分地市的耕地压力指数 K 都处于下降趋势，K 大于 1.00 的区域数量在逐渐减少。就河北省而言，K 值大于 1.00 的地市从 1985 年的 6 个下降至 2020 年的 3 个，高于 1.60 的地市从 4 个下降至 1 个（张家口市）。河北省耕地压力从较高的水平逐渐下降至较低水平，区域耕地供给足够粮食的压力越来越小，人地关系紧张程度趋于平缓。

第二，耕地压力指数 K 空间分异现象非常明显，表明耕地压力分布并不均衡。河北省耕地压力呈现明显的"北高南低"的空间分布特征。北部张家口市、承德市和秦皇岛市一直是耕地压力指数 K 值大于 1.00 的区域，并且在预测的 2020 年时，张家口的 K 值依然高于 1.60，与南部各市形成鲜明对比。从静态上来看，耕地压力水平从南往北递增；从动态上来看，K 值下降至 1.00 以下的地市范围也是由南往北逐渐扩展，呈直线形。

第三，1985～2020 年，河北省省会石家庄市的耕地压力 K 一直大于 1.00。主要原因在于改进后的耕地压力指数模型中引入了经济发展水平和耕地质量差异两个重要的修正系数，而省会城市的社会经济发展程度明显会优于其他非省会的城市，尤其是在 20 世纪末，省会城市经济发展的"极核"效应非常明显，人均 GDP 高的区域的粮食获取能力很强，导致耕地压力偏低。

第四，有部分区域出现耕地压力反弹现象。河北省耕地压力反弹最为明显的是秦皇岛市，2005 年秦皇岛市的耕地压力指数 K 低于 1.00；到 2015 年上升至 1.40～1.60，预测 2020 年 K 值会下降至 1.20～1.40 之间，但仍比之前高。

第五，耕地压力空间演变速率比较平稳。如果以"每次 K 值小于 1.00 的地市增加数量"为空间演变速率的参照标准，在 1985～2020 年河北省的演变速率分别为 2、2、-1、0。

值得注意的是，前文提及 2015 年河北省整体的耕地压力指数 K（人均年粮食需求量 G_r 为 400kg 时）已经低于 1，并且预测在 2016～2020 年的耕地压力指数也不会高于 1，而从耕地压力的空间分布上来看，北部仍有部分市耕地压力高于 1，甚至高于 1.60。有两个重要因素导致这样的现象：一是由于耕地压力空间分异明显，区域的耕地压力指数的高低会在计算全省的耕地压力指数过程中均衡，所以市域的耕地压力指数平均值并不一定等于省域的耕地压力指数；二是仍是"粮食经济获取能力"这一修正指标在发挥作用，能够将研究区置于更大范围的空间地域中，利用经济发展水平去修正耕地压力水平，更加符合实际情况。

（4）耕地压力重心变化比较

重心理论来自于物理学，将其引入人文地理学研究中，各区域内部某种属性点重心可借助各次级区域的某种属性的地理坐标来表征：

$$X_t = \sum_{i=1}^{n} M_i X_i \bigg/ \sum_{i=1}^{n} M_i$$

$$Y_t = \sum_{i=1}^{n} M_i Y_i \bigg/ \sum_{i=1}^{n} M_i$$

(5-8)

式中，当 M_i 为各市的耕地压力指数时，则 (X_t, Y_t) 为第 t 年全省耕地压力指数的重心。引入重心空间偏移距离 d 以反映每次重心发生偏移的幅度，其计算公式如下：

$$d=\sqrt{\left(X_{ij}-X_{ti}\right)^2+\left(Y_{ij}-Y_{ti}\right)^2} \tag{5-9}$$

式中，$(X_{ti}，Y_{ti})$，$(X_{ij}，Y_{ij})$ 分别为第 t 年的第 i 和第 j 个重心坐标；d 为两个重心坐标的空间距离。

质心椭圆是由 ArcGIS 空间分析工具"方向分布工具"制作的椭圆，可以帮助查看要素分布是否具有方向性，从而让使用者更加直观地感受数据的趋向。该方法是由平均中心作为起点对 x 坐标和 y 坐标的标准差进行计算，从而定义椭圆的轴，因此该椭圆被称为标准差椭圆。

利用 ArcGIS 软件计算河北省耕地压力重心在 1985 年、1995 年、2005 年、2015 年和 2020 年位置并绘制质心椭圆（图 5-23）。

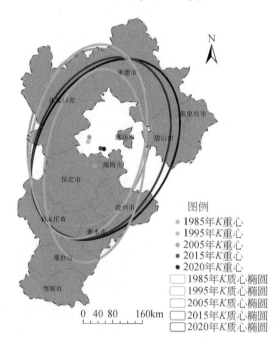

图 5-23 河北省耕地压力重心变化（1985～2020 年）

1）耕地压力重心在 5 个年份的位置不同，均发生了不同程度的偏移。质心椭圆也发生不同程度的形变，方向狭长程度不一。河北省耕地压力重心移动轨迹大致经历了西北—东南的历程，类似一个底边较长的等腰三角形。

2）耕地压力重心偏移具有早期长、后期短的特征。在研究期内，河北省1985～1995 年耕地压力重心的偏移距离最大，其间耕地压力重心移动了66.31km，2005 年、2015 年、2020 年移动距离仅为 11.38km、41.14km 和12.38km。

3）耕地压力质心椭圆形变的程度和方位变化较大。河北省耕地压力质心椭圆从近似狭长的南北向椭圆逐渐变为更圆润的东北—西南向椭圆，也从侧面反映河北省耕地压力的转移方向。

5.2.4　河北省休耕对耕地压力影响的情景模拟

(1) 稳定规模的休耕情景模拟

通过设置实行休耕（2019 年和 2020 年保持 2018 年的休耕规模）和未实行休耕两个情景，对比耕地压力指数的变化。预测的 2016~2020 年，在低、中、高三个人均年粮食需求量的方案中，河北省的耕地压力指数 K 均低于 1.00。将 2016~2020 年每年实行休耕与不休耕的耕地压力指数 K 的变幅统计如下（表5-9），可以清晰反映耕地压力受到休耕的影响程度。河北省在低、中、高三种人均年粮食需求量方案中，2016~2020 年休耕时耕地压力指数 K 均有不同程度的上涨，其平均值分别为 1.31%、3.39% 和 5.90%。

表 5-9　河北省休耕对耕地压力指数 K 的影响（稳定休耕规模）　（单位:%）

K	2016 年	2017 年	2018 年	2019 年	2020 年	平均值
ΔK_{400}	1.35	1.18	1.18	1.43	1.43	1.31
ΔK_{424}	1.35	1.18	1.18	4.88	6.17	3.39
ΔK_{437}	2.33	1.21	2.38	5.01	6.87	5.90

在人均年粮食需求量设定为 400kg 时，模拟河北省实行休耕地市的耕地压力变化（表5-10）。各地市耕地压力的变幅均为正值，平均变动幅度从大到小依次是沧州市、邢台市、廊坊市、衡水市、保定市、邯郸市。

表 5-10　河北省各地市休耕对耕地压力指数 K_{400} 的影响（稳定休耕规模）　（单位:%）

K_{400}	2016 年	2017 年	2018 年	2019 年	2020 年	平均值
$\Delta K_{保定市}$	1.15	2.73	1.48	0.86	3.57	1.96
$\Delta K_{沧州市}$	3.95	4.79	1.21	4.08	1.51	3.11
$\Delta K_{邯郸市}$	1.63	4.93	0.06	0.57	0.79	1.60
$\Delta K_{衡水市}$	1.40	2.37	3.01	3.90	0.57	2.25
$\Delta K_{廊坊市}$	2.38	2.61	3.32	2.13	2.05	2.50
$\Delta K_{邢台市}$	2.54	3.52	4.67	0.05	4.59	3.07

(2) 变动规模的休耕情景模拟

上文论述在保持 2018 年休耕规模的前提下，河北省的耕地压力指数虽然有一定变化，但都是小范围内的波动，不会引起粮食供应危机。如果休耕规模发生较大变化，耕地压力又将如何变化呢？根据农业部提出的要将2018年的休耕规模提升至2017年的2倍，以及党的十九大报告中提出扩大耕地轮作休耕试点，现在尝试设置另外两种情景（情景A休耕规模连续翻番和情景B休耕间隔一年翻番），去探究耕地压力的变化幅度。

2016年和2017年的休耕规模已然确定，情景A休耕规模连续翻番主要指从2018年起，休耕的规模每年增长一倍。从表5-11可知，河北省在情景A中的耕地压力指数变化幅度为1.18%~5.86%，而2016~2020年河北省耕地压力指数K（未实行休耕时预测值）为[0.70，0.90]，虽然存在一定程度的相对变化幅度，但耕地压力值仍然低于1.00，粮食安全程度较高，人地矛盾不突出。

表5-11　河北省休耕对耕地压力指数K的影响（变动休耕规模）　（单位:%）

K	2016年		2017年		2018年		2019年		2020年	
	情景A	情景B	情景A	情景B	情景A	情景B	情景A	情景B	情景A	情景B
ΔK_{400}	1.35	1.35	1.18	1.18	1.18	1.18	3.97	1.11	3.52	1.02
ΔK_{424}	2.35	2.35	1.24	1.24	2.43	2.43	5.35	2.33	5.05	1.09
ΔK_{437}	3.02	3.02	1.98	1.98	2.44	2.44	5.86	2.65	5.09	1.54

情景B休耕间隔一年翻番中，2018年比2017年的休耕规模增长1倍，2019年与2018年相等，2020年比2019年的休耕规模又增长1倍。由表5-11可知，休耕期间的耕地压力仍然是比未休耕时高，但明显比情景A中的变化幅度要小，场景B中ΔK的取值范围为1.02%~3.02%。河北省的耕地压力指数K远低于1.00，仍处于粮食安全状态。在人均年粮食需求量G_r设定为400kg时，模拟河北省实行休耕地市的耕地压力变化（表5-12）。各地市耕地压力的变幅均为正值，为1.15%~4.95%。

表5-12　河北省各地市休耕对耕地压力指数K的影响（变动休耕规模）　（单位:%）

K_{400}	2016年		2017年		2018年		2019年		2020年	
	情景A	情景B	情景A	情景B	情景A	情景B	情景A	情景B	情景A	情景B
$\Delta K_{保定市}$	1.15	1.15	2.73	2.73	3.36	3.05	3.25	2.88	3.02	2.19
$\Delta K_{沧州市}$	3.95	3.95	4.79	4.79	4.95	4.51	4.85	4.52	3.98	4.36
$\Delta K_{邯郸市}$	1.63	1.63	4.93	4.93	4.58	4.05	4.56	4.21	4.05	4.00
$\Delta K_{衡水市}$	1.40	1.40	2.37	2.37	3.08	2.95	2.95	2.65	3.08	2.36
$\Delta K_{廊坊市}$	2.38	2.38	2.61	2.61	2.51	2.35	3.14	3.05	3.15	3.07
$\Delta K_{邢台市}$	2.54	2.54	3.52	3.52	3.05	2.88	2.95	2.78	2.53	2.05

5.3 调控方案运用

对于河北省整体而言，其 2016～2020 年三种人均年粮食需求量方案中的耕地压力指数值为 0.71～0.88，均低于 0.90，属于耕地压力四级警情，耕地压力水平较低，粮食安全程度较高。根据 2018 年的耕地压力值，可考虑从 2019 年开始河北省执行未来 2 年里休耕规模连续翻倍的调节决策。

对于河北省各地市而言，耕地压力空间分异现象仍较明显，针对各地市的耕地压力状态设计差异化的休耕规模调控方式（表 5-13）。根据 2018 年河北省已实行休耕政策各地市耕地压力的预测值，沧州市、邯郸市、衡水市、保定市、邢台市的耕地压力处于四级警情区间，建议在未来 2 年（2019～2020 年）里休耕规模连续翻倍。石家庄市和唐山市的耕地压力也处于四级警情区间，但因近期未参与休耕不涉及调控。廊坊市耕地压力处于三级警情区间，并且 ΔK 小于 5%，建议在 2019 年保持与 2018 年一致的休耕规模，2020 年再增加一倍。承德市耕地压力处于二级警情区间，秦皇岛市、张家口市的耕地压力处于一级警情区间，但由于 2015～2018 年以来未进行休耕，故不参与休耕规模调控的讨论。值得一提的是，国家和河北省在制定休耕试点方案时，不仅考虑了地下水漏斗区的土地生态问题，还考虑了区域粮食安全和耕地压力等方面问题，因此并未将承德市、秦皇岛市、张家口市纳入休耕试点范围，以确保区域粮食安全。

表 5-13 河北省各地市休耕规模调控建议

地市名称	2018 年 K	ΔK/%	耕地压力监测预警	休耕规模调控建议
保定市	0.79	2.62	四级警情	2019～2020 年休耕规模连续翻倍
沧州市	0.49	5.23	四级警情	2019～2020 年休耕规模连续翻倍
承德市	1.16	2.32	二级警情	近期未参与休耕
邯郸市	0.55	2.22	四级警情	2019～2020 年休耕规模连续翻倍
衡水市	0.58	4.96	四级警情	2019～2020 年休耕规模连续翻倍
廊坊市	0.90	2.32	三级警情	2019～2020 年休耕规模间隔翻倍
秦皇岛市	1.37	3.55	一级警情	近期未参与休耕
石家庄市	0.39	3.25	四级警情	近期未参与休耕
唐山市	0.50	4.25	四级警情	近期未参与休耕
邢台市	0.84	2.36	四级警情	2019～2020 年休耕规模连续翻倍
张家口市	3.41	6.54	一级警情	近期未参与休耕

5.4 本章小结

　　本章以河北省为案例，结合河北省及各地市耕地压力变化特点、休耕实践，利用第4章基于耕地压力的休耕规模调控方案，从省域尺度分析河北省的休耕规模调控。既为河北省未来调整休耕规模提供理论依据，也为其他区域的休耕规模调控及研究提供借鉴和参考。主要结论如下：

　　1）1978~2015年河北省耕地压力时空演变逐渐平稳。河北省整体耕地压力均从较高水平（耕地压力指数大于1.00）下降至较低水平（耕地压力指数小于1.00），省域内人地关系较平稳，近期出现因为缺乏耕地资源而造成粮食安全危机的可能性较小。近年来耕地压力在空间上呈现明显"北高南低"的分异格局，为预测和分析未来实行休耕政策时耕地压力提供参考。

　　2）2016~2020年河北省耕地压力在多种休耕情景模拟中均小于1.00，时空演变特点基本与前期保持一致。并且在保持休耕规模不变、连续翻番和间隔一年翻番三种情景中，耕地压力受到休耕的影响程度（ΔK）存在差异，但都低于5%。

第6章 基于耕地能值-生态足迹的县域休耕规模实证

从资源承载力视角理解，休耕的重点区域就是耕地资源承载力相对较低的区域。耕地资源承载力是一个涵盖人口、环境和资源的复杂系统，既受到自然因素的影响，也受到社会经济文化因素的影响，归纳起来，主要包括耕地生产潜力、技术水平、消费水平、人口变化和国民经济综合发展水平等。对于喀斯特地貌广布的地区，其"问题耕地"主要体现为由于石漠化等导致耕地质量和耕地产能下降，因此，耕地资源承载力需要更多地考虑生态环境胁迫因素。

本章立足于从区域耕地生态经济系统视角探索休耕规模测算（scale calculation）技术，选取国家第一批休耕试点的贵州省松桃县为研究区域，以耕地能值-生态足迹理论为指导，采用能值分析方法和生态足迹方法，应用修正的耕地能值生态足迹改进模型（能值 EC 模型和能值 EF 模型，简称修正模型），判定松桃县应该休耕的乡镇并测算最大休耕面积，再应用修正的耕地能值可持续指数（ESI_{cl}），确定松桃县不同乡镇的休耕时序和最小休耕面积，最终得到全县休耕面积范围值。

6.1 耕地能值-生态足迹理论

6.1.1 能值理论

Odum（1988）创立了能值（emergy）理论及其分析方法，认为由于任何形式的能量均来源于太阳能，在实际应用中可以用"太阳能值"来衡量各种能量的能值，即任何资源、产品或劳务形成过程中直接或间接消耗的太阳能之和，就是其所具有的太阳能值，单位为太阳能焦耳（sej）。与价值形态相比，能值形态能够解决不同研究范围的量纲统一问题，能值转换率和能值转换系数均能从相关文献中获取（谢花林等，2012）。能值被认为是生态学和经济学的桥梁，该理论涉及学科面非常广，不仅涉及系统生态学、生态系统生态学、能量学、资源学等自然学科，也涉及经济学、社会学和未来学等人文学科（蓝盛芳等，2002），有助于协调生态环境与经济发展的关系，对自然资源利用与评价、社会经济可持续发展具有重要意义。目前能值理论及其分析方法在不同空间尺度（全球、国家、省级、企业等）和不同生态经济系统（农业、林业、自然保护区和生态保护工程等）的研究中得到广泛应用。

6.1.2 生态足迹理论

在当前土地资源承载力研究中，利用土地生态承载力对区域土地可持续状态进行研判成为重要的方法之一。土地生态承载力指以人口计量为基础，反映一个区域在稳定的生产力基础上，有限的资源能够供养的最大人口数，而生态足迹理论是将一个区域提供给人类的生物生产性面积总和作为该区域的生态承载力，用来表征区域生态容量。1992 年，Rees（1992）提出了"生态足迹"概念，并由他的学生 Wackernagel 逐渐完善其理论（Wackernagel and Rees，1996），其基本模型包括三个方面：一是生态足迹（EF）的计算；二是生态承载力（EC）的计算；三是生态盈亏的计算，即生态足迹与生态承载力的比较。当 EF>EC 时，意味着人类过度使用了自然资源，是一种不可持续的资源消费；反之，则表明对自然资源的利用程度没有超出其更新速率，处于生态盈余状态。生态足迹基本模型通过引入均衡因子和产量因子统一量化为"全球公顷"，提供了全球可比的资源可持续利用评价手段。然而，在应用过程中，发现基本模型存在一些不足之处，例如，没有完全涵盖自然系统提供资源、消纳废弃物的功能，再如，"全球公顷"掩盖了不同区域的特殊性。

6.1.3 耕地能值–生态足迹理论

针对传统的生态足迹基本模型存在的缺陷或者具有争议的地方，学者们根据各自研究领域需要不断修正基本模型和改进方法（周涛等，2015）。Zhao 等（2005）将能值分析方法引入生态足迹中，形成能值生态足迹法，其优越性不仅在于所采用的能值转换率、能值密度等参数更加稳定，而且还考虑了区域实际情况和技术进步（孙艳芝和沈镭，2016），目前已被广泛应用于区域生态经济系统状况评价（曹威威和孙才志，2019；杨灿和朱玉林，2016；朱玉林等，2017）、区域生态安全评价（杨青等，2016；冯芳等，2018）、人地关系分析（曹威威等，2020）、重大工程生态效益评价（贺成龙，2017）和耕地可持续利用评价及预测（刘钦普和林振山，2009；童悦等，2015）等研究领域。改进的耕地能值生态足迹模型只考虑了可更新环境资源能值投入和农产品能值产出之间的关系，忽略了表土损失能、农用机械、农药、化肥和劳动力等其他的能值投入，无法全面反映整个耕地生态经济系统的可持续状态。因此，需要修正耕地能值–生态足迹改进模型，将耕地能值生态足迹方法和能值分析相关指标（如环境贡献率、环境负载率等）相结合，以便使依据该理论测算出的休耕规模更具实际指导意义。

6.2　研究方法与数据来源

6.2.1　研究区概况

松桃县地处贵州省东北部，铜仁市东北角，地理坐标介于108°35′42″E～109°23′30″E，27°49′40″N～28°30′20″N，北与重庆市秀山土家族苗族自治县交界，东与湖南省湘西土家族苗族自治州的花垣县、凤凰县接壤。全县土地面积2858.94km²，耕地面积742.59km²；喀斯特面积1556.49km²，占土地面积的54.4%，广泛发育的喀斯特地貌成为该县石漠化及生态退化的重要基础地理条件；石漠化面积444.81km²，占土地面积的15.56%；水土流失面积1043.44km²，占土地面积的36.5%。该县属中亚热带湿润季风气候，年平均降水量1366mm，年平均气温15.43℃，年太阳辐射量3.46×10⁹J/m²，地貌类型多样，有中山、中低山、低山丘陵和河谷与坝子等多种组合形式，平均海拔730m（图6-1）。

全县辖5个街道、17个镇和6个乡，2018年末，全县总人口74万人，其中，以苗族为主的少数民族占总人口的68.1%。松桃县的主要农作物有水稻、玉米、薯类等粮食作物和花生、油菜、烟叶等经济作物，2016年，松桃县种植业产值29.39万元，农作物播种面积763.47km²，其中，粮食播种面积505.4km²，粮食产量24.22万t，人均粮食产量493.1kg。2016年秋至2019年夏，松桃县按照"县级统筹、乡镇落实、新型经营主体实施"的工作机制，在8个乡镇的34个行政村实行休耕试点，27个新型经营主体共完成了28.7km²的休耕任务。

6.2.2　研究思路

本章研究以乡镇作为基本单元，以2016年主要数据作为基础数据，测算松桃县2016年休耕面积范围值。由于部分能值投入–产出要素（如海拔、降水量、有机质含量等）的原始数据在全县或各乡镇都取其平均值，所以研究结果将得到全县平均统计（statistic of county average level，SCAL）和分乡镇统计（statistic of township level，STL）两种计算方式的休耕面积范围值。此外，本章中所涉及指

图 6-1　松桃县地形图

标的面积等级空间分布，均采用 Arc GIS 10.2 的自然裂点法（natural break）划分为 5 级，从低到高依次为低、较低、中、较高和高。具体思路如下：①绘制松桃县耕地生态经济能量图和编制松桃县能值投入-产出分析表，作为下文模型或指数分析的基础指标。②通过修正模型，判定应该休耕的乡镇，基于此测算全县及各个应该休耕乡镇的最大休耕面积。③针对应该休耕的乡镇，通过修正耕地能值可持续指数（ESI_{el}），安排休耕乡镇的休耕时序（优先休耕、适度休耕和暂不休耕），将优先休耕乡镇的休耕面积之和作为最小休耕面积，最终得到两种计算方式（SCAL 和 STL）的休耕面积范围值。

6.2.3 研究方法

6.2.3.1 绘制耕地生态经济系统能量图

耕地是一个开放的生态经济系统，其土壤是大气圈、水圈、生物圈、岩石圈和人类圈不断进行物质和能量交换的场所。由于任何形式的能量均来源于太阳能，在实际应用中可以用"太阳能值"来衡量各种能量的能值，即任何资源、产品或劳务形成过程中直接或间接消耗的太阳能之量，就是其所具有的太阳能值，单位为太阳能焦耳（sej）（蓝盛芳等，2002）。因此，可以从能量流的角度，结合对松桃县休耕试点情况的实地调研，利用能值分析理论，选取能量投入–产出要素，绘制出松桃县耕地生态经济系统能量图（图6-2）。

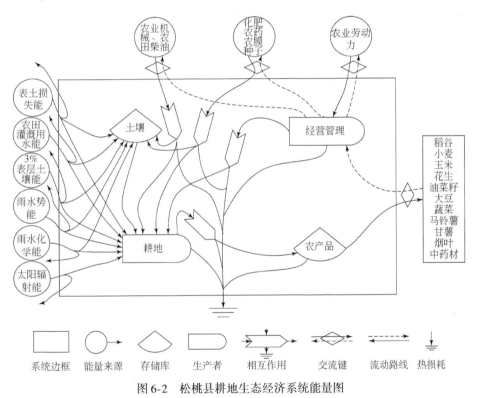

图6-2 松桃县耕地生态经济系统能量图

（1）能值的投入要素

能值投入包括环境投入和人工投入。①环境投入包括可更新环境资源投入和不可更新环境资源投入。可更新环境资源包括太阳辐射能、雨水化学能、雨水势能、农田灌溉用水能和3%表层土壤能5种，其中，农田灌溉用水能是耕地外源性水能，与表层土壤能一样被视为可更新环境资源（刘钦普和林振山，2009）；不可更新环境资源只有表土损失能1种，松桃县作为生态退化区，水土流失严重，因而应该考虑表土损失能。②人工投入包括不可更新工业辅助能和可更新有机能。不可更新工业辅助能包括农业机械、农用柴油、农用化肥、农药和农膜5种，农业机械用农用机械总动力表征，农药包括氮肥、磷肥、钾肥和复合肥4种，农膜即农用塑料薄膜，地膜是其主要部分；可更新有机能包括农业劳动力和种子2种，农业劳动力用农业从业人员表征，种子用亩均种子量表征。

（2）能值的产出要素

能值产出包括粮食作物产出和经济作物产出。①粮食作物包括稻谷、小麦、玉米、大豆、马铃薯和甘薯6种，松桃县的豆类主要是大豆，薯类包括了马铃薯和甘薯。②经济作物包括花生、油菜籽、蔬菜、烟叶和中药材5种，其中，蔬菜包括叶菜类、白菜类和根茎类等11类；近年来松桃县中药材种植规模不断扩大，包括太子参、百合和白术等一年或多年生草本药用植物，不同品种随市场需求变化而及时调整，种植周期短、见效快。

6.2.3.2 编制耕地生态经济系统能值投入-产出表

首先，根据图6-2将松桃县耕地生态经济系统各项投入-产出要素转换成原始数据：一是通过折算系数将某些要素折算成能量，如稻谷、玉米和蔬菜等农产品，折算系数可以通过查阅有关资料文献获取（表6-1）；二是某些要素的质量可以直接作为原始数据，如农药、化肥和农膜等农业投入。其次，将全部要素的原始数据转换成太阳能值（sej），计算公式为：能值=原始数据×（太阳）能值转换率，每种要素的能值转换率通过查阅有关文献或者计算获取（表6-1）。最后，将各类能值投入-产出要素的折算系数、能值转换率、原始数据、能值和数据来源等进行汇总（表6-1），作为能值分析各项指标的基础。

表6-1 松桃县耕地生态经济系统能值投入-产出汇总

项目			折算系数	原始数据/(J 或 g)	能值转换率/(sej/J 或 sej/g)	能值/sej
能值投入 E_{mU}	可更新环境资源 E_{mR}	太阳辐射能 E_{mR1}	—	2.57×10^{18}	1（蓝盛芳等，2002）	2.57×10^{18}
		雨水化学能 E_{mR2}	雨水吉布斯自由能（4.94J/g）（Odum，1996；蓝盛芳等，2002）	5.01×10^{15}	6.36×10^{3}（范冰雄等，2019）	3.19×10^{19}

项目			折算系数	原始数据 /（J 或 g）	能值转换率 /（sej/J 或 sej/g）	能值/sej
能值投入 E_{mU}	可更新环境资源 E_{mR}	雨水势能 E_{mR3}	—	7.26×10^{15}	$1.0\,909\times10^{4}$ （范冰雄等，2019）	7.92×10^{19}
		农田灌溉用水能 E_{mR4}	河水吉布斯自由能 （4.77J/g） （Odum，1996； 蓝盛芳等，2002）	4.48×10^{14}	5.01×10^{4} （舒帮荣等，2008）	2.24×10^{19}
		3% 表层土壤能 E_{mR5}	表土吉布斯自由能 （2.26 044J/g） （Odum，1996； 蓝盛芳等，2002）	5.69×10^{15}	6.25×10^{4} （Odum，1996； 刘钦普和 林振山，2009）	3.56×10^{20}
	不可更新环境资源 E_{mN}	表土损失能 E_{mN1}	—	1.97×10^{12}	6.25×10^{4} （蓝盛芳等，2002）	1.23×10^{17}
	不可更新工业辅助能 E_{mF}	农业机械 E_{mF1}	3.60×10^{6}（J/kW） （李强等，2015）	1.53×10^{12}	7.50×10^{7} （谢花林等，2012）	1.15×10^{20}
		农用柴油 E_{mF2}	3.30×10^{7}（J/kg） （李强等，2015）	3.34×10^{13}	6.60×10^{4} （李强，2015）	2.20×10^{18}
		氮肥 E_{mF3}		7.22×10^{9}	4.62×10^{9} （谢花林等，2012）	3.33×10^{19}
		磷肥 E_{mF4}		3.62×10^{9}	1.78×10^{10} （谢花林等，2012）	6.44×10^{19}
		钾肥 E_{mF5}	—	1.41×10^{9}	2.96×10^{9} （谢花林等，2012）	4.18×10^{18}
		复合肥 E_{mF6}		3.1×10^{9}	2.80×10^{9} （谢花林等，2012）	8.78×10^{18}
		农药 E_{mF7}		2.97×10^{8}	1.62×10^{9} （谢花林等，2012）	4.81×10^{17}
		农膜 E_{mF8}		4.65×10^{8}	3.80×10^{8} （谢花林等，2012）	1.77×10^{17}
	可更新有机能 E_{mT}	农业劳动力 E_{mT1}	3.50×10^{9}（J/人） （谢花林等，2012）	7.10×10^{14}	3.80×10^{5} （谢花林等，2012）	2.70×10^{20}
		种子 E_{mT2}	1.60×10^{7}（J/kg） （Odum，1996）	2.43×10^{14}	6.60×10^{4} （Odum，1996）	1.60×10^{19}

续表

项目			折算系数	原始数据 /(J 或 g)	能值转换率 /(sej/J 或 sej/g)	能值/sej
能值产出 E_{mY}	粮食作物 E_{mY1}	稻谷 E_{mY11}	$1.51×10^7$ (J/kg) (Odum, 1996)	$1.41×10^{15}$	$3.59×10^4$ (Odum, 1996; 蓝盛芳等, 2002)	$5.05×10^{19}$
		小麦 E_{mY12}	$1.63×10^7$ (J/kg) (Odum, 1996)	$2.50×10^{13}$	$6.80×10^4$ (Odum, 1996; 蓝盛芳等, 2002)	$1.70×10^{18}$
		玉米 E_{mY13}	$1.63×10^7$ (J/kg) (Odum, 1996)	$7.02×10^{14}$	$2.70×10^4$ (Odum, 1996; 蓝盛芳等, 2002)	$1.90×10^{19}$
		大豆 E_{mY14}	$2.09×10^7$ (J/kg) (Odum, 1996)	$7.53×10^{13}$	$6.90×10^5$ (Odum, 1996; 蓝盛芳等, 2002)	$5.20×10^{19}$
		马铃薯 E_{mY15}	$4.20×10^6$ (J/kg) (税伟等, 2016)	$2.34×10^{14}$	$8.30×10^4$ (蓝盛芳等, 2002)	$1.95×10^{19}$
		甘薯 E_{mY16}	$3.80×10^6$ (J/kg) (税伟等, 2016)	$1.67×10^{14}$	$8.30×10^4$ (蓝盛芳等, 2002)	$1.39×10^{19}$
	经济作物 E_{mY2}	花生 E_{mY21}	$2.63×10^7$ (J/kg) (Odum, 1996)	$5.91×10^{13}$	$6.90×10^5$ (Odum, 1996; 蓝盛芳等, 2002)	$4.08×10^{19}$
		油菜籽 E_{mY22}	$2.63×10^7$ (J/kg) (Odum, 1996)	$3.78×10^{14}$	$6.90×10^5$ (Odum, 1996; 蓝盛芳等, 2002)	$2.61×10^{20}$
		烟叶 E_{mY23}	$1.75×10^7$ (J/kg) (Odum, 1996)	$3.89×10^{13}$	$2.00×10^5$ (Odum, 1996; 蓝盛芳等, 2002)	$7.78×10^{18}$
		蔬菜 E_{mY24}	$2.50×10^6$ (J/kg) (Odum, 1996)	$3.15×10^{14}$	$2.70×10^4$ (Odum, 1996; 蓝盛芳等, 2002)	$8.50×10^{18}$
		中药材 E_{mY25}	$1.63×10^7$ (J/kg) (税伟等, 2016)	$1.48×10^{14}$	$8.40×10^4$ (税伟等, 2016)	$1.24×10^{19}$

注：本表仅列出了全县（平均）统计的各投入–产出要素的原始数据和能值，未列出各乡镇；因中药材的能值资料难以获取，而中药材与茶叶同属于多年生草本植物，故用茶叶的能值折算系数和能值转换率代替中药材。

1）环境资源投入。①太阳辐射能＝耕地面积（hm²）×太阳辐射量（J/m²·a）；②雨水化学能＝耕地面积（hm²）×多年平均降水量（mm）×雨水密度（10⁶ g/m³）×雨水吉布斯自由能；③雨水势能＝耕地面积（hm²）×平均海拔（m）×平均降水量（mm）×雨水密度（10⁶ g/m³）×重力加速度（9.8m/s²）；④农田灌溉用水能＝农田灌溉用水量（m³/a）×水密度（10⁶ g/m³）×河水吉布斯自由能；⑤3%表层土壤能＝耕地面积（hm²）×有效土层厚度（mm）×土壤容重（g/cm）×有机质含量（g/kg）×表土吉布斯自由能；⑥表土损失能＝耕地面积（hm²）×表土侵蚀速率［t/(km²·a)］–植被演替面积（hm²）×表土形成速率［t/(km²·a)］。

2）人工投入。①农用机械能和农用柴油能＝实物量（t）×折算系数；②农用化肥、农药、农膜＝实物量（t）；③农业劳动力能量＝农业从业人员（人）×折算系数；④某种子能量＝某农产品种子量（kg/hm²）×某农产品播种面积（hm²）×种子折算系数（J/g）。

3）农产品产出。某农产品能量＝某农产品实物量（t）×种子折算系数（J/g）。

6.2.3.3 判定休耕乡镇

借鉴已有能值生态足迹改进模型研究成果，结合本区域耕地利用与农业发展实际，修正了耕地能值生态足迹改进模型，以便适用于松桃县休耕地生态经济系统，修正模型包括耕地能值生态承载力模型（EC）和耕地能值生态足迹模型（EF）。

(1) 耕地能值生态承载力模型（能值 EC 模型）

在传统的生态足迹理论中，认为耕地生态承载力是研究区域内拥有的生物生产性耕地面积，是一种真实的耕地面积，反映了耕地生态系统对人类活动的供给程度。研究从能值理论视角，把耕地能值生态承载力定义为：为某区域人类提供可再生环境资源（太阳辐射能、雨水能和风能等）消费的生物生产性耕地面积。由于能值生态足迹不能完全反映生物物质的投入产出与流转情况，应该与基于生物生产的生态足迹相互补充从不同侧面评价生态系统功能（周涛等，2015），所以加入了产量因子进行修正。公式如下：

$$EC = N \times ec \tag{6-1}$$

$$ec = \frac{e}{P} \times y \times 0.88 \tag{6-2}$$

式（6-1）和式（6-2）中，EC 为研究区域耕地生态承载力（hm²）；ec 为耕地人均生态承载力（hm²/人）；N 为总人口（人）；e 为可再生环境资源的人均能值（sej/人），等于 E_{mR}/N，主要有太阳辐射能、雨水化学能、雨水势能、农田灌溉用水能和3%表层土壤能，其中，太阳辐射能和雨水化学能由太阳辐射产生的，为避免重复计算，取其中最大值，其余加总计算；P 为全球地表能值密度（sej/

hm^2），此处采用刘钦普和林振山（2009）计算出的全球陆地表层能值密度，取值为 3.11×10^{15}（sej/hm^2）；y 为耕地产量因子，为研究区域产量与全球平均产量的比率，反映研究区域内部的耕地利用效率；按照世界环境与发展委员会的《我们共同的未来》建议，在总生物生产性面积中扣除 12% 作为生物多样性保护地，因而用常数 0.88 进行修正。

以 2016 年松桃县和 2016 年全球相关数据对松桃县耕地产量因子进行了修正，计算结果为 0.88（表 6-2），公式如下：

$$y = \sum \left(\frac{C_i}{G_i} p_i \right) \tag{6-3}$$

式中，y 为耕地产量因子；C_i 为松桃县第 i 种农作物的年平均产量（kg/hm^2）；G_i 为全球第 i 种农作物的年平均产量（kg/hm^2）；C_i/G_i 为第 i 种农作物产量因子；p_i 为第 i 种农作物的播种面积占全县总播种面积的比例（%）。

表 6-2　松桃县耕地产量因子

项目	水稻	小麦	玉米	大豆	花生	油菜籽	蔬菜	烟叶	马铃薯	甘薯	中药材
年产量/10^3kg	93 124	1 533	43 095	3 604	2 248	14 387	125 973	2 222	55 806	43 967	9 060
播种面积/hm^2	16 350	750	8 460	2 740	1 155	9 463	6 739	1 294	12 190	9 030	2 131
年平均产量/（kg/hm^2）	5 695.7	2 044	5 094	1 315.3	1 946.3	1 520.3	18 693.1	1 717.2	4 578	4 869	4 251.5
全球平均产量/（kg/hm^2）	4 613.3	3 415.8	5 761.6	2 759.1	1 634.7	2 077.9	14 207.1	1 791.1	20 337.5	11 211	1 259
农作物产量因子	1.23	0.6	0.88	0.48	1.19	0.73	1.32	0.96	0.23	0.43	3.38
占全县总播种面积的比例/%	23.26	1.07	12.03	3.9	1.64	13.46	9.59	1.84	17.34	12.84	3.03
耕地产量因子	0.88										

注：因中药材种植主要在中国，故此处用中国中药材年产量和平均产量数据代表全球数据。

（2）耕地能值生态足迹模型（能值 EF 模型）

传统生态足迹理论中，耕地生态足迹是指生产其消费的资源和吸纳其消费引起的废弃物所需要的耕地面积（施开放等，2013；王雅敬等，2017）。与此不同的是，基于能值理论的耕地生态足迹计算模型无须考虑均衡因子，而是将研究区域内耕地生产的人类消费农产品（如稻谷、玉米和蔬菜等）转换成能量流，并通过太阳能值转换率，从而转换成可以相加减的太阳能值。此外，借鉴王书玉和卜新民（2007）的研究结果，用复种指数（CI）对模型进行修正，以便得到真实的耕地生态足迹。

$$EF = N \times ef \tag{6-4}$$

$$ef = \frac{\sum (E_{ef_i}/P)}{CI} \tag{6-5}$$

式（6-4）和（6-5）中，EF 为研究区域耕地能值生态足迹；ef 为人均耕地能值生态足迹；i 为农产品能值消费类型，主要包括水稻、小麦、玉米、大豆、花生、油菜籽、蔬菜、烟叶、马铃薯、甘薯、中药材共 11 种；E_{ef_i} 为第 i 种农产品消费类型的人均能值（sej/人）；CI 为 2016 年复种指数；N、P 同式（6-1）和（6-2）。

（3）耕地生态盈亏（E_p）与休耕区域判定

通过修正模型的生态盈余或生态赤字可以判定研究区域是否应该休耕，如果出现生态盈余，则可以不休耕，如果出现生态赤字，则应该休耕。计算公式如下：

$$E_p = ec - ef \tag{6-6}$$

式中，E_p 为区域耕地生态盈亏；当 $E_p > 0$ 时，为生态盈余，表明人均生态足迹小于人均生态承载力，有利于区域可持续发展，该区域不应该休耕；当 $E_p < 0$ 时，为生态赤字，表明人均生态足迹大于人均生态承载力，不利于区域可持续发展，该区域应该休耕。

6.2.3.4 测算休耕乡镇的最大休耕面积

（1）生态耕地面积

在耕地生态承载力范围内，按照一定人均生态足迹计算的耕地面积，可以理解为一个区域的生态耕地面积（S_e），或者能够满足区域人类消费所有农产品的可更新、可持续的具有生物生产性能力的真实耕地面积。计算公式如下：

$$S_e = S \times ec/ef \tag{6-7}$$

式中，S_e 为区域生态耕地规模（hm²）；S 为区域耕地面积（hm²）。

（2）最大休耕面积

通过式（6-6）判定休耕区域和式（6-7）计算出生态耕地面积，进而得到区域最大休耕面积（S_{max}）。区域最大休耕面积（S_{max}）实质就是耕地面积（S）与生态耕地面积（S_e）之间的差值，该差值可以理解为可更新环境资源无法提供的非生态耕地面积，体现出耕地利用不可持续，应该通过休耕措施缓解耕地生态压力。计算公式如下：

$$S_{max} = S - S_e \tag{6-8}$$

6.2.3.5 确定最小休耕面积和休耕面积范围值

1）确定休耕乡镇时序。修正模型仅仅是测算休耕乡镇的最大休耕面积，然而，生态严重退化地区的休耕主要针对生态严重退化的耕地，需要根据休耕区域迫切性程度安排各乡镇的休耕顺序，即确定休耕乡镇时序以及两种计算方式（SCAL 和 STL）的全县最大休耕面积。借鉴能值可持续指数（emergy sustainable index，ESI）（Brown and Ulgiati，1997）的原理与方法，计算耕地能值可持续指数（ESI_{cl}），从耕地生态经济系统状态整体去诊断区域可休耕乡镇的休耕迫切性程度，即净能值产出率与环境负载率的比值。与 ESI 相比，ESI_{cl} 在环境负载率中既考虑了可更新环境资源（E_{mR}），也考虑了可更新有机能（E_{mT}）。公式如下：

$$ESI_{cl} = EYR/ELR \tag{6-9}$$

式中，ESI_{cl} 为休耕乡镇的耕地能值可持续指数，一般而言，其值越高表明耕地可持续状态越好，休耕迫切性程度越低；EYR 为净能值产出率，等于 $E_{mY}/(E_{mF} + E_{mT})$，其中，E_{mY} 为产品产出能值，E_{mF} 为不可更新工业辅助能，E_{mT} 为可更新有机辅助能，EYR 值越高，表明耕地越能获得经济系统的回报效率越高，农业技术水平和生产力水平越高，市场竞争力越强，可持续发展状态越好；ELR 为环境负载率，等于 $(E_{mF}+E_{mN})/(E_{mR}+E_{mT})$，其中，$E_{mN}$ 为不可更新环境资源能值，E_{mR} 为可更新环境资源能值，ELR 值越高，表明耕地生态环境压力越大，可持续状态越低。休耕乡镇时序的标准划分如表6-3：当 $ESI_{cl}<1$ 时，为消费型生态经济系统，表明系统不可更新资源能值投入较大而环境负载率也较高，系统处于不可持续状态，此时，休耕迫切程度高，应该优先休耕（priority fallow，PF）；当 $1 \leqslant ESI_{cl}<10$ 时，表明系统富有活力和发展潜力，处于可持续发展状态，此时，休耕迫切程度中等，应该适度休耕（moderate fallow，MF）；并非 ESI_{cl} 值越大，可持续性越高，当 $ESI_{cl}>10$ 时，说明耕地资源的开发利用程度不够，农业经济水平落后，不利于农业可持续发展，此时，休耕迫切程度低，应该暂不休耕（temporary non-fallow，TNF）。

表6-3 耕地能值可持续指数划分标准

休耕乡镇时序	休耕迫切程度	系统可持续状态	划分标准
优先休耕	高	不可持续	$0<ESI_{cl}<1$
适度休耕	中	可持续	$1 \leqslant ESI_{cl}<10$
暂不休耕	低	不可持续	$ESI_{cl} \geqslant 10$

2）确定最小休耕面积和休耕面积范围值。优先休耕乡镇的休耕面积之和便是最小休耕面积（S_{min}），再结合休耕乡镇的最大休耕面积（S_{max}），可得到两种计算方式（SCAL 和 STL）的全县休耕面积范围值。

6.2.4　数据来源与数据处理

1）2016 年全球水稻、小麦、玉米等 10 种农产品（不包括中药材）的平均产量数据来自联合国粮食及农业组织统计数据库（FAOSTAT）；2016 年中国中药材种植面积和产量数据来源于中国产业信息网。

2）太阳辐射数据由县气象局提供。因全县年太阳辐射量空间差异小，故各乡镇年太阳辐射量相同。

3）土壤容重数据、休耕试点相关数据、农业生产条件、耕地地力状况和农业产业发展状况等资料来自县农业农村局提供的《松桃苗族自治县 2016 年耕地休耕制度试点工作实施方案》《松桃苗族自治县 2017 年耕地休耕制度试点工作实施方案》《松桃苗族自治县 2018 年耕地休耕制度试点工作实施方案》《松桃苗族自治县耕地地力评价》《松桃苗族自治县 500 亩以上坝区农业产业结构调整实施方案》等。

4）各乡镇的降水量、平均高程、土壤侵蚀速率和表土形成速率等数据来自县水务局提供的《铜仁市水土保持规划（2016～2030 年）》和《松桃苗族自治县水土保持规划（2016～2030 年）》，因全县降水主要来自降雨，故用多年平均降雨量代替多年平均降水量；农田灌溉用水量数据根据《松桃苗族自治县水利发展"十三五"规划报告》"按 80% 的保证率下，水田净灌溉定额为 $5550m^3/hm^2$，水浇地灌溉定额为 $2850m^3/hm^2$，农田有效灌溉系数按 0.5 计算"，具体估算过程为：按 80% 的保证率下，水田净灌溉定额为 $5550m^3/hm^2$，水浇地灌溉定额为 $2850m^3/hm^2$，农田有效灌溉系数按 0.5 计算，即各乡镇的农田灌溉用水量 = 各乡镇的水田面积（hm^2）$\times 5550m^3/hm^2 \times 0.5 +$ 各乡镇的水浇地面积（hm^2）$\times 2850m^3/hm^2 \times 0.5$。

5）各乡镇的有效土层厚度和有机质含量数据均来自县自然资源局提供的《松桃苗族自治县 2016 年度耕地质量等别年度更新评价分析报告》和《松桃苗族自治县 2016 年度耕地等别年度监测评价报告》成果，并求取各乡镇耕地地块的平均值；各乡镇的耕地面积数据来自《松桃苗族自治县土地利用变更调查》（2016 年）成果。

6）农用机械总动力、农用柴油、农用化肥、农药、农膜、农业从业人员以及 11 种农产品播种面积和产量均来自县统计局提供的《2017 年领导干部手册》；由于只有全县农用机械总动力数据，各乡镇的农用机械总动力根据耕播收平均机械化率进行估算，具体估算过程如下：各乡镇的农用机械化总动力 = 全县农用机械总动力 × 各乡镇的耕播收平均机械化率，各乡镇的耕播收平均机械化率 =（机耕面积/耕地面积 + 机播面积/耕地面积 + 机收面积/耕地面积）/3，机耕面积、机播面积和机收面积数据均来自县统计局提供的《2017年领导干部手册》。

7）实地调研数据。笔者于2019年7月18日~9月30日实地走访调研了松桃县5个休耕试点乡镇（黄板镇、甘龙镇、长兴堡镇、木树镇、乌罗镇）的18个行政村，一是充分了解休耕试点区域的试点实施过程、自然环境、农业产业发展等情况；二是获取种子用量，每个村咨询3~5个农户，记录11种主要农作物的种子用量，并求取平均值（表6-4）。

表6-4 松桃县主要农作物平均种子用量   （单位：kg/hm²）

项目	水稻	小麦	玉米	大豆	花生	油菜籽	蔬菜	烟叶	马铃薯	甘薯	中药材
平均种子用量	4.5	37.5	7.5	45	112.5	1.5	3.75	3.75	600	750	300

6.3　松桃县休耕区域判定

表6-5显示，2016年松桃县耕地生态承载力为121 842.57hm²，人均耕地生态承载力为0.17hm²，耕地生态足迹165 408.49hm²，人均耕地生态足迹为0.23hm²；松桃县出现耕地能值生态赤字，应该休耕，但人均生态赤字较小，仅为0.06hm²，表明松桃县可更新环境资源供给基本可以满足全县对耕地生产农产品的消费需求，但依然有休耕的潜力空间。耕地能值生态盈余的乡镇只有乌罗镇、盘石镇和冷水溪镇，这3个镇可以不休耕：乌罗镇为梵净山自然保护区和天马寺国有林场所在地，自然环境得天独厚，水土流失较轻，耕地生态系统稳定，生态盈余最高（0.029）；盘石镇地形平坦，光照充足，农业开发较早，生态农业发展良好；冷水溪镇社会经济发展水平落后，耕地利用粗放，农业发展滞后，对生态环境破坏小。其余25个乡镇都呈现出不同程度的耕地能值生态赤字，应该休耕。黄板镇的耕地能值生态赤字最大（0.156），该镇以坝区农业为主，近年来大力发展现代特色农业，如太子参、百合和油菜等，但耕地质量和耕地利用效率不高。

表6-5 松桃县休耕区域判定   （单位：hm²）

区域	耕地生态承载力	人均耕地生态承载力	耕地生态足迹	人均耕地生态足迹	耕地生态盈亏	是否应该休耕
蓼皋街道	4 032.22	0.05	5 569.57	0.07	-0.020 0	是
盘石镇	6 824.05	0.32	6 583.34	0.31	0.011 3	否
盘信镇	5 881.09	0.18	8 748.77	0.26	-0.086 3	是
大坪场镇	4 697.00	0.19	6 461.90	0.26	-0.070 5	是

续表

区域	耕地生态承载力	人均耕地生态承载力	耕地生态足迹	人均耕地生态足迹	耕地生态盈亏	是否应该休耕
普觉镇	6 181.46	0.18	7 657.18	0.23	−0.043 6	是
寨英镇	5 304.02	0.14	6 664.98	0.18	−0.036 1	是
孟溪镇	5 785.42	0.17	8 433.82	0.24	−0.076 3	是
乌罗镇	5 632.83	0.21	4 840.67	0.18	0.029 0	否
甘龙镇	5 900.91	0.18	8 692.02	0.27	−0.086 4	是
长兴堡镇	5 449.63	0.20	5 862.66	0.21	−0.015 1	是
迓驾镇	4 824.94	0.19	7 007.13	0.28	−0.087 5	是
大兴街道	5 005.38	0.21	6 967.73	0.29	−0.081 4	是
牛郎镇	2 474.93	0.21	4 551.59	0.21	−0.097 4	是
九江街道	2 259.72	0.15	3 290.19	0.22	−0.067 4	是
世昌街道	4 262.00	0.17	6 623.46	0.26	−0.093 0	是
长坪乡	8 638.85	0.56	9 698.27	0.62	−0.068 2	是
正大镇	4 355.27	0.17	5 631.81	0.22	−0.050 4	是
太平营街道	2 980.82	0.11	4 026.78	0.16	−0.040 3	是
平头镇	4 064.15	0.17	5 778.29	0.24	−0.070 9	是
大路镇	4 612.45	0.16	5 573.46	0.19	−0.033 0	是
妙隘乡	2 370.30	0.13	3 627.12	0.20	−0.068 6	是
冷水溪镇	3 512.23	0.14	3 495.46	0.14	0.000 7	否
石梁乡	2 323.03	0.16	2 943.24	0.20	−0.042 0	是
瓦溪乡	3 487.73	0.34	4 242.17	0.41	−0.072 7	是
永安乡	3 005.77	0.21	4 564.62	0.32	−0.108 4	是
木树镇	3 887.54	0.20	5 094.81	0.26	−0.060 9	是
黄板镇	4 997.68	0.17	9 649.14	0.32	−0.156 0	是
沙坝乡	2 104.42	0.15	2 546.93	0.18	−0.031 4	是
松桃县	121 855.84	0.17	164 827.11	0.23	−0.060 0	是

6.4　松桃县休耕面积测算

6.4.1　松桃县最大休耕面积测算

表 6-6 显示，按照全县平均统计（SCAL），全县最大休耕面积（S_{max}）为 19 558.62hm²，占总耕地面积的 26.34%，按照分乡镇统计（STL），全县最大休

耕面积（S_{max}）为 17 673.83hm² ，占总耕地面积的 23.80% ，全县各乡镇平均最大休耕面积为 631.21hm² ，有 11 个乡镇超过了平均值；黄板镇最大休耕面积最大，为 1 743.61hm² ，占该镇耕地面积的 48.21% ，接近于耕地面积的一半，休耕潜力空间非常大；长兴堡镇最大休耕面积最小，为 209.17hm² ，仅占耕地面积的 7.05% 。从空间分布来看（图6-3），最大休耕面积中等及以上等级的乡镇散布于 4 个区域的 8 个乡镇：一是东北部的黄板镇、迓驾镇和世昌街道；二是中部的孟溪镇；三是西部的甘龙镇；四是东南部的盘信镇、牛郎镇和大兴街道。

表6-6 松桃县生态耕地面积和最大休耕面积 （单位：hm²）

区域	耕地面积/hm²	生态耕地面积/hm²	生态耕地面积占耕地面积比/%	最大休耕面积/hm²	最大休耕面积占耕地面积比/%
全县平均统计	74 259	54 700.38	73.66	19 558.62	26.34
分乡镇统计	74 259	54 700.38	73.66	17 673.83	23.80
蓼皋街道	2 658	1 924.32	72.40	733.68	27.60
盘石镇	3 372	3 495.29	103.66	—	—
盘信镇	4 432	2 979.28	67.22	1 452.72	32.78
大坪场镇	2 385	1 733.60	72.69	651.40	27.31
普觉镇	2 951	2 382.27	80.73	568.73	19.27
寨英镇	2 875	2 287.93	79.58	587.07	20.42
孟溪镇	2 765	1 896.73	68.60	868.27	31.4
乌罗镇	2 600	3 025.48	116.36	—	—
甘龙镇	3 910	2 654.46	67.89	1 255.54	32.11
长兴堡镇	2 969	2 759.83	92.95	209.17	7.05
迓驾镇	2 849	1 961.75	68.86	887.25	31.14
大兴街道	3 224	2 316.01	71.84	907.99	28.16
牛郎镇	2 066	1 123.39	54.38	942.61	45.62
九江街道	1 599	1 098.20	68.68	500.80	31.32
世昌街道	2 428	1 562.35	64.35	865.65	35.65
长坪乡	4 576	4 076.13	89.08	499.87	10.92
正大镇	2 558	1 978.19	77.33	579.81	22.67
太平营街道	1 959	1 450.15	74.03	508.85	25.97
平头镇	2 453	1 725.31	70.33	727.69	29.67
大路镇	2 420	2 002.73	82.76	417.27	17.24
妙隘乡	1 650	1 078.26	65.35	571.74	34.65

续表

区域	耕地面积/hm²	生态耕地面积/hm²	生态耕地面积占耕地面积比/%	最大休耕面积/hm²	最大休耕面积占耕地面积比/%
冷水溪镇	2 398	2 409.50	100.48	—	—
石梁乡	1 590	1 254.95	78.93	335.05	21.07
瓦溪乡	2 235	1 837.52	82.22	397.48	17.78
永安乡	1 847	1 216.24	65.85	630.76	34.15
木树镇	2 498	1 906.07	76.30	591.93	23.7
黄板镇	3 617	1 873.39	51.79	1 743.61	48.21
沙坝乡	1 375	1 136.11	82.63	238.89	17.37

图6-3　松桃县最大休耕面积等级空间分布

6.4.2 松桃县最小休耕面积测算和休耕面积范围值确定

(1) 耕地能值可持续指数分析

表6-7显示，按照全县平均统计，耕地能值可持续指数松桃县 ESI_{cl} 为3.21，表明全县耕地生态经济系统处于可持续发展状态，休耕迫切程度中等，但可持续指数偏低，应该适度休耕。世昌街道 ESI_{cl} 最高（10.95），太平营街道 ESI_{cl} 最低（0.88）。ESI_{cl} 较高的乡镇，一般净能值产出率较低、环境负载率较高。全县的能值产投比（$EROI = E_{mY}/E_{mU}$）都低于0.7，表明全县种植业利用程度不高，较为粗放，但是存在空间差异：以环境能值贡献率 $[EEY = (E_{mR} + E_{mN})/E_{mU}]$ 和购买能值贡献率 $[EBY = (E_{mF} + E_{mT})/E_{mU}]$ 分析为例，全县两个指标平均值分别为48.77%和51.23%，两者几乎各占一半，反映出全县种植业商品率不高，但是，ESI_{cl} 越低的乡镇，环境能值贡献率偏低和购买能值贡献率偏高：一方面，环境能值贡献率低导致环境负载率高，主要在于可更新环境资源利用率低而不可更新工业辅助能值投入过高；另一方面，虽然购买能值贡献率高，但是净能值产出率低，表明技术和管理的投入利用效率低和农产品产出水平低。

表6-7 松桃县耕地能值可持续指数一览表

区域	能值产投比	环境能值贡献率/%	购买能值贡献率/%	净能值产出率	环境负载率	耕地能值可持续指数 ESI_{cl}
蓼皋街道	0.43	36.75	63.25	0.68	0.35	1.96
盘石镇	0.32	61.98	38.02	0.84	0.22	3.89
盘信镇	0.45	50.02	49.98	0.91	0.37	2.46
大坪场镇	0.52	45.93	54.07	0.96	0.38	2.52
普觉镇	0.59	62.16	37.84	1.57	0.19	8.33
寨英镇	0.43	43.19	56.81	0.76	0.39	1.96
孟溪镇	0.69	54.19	45.81	1.51	0.25	6.05
乌罗镇	0.46	53.75	46.25	1	0.21	4.79
甘龙镇	0.61	53.65	46.35	1.32	0.17	7.89
长兴堡镇	0.54	57	43	1.26	0.28	4.41
迓驾镇	0.42	39.7	60.3	0.7	0.74	0.94
大兴街道	0.36	50.69	49.31	0.73	0.36	2.04
牛郎镇	0.8	41.53	58.47	1.37	0.13	10.38

区域	能值 产投比	环境能值 贡献率/%	购买能值 贡献率/%	净能值 产出率	环境 负载率	耕地能值可持 续指数 ESI_{cl}
九江街道	0.44	49.2	50.8	0.87	0.32	2.75
世昌街道	0.67	48.44	51.56	1.29	0.12	10.95
长坪乡	0.32	70.32	29.68	1.07	0.11	9.46
正大镇	0.58	44.65	55.35	1.05	0.35	3
太平营街道	0.43	30.68	69.32	0.62	0.71	0.88
平头镇	0.48	43.44	56.56	0.85	0.23	3.65
大路镇	0.44	52.56	47.44	0.94	0.26	3.56
妙隘乡	0.49	43.09	56.91	0.86	0.35	2.49
冷水溪镇	0.33	47.02	52.98	0.63	0.18	3.42
石梁乡	0.43	39.67	60.33	0.72	0.59	1.23
瓦溪乡	0.42	62.55	37.45	1.13	0.22	5.04
永安乡	0.55	61.98	38.02	1.44	0.14	10.16
木树镇	0.31	41.09	58.91	0.53	0.34	1.59
黄板镇	0.54	48.94	51.06	1.05	0.22	4.71
沙坝乡	0.49	44.24	55.76	0.88	0.24	3.62
全县平均统计	0.49	48.77	51.23	0.95	0.29	3.21

（2）最小休耕面积（S_{min}）和休耕面积范围值（S_t）分析

根据表6-7和表6-3统计得到全县休耕时序空间分布状况（图6-4）：迓驾镇和太平营街道应该优先休耕（PF）；蓼皋街道、黄板镇和甘龙镇等23个乡镇应该适度休耕（MF）；世昌街道、牛郎镇和永安乡应该暂不休耕（NFT）。根据表6-7统计得到全县休耕面积时序（表6-8）：优先休耕面积为1396.10hm²，占总耕地面积的1.88%；适度休耕面积为13 838.71hm²，占总耕地面积的18.64%；暂不休耕面积为2 439.02hm²，占总耕地面积的3.28%。因此，全县最小休耕面积（S_{min}）为1396.10hm²，占耕地总面积的1.88%；按照全县平均统计（SCAL），全县休耕面积范围值（S_t）为1396.10~19 558.62hm²，占全县耕地面积的1.88%~26.34%；按照分乡镇统计（STL），全县休耕面积范围值（S_t）为1396.10~17 673.83hm²，占全县耕地面积的1.88%~23.8%。

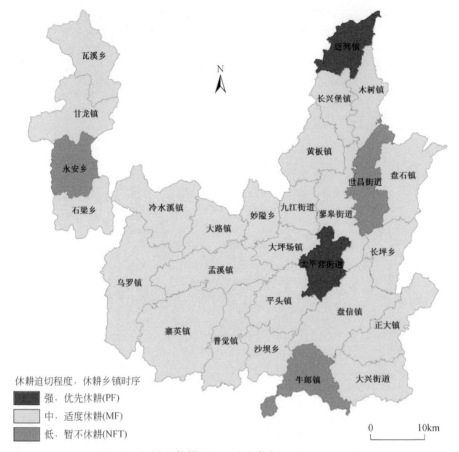

图 6-4　松桃县休耕迫切程度与休耕时序的空间分布

表 6-8　松桃县休耕面积范围值

休耕时序	休耕乡镇	最小休耕面积/hm²	占总耕地面积比/%	休耕面积范围值（全县平均统计）（SCAL）/hm²	休耕面积范围值（分乡镇统计）（STL）/hm²
优先休耕 PF	逛驾镇、太平营街道	1 396.10	1.88		
适度休耕 MF	蓼皋街道、黄板镇和甘龙镇等 23 个乡镇	13 838.71	18.64	1 396.10 ~ 19 558.62	1 396.10 ~ 17 673.83
暂不休耕 NFT	世昌街道、牛郎镇和永安乡	2 439.02	3.28		

6.5　讨　论

（1）与传统模型和其他模型比较

部分学者（施开放等，2013；王雅敬等，2017）采用传统模型，评价了区域耕地生态承载力供需平衡状况，为区域耕地生态安全预警和国土空间规划提供了科学依据。由于该方法操作简单，因而应用较为广泛。公式如下：

$$ec = a \times r \times y \times 0.88 \tag{6-10}$$

$$ef = \sum_{i=1}^{n} r A_i = \sum_{i=1}^{n} r_i \frac{C_i}{P_i} \tag{6-11}$$

式（6-10）中，ec 为人均耕地生态承载力（hm^2/人）；a 为人均耕地面积（hm^2/人）；y 为耕地产量因子，与式（6-3）计算结果相同，取值 0.88（无量纲）；常数 0.88，指扣除 12% 的生物多样性保护地。式（6-11）中，ef 为人均耕地生态足迹（hm^2/人）；i 为农作物消费项目；r 为耕地均衡因子（ghm^2/hm^2）；A_i 为人均第 i 种农作物消费项目经折算后的生物生产性耕地面积（hm^2/人）；C_i 为人均第 i 种农作物消费项目的研究区人均消费量（kg/人）；P_i 为第 i 种农作物消费项目的全球平均生产量（kg/hm^2）。耕地均衡因子在长时间段内发生的变化较小，采用全球足迹网络（Global Footprint Network，GFN）于 2016 年公布的耕地均衡因子：2.52。

根据式（6-10）和式（6-11），计算出 2016 年松桃县耕地生态盈亏（E_p=ec−ef），并得到休耕区域判定结果（表6-9）。传统模型与修正模型计算结果对比：从全县来看，都是耕地能值生态赤字，但两者的生态赤字大小不同，前者为 0.0146，后者为 0.06；从分乡镇来看，传统模型计算结果为可以不休耕的乡镇达 12 个，而修正模型计算结果为可以不休耕的乡镇仅为 3 个，两者相同的不应该休耕乡镇为盘石镇和冷水溪镇。然而，从走访调研来看，传统模型的结果不符合实际情况：一是较多的可以不休耕乡镇（或耕地能值生态盈余乡镇）不符合实际，实际上其中许多乡镇都应该休耕，如木树镇的石漠化程度在全县居于前列，石漠化面积及其占比分别达 3113hm^2 和 41.75%，很有必要休耕；二是耕地能值生态赤字的乌罗镇不符合实际，梵净山自然保护区位于镇域内，生态环境好，耕地生态系统退化相对较弱，可以不休耕。

表 6-9　基于传统模型的松桃县休耕区域判定

乡镇名称	人均生态承载力	人均生态足迹	耕地生态盈亏	是否应该休耕
松桃县	0.1994	0.214	−0.0146	是

续表

乡镇名称	人均生态承载力	人均生态足迹	耕地生态盈亏	是否应该休耕
蓼皋街道	0.0676	0.0935	−0.0259	是
盘石镇	0.3094	0.3005	0.0089	否
盘信镇	0.2601	0.2133	0.0468	否
大坪场镇	0.186	0.2795	−0.0935	是
普觉镇	0.17	0.1902	−0.0202	是
寨英镇	0.1488	0.1683	−0.0195	是
孟溪镇	0.1555	0.3366	−0.1811	是
乌罗镇	0.1856	0.2497	−0.0641	是
甘龙镇	0.2362	0.2333	0.0029	否
长兴堡镇	0.2122	0.2268	−0.0146	是
迓驾镇	0.2229	0.2267	−0.0038	是
大兴街道	0.2611	0.2008	0.0603	否
牛郎镇	0.1891	0.2446	−0.0555	是
九江街道	0.2042	0.1637	0.0405	否
世昌街道	0.1866	0.2176	−0.031	是
长坪乡	0.5751	0.3104	0.2647	否
正大镇	0.1971	0.2787	−0.0816	是
太平营街道	0.1473	0.2054	−0.0581	是
平头镇	0.1979	0.2159	−0.018	是
大路镇	0.1621	0.1443	0.0178	否
妙隘乡	0.1757	0.1691	0.0066	否
冷水溪镇	0.1924	0.1609	0.0315	否
石梁乡	0.2099	0.2254	−0.0155	是
瓦溪乡	0.4202	0.3686	0.0516	否
永安乡	0.2507	0.2043	0.0464	否
木树镇	0.2461	0.2385	0.0076	否
黄板镇	0.2367	0.249	−0.0123	是
沙坝乡	0.1902	0.2233	−0.0331	是

造成研究结果差异的主要原因在于，相较于传统模型，修正模型具有如下优势：一是主要运用能值转换系数、能值转换率等参数，比传统模型中的均衡因子和产量因子更加稳定；二是传统模型没有考虑复种指数，其结果实际是播种面

积，而修正的生态承载力模型测算结果才是所需要的真实生物生产性面积；三是传统模型中均衡因子和产量因子无法体现区域物质供给源，修正模型则根据区域实际灵活调整指标，如考虑了雨水势能。

此外，与其他的耕地能值生态足迹改进模型（简称其他模型）相比：修正模型的可更新环境资源既考虑了 3% 表层土壤能，也考虑了农田灌溉用水能，指标体系更加完善；为便于比较，修正模型的耕地能值生态承载力模型和耕地能值生态足迹模型都采用统一的全球能值密度。因此，与传统模型和其他模型相比，修正模型更加合理，具有参数稳定、考虑复种指数和指标调整灵活等优势。

（2）与休耕试点情况比较

松桃县在 8 个乡镇实施休耕试点，包括黄板镇、甘龙镇、长兴堡镇、木树镇、乌罗镇、冷水溪镇、瓦溪乡和永安乡，各乡镇休耕试点面积在 133 ~ 200hm²，其中甘龙镇和黄板镇最先休耕，并且试点面积相对较大。所测算出来应该休耕的乡镇与实际休耕试点乡镇有 5 个不一致：永安乡、迓驾镇、太平营街道、乌罗镇、冷水溪镇。应用修正模型测算，乌罗镇和冷水溪镇的耕地能值生态盈余，可以不休耕；永安乡、迓驾镇和太平营街道的耕地能值生态赤字，应该休耕。应用 ESI_{cl} 测算：迓驾镇和太平营街道应优先休耕；乌罗镇和冷水溪镇应适度休耕；永安乡可暂不休耕。然而，乌罗镇、冷水溪镇和永安乡却是休耕试点乡镇。休耕试点的实际情况与本章研究结果存在差异，主要受到以下两个方面的因素影响：

第一，社会经济因素。一方面，受相关政策影响。地方政府将休耕视为一项增收活动，通过下拨国家休耕补助和收获休耕产品可以提高农民收入，于是选择农户收入低的乡镇和行政村实施休耕试点。以甘龙镇为例，休耕试点主要在浑泉村、坪上村、官坟村、平会村和石板村等，休耕试点面积 200hm²，实际上除了浑泉村石漠化较严重应该休耕以外，其余行政村不应该休耕，这些村落山高坡陡、交通不便、劳动力匮乏、撂荒严重，大部分耕地应该自然退耕而不是休耕，显然，甘龙镇不应该优先休耕而应该适度休耕，与本章研究结果一致。另一方面，受坝区农业产业发展规划影响。按照《松桃苗族自治县 500 亩以上坝区农业产业结构调整实施方案》，优先发展坝区现代特色农业产业，通过实施休耕试点，提升耕地地力，为复耕对接农业产业打好基础。例如，黄板镇、长兴堡镇和木树镇 3 个乡镇紧邻且都处于坝区，耕地集中连片。尽管迓驾镇和太平营街道也都处于坝区，但是农业产业发展潜力相对较小，并未成为休耕试点乡镇，实际上这两个乡镇的耕地生态退化严重，迓驾镇石漠化面积高达 31.17hm²，占该镇面积比例的 43.02%，占比居全县最高，该镇近一半土地存在石漠化现象，应该安排优先休耕，太平营街道紧邻县城，是重要的蔬菜种植基地，农作物复种指数达

1.35，指数居全县最高，也应该安排优先休耕，也与本章研究结果一致。

第二，农机、化肥和农药等总辅助能投入（即为 $E_{mF}+E_{mT}$）差异。①永安乡。总辅助能在所有乡镇中投入最少，仅为 $7.41×10^{18}$ sej，净能值产出率（EYR）太高和环境负载率（ELR）太低，$ESI_{cl}≥10$，即耕地资源开发程度不够，耕地系统不可持续，反映了总辅助能投入太少不利于耕地生态平衡。②迓驾镇和太平营街道。总辅助能投入太大，分别为 $2.94×10^{18}$ sej 和 $2.71×10^{19}$ sej，在全部乡镇排名中分别为第 1 和第 3，EYR 较低和 ELR 太高，$ESI_{cl}<1$，即耕地系统不可持续，反映了总辅助能投入太多也不利于耕地生态平衡。③乌罗镇和冷水溪镇。总辅助能投入适中，分别为 $1.95×10^{19}$ sej 和 $1.59×10^{19}$ sej，在全部乡镇排名中分别为第 14 和第 16，EYR 和 ELR 都较低，ESI_{cl} 在 1~5，即耕地系统可持续，反映了适中的总辅助能投入有利于耕地系统生态平衡。值得注意的是，全县应该适度休耕的乡镇均呈现耕地能值生态赤字，但是耕地系统却处于可持续状态，原因在于总辅助能投入较适中，使得生产可以持续维持下去。可见，适量的总辅助能投入，即使耕地能值呈现生态赤字，仍然可以使生产持续维持下去，即通过适量的外部能量输入，可以维持耕地系统某种程度的生态平衡。基于此，永安乡应该加大耕地利用程度以增加总辅助能投入，而不是休耕；迓驾镇和太平营街道应该优先休耕以减少总辅助能投入；乌罗镇和冷水溪镇总辅助能投入适量且耕地能值生态盈余，可以不休耕。

综上，本章的研究结果不仅符合国家休耕目标的初衷，而且真实地反映区域耕地生态环境实际，可以较好地为当地的休耕实践提供指导。修正模型具有参数稳定、考虑复种指数和指标调整灵活等诸多优势，ESI_{cl} 可以准确地刻画区域耕地生态经济系统的可持续状态。

6.6　本章小结

本章运用能值分析方法和生态足迹方法，修正了耕地能值生态足迹改进模型（EC 和 EF）和耕地能值可持续指数（ESI_{cl}），在此基础上，分别测算了松桃县2016 年全县及 28 个乡镇的最大休耕面积和全县休耕面积范围值。主要结论如下：

1）耕地能值生态盈亏可以作为乡镇是否应该休耕的判定标准，基于此测算的最大休耕面积关键在于测算生态耕地面积。总体来看，松桃县耕地能值生态赤字，应该安排休耕：平均耕地能值生态承载力 121 842.57hm²，人均 0.17hm²，平均耕地生态足迹 165 408.49hm²，人均 0.23hm²。从分乡镇来看，有 3 个乡镇的耕地能值生态盈余，可以不休耕；有 25 个乡镇的耕地能值生态赤字，应该休耕。按照全县平均统计（SCAL），全县最大休耕面积 19 558.62hm²，占总耕地面积的 26.34% ；按照分乡镇统计（STL），全县最大休耕面积 17 673.83hm²，占总耕地面积的23.8%。从空间分布来看，最大休耕面积中等及以上等级的乡镇散布于 4 个区域的 8 个乡镇：东北部的黄板镇、迓驾镇和世昌街道；中部的孟溪镇；西部的甘龙镇和东南部的盘信镇、牛郎镇和大兴街道。

2）ESI_{cl}可以作为休耕乡镇时序的判定标准，其优先休耕乡镇的最大休耕面积之和即为全县最小休耕面积。全县 ESI_{cl} 偏低，应该适度休耕。优先休耕、适度休耕和暂不休耕的乡镇分别有 2 个（迓驾镇和太平营街道）、23 个（蓼皋街道、黄板镇和甘龙镇等）和 3 个（世昌街道、牛郎镇和永安乡）。全县最小休耕面积 1396.10hm²，占耕地总面积的 1.88%。按照全县平均统计（SCAL），全县休耕面积范围值 1396.10 ~ 19 558.62hm²，占总耕地面积的 1.88% ~ 26.34%；按照分乡镇统计（STL），全县休耕面积 1396.10 ~ 17 673.83hm²，占总耕地面积的1.88% ~ 23.80%。

第7章 基于多源数据的区域耕地休耕空间配置实证

西南地区是中国喀斯特地貌分布最为集中的地区。人口压力是西南地区水土流失严重、粮食产量波动的关键因素之一（Wang et al., 2004）。随着近几十年来社会经济的快速发展，剧烈的人为扰动加剧了西南地区石漠化发生概率（罗旭玲等，2021），导致西南地区石漠化严重，耕地生态环境逐步退化（Jiang et al., 2014）。地处西南地区的云南和贵州是国家首批休耕试点省份，基于此，本章以西南地区为例，探讨多尺度的休耕时空配置技术途径。

7.1 研究区域与数据来源

7.1.1 研究区域及空间尺度

中国西南地区位于97°21′E～110°11′E和21°08′N～33°41′N，占中国陆地面积的24.50%，该区域包括3个省（四川、云南和贵州）、1个直辖市（重庆）和1个自治区（西藏）。由于西藏自治区的农业以畜牧业为主，涉及休耕的可能性不大，因此这里的西南地区特指云南、贵州、四川、重庆3省1直辖市。根据《中国统计年鉴2016》的统计数据，研究区地区生产总值占全国国内生产总值的10.42%，人口占全国总人口的14.20%，人口占比超过了经济占比，表明经济发展水平相对滞后。由于西南地区喀斯特地貌分布广泛，石漠化严重，大部分石漠化地区耕地适耕性较差，在一定程度上加剧了人地矛盾，制约了中国西南地区的社会经济发展。

多尺度分析可以加深对休耕空间变化的认识，为有效地对比和评价休耕的空间，本章同时模拟和评价三个空间尺度的休耕空间布局。具体空间尺度如下：一是区域尺度，将西南地区3省1直辖市作为整体区域；二是省级尺度，即四川、重庆、云南和贵州四个省级行政单元；三是都市区尺度，即成都市、重庆主城区（重庆市城市区的"两江四岸"核心区和中心城区，即原来的主城9区，研究中仍然沿用重庆主城区）、昆明市和贵阳市。由于西南地区对耕地造成巨大压力的主要因素之一为大都市地区的社会经济发展，因此选取 4 个快速发展的大都市区作为这一尺度的代表（图 7-1）。

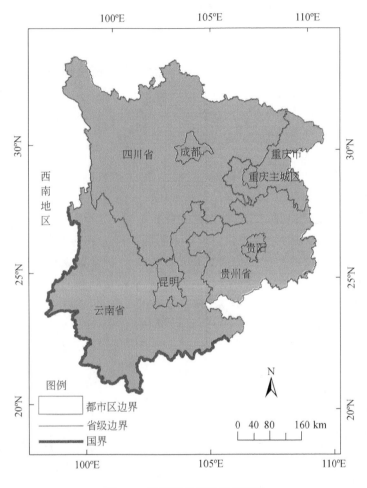

图 7-1 研究区的区位及区划图

7.1.2 数据来源

研究中所使用的数据包括：土地利用/覆盖数据、稳定夜间灯光数据（NSL）、DEM 数据、喀斯特地区空间分布数据、土壤侵蚀数据、降水数据、耕地生产潜力数据、水体数据、耕地面积和人口总数等统计数据。除 DEM 数据、喀斯特地区空间分布数据和土壤侵蚀数据外，其余数据时间均为 2010 年。

1）土地利用/覆盖数据。主要用于提取西南地区的耕地空间分布，这些数据主要来源于中国科学院资源与环境科学数据中心（RESDC）（http：//www.resdc.cn/）见图7-2（a），该数据基于陆地卫星专题制图仪（TM）数据，并利用目视解译获取，数据的空间分辨率为1km，总体精度在90%以上，能够较准确地反映西南地区耕地的实际空间分布状况（He et al.，2017b）。

2）稳定夜间灯光数据。稳定夜间灯光用于反映人类活动强度，数据主要来源于美国国家海洋和大气管理局（NOAA）的国家地球物理数据中心（NGDC）（https：//www. ngdc. noaa. gov/eog/dmsp/DownloadV4co-mposites. html）（Shi et al.，2018）。数据空间分辨率大约为30弧秒。NSL数据主要反映来自农村、乡镇、城市和其他区域发出的稳定灯光，其数字数据（DN）范围从0到63，见图7-2（b）。

3）DEM数据。航天飞机雷达地形测绘任务（SRTM）的DEM数据从空间信息联盟（CGIAR-CSI）获得（http：//srtm. csi. cgiar. org/），数据空间分辨率为250m，可以很好地反映区域地形的空间变化，见图7-2（c）（Li et al.，2018）。

4）喀斯特地区空间分布数据。来源于喀斯特科学数据中心，这些数据通过1：50万地质图的目视解译产生，见图7-2（d）。基于数据可用性，研究利用2009年喀斯特地貌空间分布数据表征2010年的喀斯特地区空间分布。

5）土壤侵蚀数据。从RESDC获得，包括水力侵蚀、风蚀和冻融侵蚀三种侵蚀类型数据，它们能够有效地代表中国的土壤侵蚀状况（乔治和徐新良，2012）。侵蚀程度可分为六个等级：无侵蚀、轻微侵蚀、中等侵蚀、极高侵蚀、严重侵蚀和非常严重侵蚀，见图7-2（e）。

6）降水数据。来源于RESDC，该数据主要基于中国2400个气象台站数据，并利用Anusplin插值方法进行估算，其空间分辨率为1km（王英等，2006）。年平均降水数据由自然日平均24h降水的算术平均值计算得到，见图7-2（f）。

7）耕地生产潜力数据。来源于RESDC。该数据利用全球农业生态区模型（GAEZ）进行估算，其空间分辨率为1km。数据结果主要利用中国县级实际粮食产量进行验证，模型估算结果与实际数据之间存在很好的相关性（Liu et al.，2015），见图7-2（h）。

8）水体数据。从美国环境系统研究所（ESRI）Baruch Geoportal获得（https：//www. baruch. cuny. edu/confluence/display/geoportal/Datasets），见图7-2（g）。

9）耕地面积和人口总数等统计数据。主要来源于《四川统计年鉴》《云南统计年鉴》《贵州统计年鉴》《重庆统计年鉴》。此外，省（直辖市）、市和县的行政边界矢量数据主要来源于资源环境科学与数据中心。

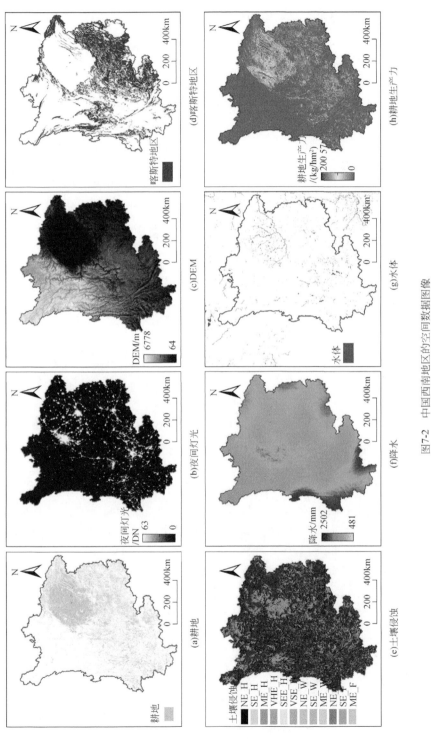

图7-2　中国西南地区的空间数据图像

NE、SE、ME、VHE、SEE和VSE分别表示无侵蚀、轻微侵蚀、中等侵蚀、极高侵蚀、严重侵蚀和非常严重侵蚀；H、W和F分别表示水力侵蚀、风蚀和冻融侵蚀

为了保证空间形态的一致性，所有空间数据的投影设置为 Albers Conic. l. Projection，并基于最近邻重采样算法（不包括行政边界）重采样至 1km 的空间分辨率。

7.2 研究思路与方法

7.2.1 研究思路

首先，利用多源中低空间分辨率数据，构建 ILF，模拟西南地区休耕空间分布。其次，将模拟结果与 Google 地球影像、耕地生态承载力（TEC）指数进行比较，用于验证 ILF 的有效性。再次，从区域、省际、大都市区 3 个尺度评价西南地区休耕空间分布。最后，按照一定的分区布局标准，对西南地区各空间尺度进行休耕时序安排。

7.2.2 休耕区域选择综合指数分析框架构建

已有研究表明，耕地是自然条件、人类活动影响与耕地质量相互作用的多维系统（D'Haeze et al.，2005）。在借鉴前人研究成果的基础上，结合西南地区脆弱的生态环境，利用不同的空间数据，构建 ILF。ILF 基于三个维度，并利用 6 个指标来模拟和评估休耕空间分布，这 6 个指标分别为夜间灯光、耕地生产潜力、地形起伏度、喀斯特地貌分布、土壤侵蚀和水文状况。夜间灯光可以代表人类活动对耕地的影响程度（Shi et al.，2014），夜间灯光越强，人类活动对耕地生产产生压力越大（Shi et al.，2016b）。因此，夜间灯光强度越高的耕地应该优先休耕。耕地生产潜力、地形起伏度和喀斯特地貌分布是影响耕地质量的重要指标。耕地生产潜力在一定程度上反映了粮食的生产力。这表明高生产潜力的耕地可以继续维持生产。地形起伏度和喀斯特空间分布是影响农业可持续生产的重要因素。高起伏度通常不利于农业生产，特别是在中国西南部（Liu et al.，2014），由于喀斯特地区生态环境系统稳定性差，耕地承载能力弱，因此，喀斯特区域的耕地也应是休耕的重点区域。水文状况和土壤侵蚀是影响耕地生产的自然条件。水文状况涉及农业供水，对促进农业可持续发展起着重要作用，如果某区域水文状况不好，那么这些耕地应考虑休耕。土壤侵蚀与土壤肥力、土壤含水量、水土保持能力同样密切相关，是反映潜在生产力的重要因素。土壤侵蚀越严重，相应的耕地将优先考虑休耕。基于以上指标描述，可以认为 ILF 是一个合理的评价工具，能够保证从多个维度对休耕空间进行全面、合理的评估（图 7-3）。

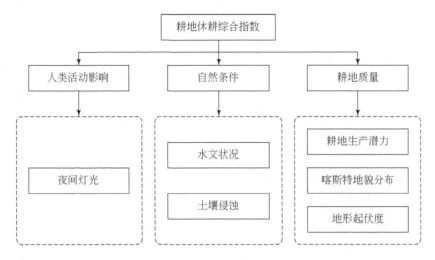

图 7-3　ILF 的构建框架

7.2.3　耕地休耕空间模拟与评价

总体上，研究主要通过以下五个步骤对西南地区休耕空间进行模拟和评价，包括数据预处理、ILF 构建、ILF 精度验证、休耕空间评价、休耕时空配置。

（1）数据预处理

与其他指标不同，地形起伏度和水文状况需要进行进一步的预处理。地形起伏度表示特定区域中的最高点和最低点之间的高度差。参考杨雪和张文忠（2016）的研究，采用以下公式计算地形起伏度：

$$RA_i = E_{max} - E_{min} \tag{7-1}$$

式中，RA_i 为窗口内的相对高度差，其中第 i 个像素被视为中心；E_{max} 和 E_{min} 分别表示特定窗口内的最高点和最低点。由于窗口大小对计算结果影响较大，这里参照杨雪和张文忠（2016）和张伟和李爱农（2012）的研究，选用 25km^2 的窗口大小来计算西南地区的地形起伏度，结果如图 7-4（a）所示。

水文状况可以反映自然水资源有效储备状况。区域水资源的数量直接影响农业灌溉、土壤质量和植被生长，在保障农业可持续发展中发挥着重要作用。可以运用以下公式确定水文状况：

$$HI_i = P_i \times \alpha + W_i \times \beta \tag{7-2}$$

式中，HI_i 为第 i 像素中的水文状况；P_i 为归一化的年降水量；W_i 为距水体的归一化距离；此外，α 和 β 为权重，参照杨雪和张文忠（2016）研究，分别设置为0.8和0.2，结果如图7-4（b）所示。

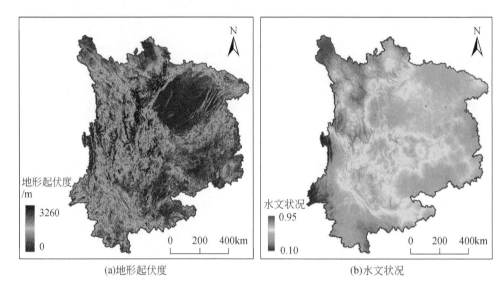

(a)地形起伏度   (b)水文状况

图7-4 西南地区地形起伏度与水文状况的空间分布

（2）ILF 构建

耕地休耕是一个多维系统。休耕的紧迫性主要受自然条件、土地利用状态（人类活动的影响）及耕地质量影响。因此，利用夜间灯光、喀斯特地貌分布、土壤侵蚀、耕地生产潜力、地形起伏度、水文状况等因子来构建 ILF，以期通过该指数可以有效地识别和模拟西南地区不同尺度的休耕空间分布。由于多系统的复杂性，如何将这些因素整合到多维系统的框架中，已成为休耕空间分布模拟的关键问题。为了避免因素权重设置的主观性而导致的不确定性（He et al.，2017a），研究主要利用几何平均方法构建 ILF，具体公式如下：

$$ILF_i = \sqrt[6]{(NL_i+1) \times (HS_i+1) \times (SE_i+1) \times (PP_i+1) \times (KA_i+1) \times (RA_i+1)} \quad (7\text{-}3)$$

式中，ILF_i 为第 i 个像素的耕地休耕指数，随着 ILF 值的增加，休耕的潜力将逐步增加；NL、HS、SE、PP、KA 和 RA 分别为夜间灯光、水文状况、土壤侵蚀、耕地生产潜力、喀斯特地貌分布及地形起伏度的归一化值。

由于计算单位不统一，在相同条件下不同因素不具有可比性。因此，需要对夜间灯光和地形起伏度进行归一化处理，计算公式如下：

$$NM_i = \frac{NM - NM_{min}}{NM_{max} - NM_{min}} \quad (7\text{-}4)$$

由于高生产潜力值代表更好的耕地质量，因此需要采用以下公式进行归一化处理：

$$NM_i = \frac{NM_{max} - NM}{NM_{max} - NM_{min}} \tag{7-5}$$

式中，NM_i 为第 i 个像素的归一化值；NM 为夜间灯光、地形起伏度或耕地生产潜力；NM_{max} 和 NM_{min} 分别为这三个指标的最大值和最小值。

由于喀斯特地貌分布和土壤侵蚀数据没有特定的数值，无法对这些数据进行归一化处理，因此，根据主观经验，喀斯特地区的像素值被设置为 0.5。对于土壤侵蚀数据，无侵蚀、轻微侵蚀、中等侵蚀、极高侵蚀、严重侵蚀、非常严重侵蚀的像素值分别设置为 0.2、0.2、0.4、0.6、0.8 和 1。

（3）ILF 精度验证

ILF 的精度验证是评估模型结果好坏优劣的重要步骤。由于缺乏实际休耕数据，无法对模拟结果进行逐像素评价，因此主要利用 Google 地球影像和耕地生态承载力（TEC）来验证 ILF 的准确性。相关研究表明，高分辨率遥感影像可以清晰地识别估算或提取的结果（Estel et al., 2015）。例如，Xie 和 Weng（2016）通过 Google 地球影像直观地验证了城市用电量（UEC）的空间分布，并指出最大的 UEC 出现在中心商业区，这与实际情况相一致。因此，通过比较一些典型区域的 ILF 和 Google 地球影像，也可以比较直观地识别哪些耕地应该优先休耕。此外，TEC 可以系统地量化耕地与人类活动之间的相关性，并被广泛用于评估耕地生态系统对人类活动的供应程度（Wackernagel et al., 2002；Wiedmann and Barrett, 2010）。由于 TEC 的增加代表了耕地生产对人类发展的稳定影响，因此，可以通过使用 ILF 和 TEC 之间的相关性来检查地图空间分布性能的质量好坏。具体计算公式如下：

$$TEC = N \times ec \tag{7-6}$$

$$ec = a \times r \times y \tag{7-7}$$

式中，ec 为人均 TEC；N 为总人口；a 为人均耕地生产面积；r 为平衡因子，Wackernagel 等（1999）将其设置为 2.17；y 为耕地产量因子，设置为 1.66。需要注意的是，在计算 TEC 时，应将部分耕地用于生物多样性保护。根据西南地区的实际情况，参照施开放等（2013）的研究，3.5% 的耕地被用作生物多样性保护区。基于数据的可得性，我们主要量化四川省 18 个地级市和 3 个自治州的 ILF 和 TEC 之间的相关性。

（4）休耕空间评价

为了有效地量化和评价休耕的空间分布，采用自然断裂法对 ILF 进行分类。由于自然断裂法能够提供不同类别之间的最小方差，而不受主观因素影响（Shi et al., 2016a），因此可以用于对休耕地的空间分布进行分类评价。基于此，研究将 ILF 分为四种类型：不宜休耕地（IF）、低适宜休耕地（LAF）、适宜休耕地（AF）和高适宜休耕地（HAF）。由于 ILF 的空间分布在西南地区的不同尺度上表现出显著的差异性，因此这些分类将分别用于区域、省级行政区和都市区尺度上进行逐一评价。

(5) 休耕时空配置

休耕时空配置包括对休耕地进行空间布局和时序安排。为了方便休耕地管理和实施，对西南地区不同空间尺度的休耕地进行分区布局。计算出同一尺度的可休耕规模与耕地面积的占比 p（%），作为分区布局的依据，p 值越大，表明休耕迫切程度越高。根据 p 值由大到小依次划分为优先休耕区、重点休耕区和适度休耕区。

7.3 结 果 分 析

7.3.1 模型验证结果

为了有效验证模型的精度，随机选取了西南地区 8 个分布较为均匀的典型区域（图 7-5），并与 Google 地球影像进行对比分析。图 7-5 展示了 ILF 的空间分布，通过目视对比，可以发现高 ILF 值主要分布在城市边缘和陡峭的地形区域，如图 7-5（a）~（d）所示。众所周知，城市边缘地区的耕地更容易受到来自工业生产和人类生活的各种污染源和污染物的影响；陡坡地区耕地易受侵蚀，养分贫乏，因此，这些地区的耕地也应优先进行休耕。上述分析结果与先前的研究结论基本一致，如 Zhao 等（2011）指出土壤污染已成为耕地休耕的重要原因；龙玉琴等（2017）同样发现，地形越复杂，相应的耕地应优先休耕。与此相反，低 ILF 值主要分布在平原以及交通便利和水源丰富的地区，因此，这些地区如果采用合理的耕作手段，可以进行可持续性的农业生产，如图 7-5（e）~（h）所示。这些对比结果表明 ILF 对休耕模拟的有效性，可以很好地模拟休耕的空间布局。

此外，TEC 也被用于验证 ILF 的合理性。从图 7-6 可以看出，ILF 与 TEC 存在显著的正相关性，相关系数（R^2）超过 0.65。总体上，通过视觉对比分析和相关性分析，可以证明 ILF 能够对西南地区休耕空间进行准确模拟和分析。

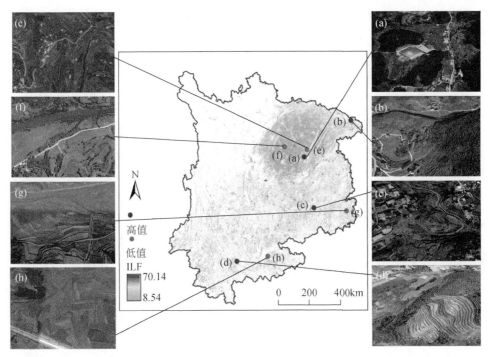

图 7-5　基于 Google 地球影像的 ILF 空间验证结果

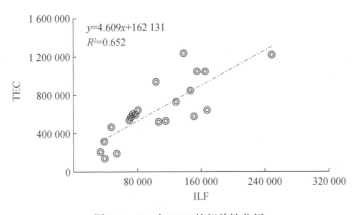

图 7-6　ILF 与 TEC 的相关性分析

7.3.2　西南地区休耕空间分布评价

图 7-7 显示，在区域尺度上，不宜休耕地主要集中在四川和重庆主城区，而高适宜休耕地主要分布在贵州和云南。因此，理论上西南地区应有大量的耕地需

要优先考虑休耕。具体而言，2010 年，高适宜休耕地（15 739km²）占西南地区耕地总量（274 550km²）的 5.73%，适宜休耕地占耕地总量的 21.88%（60 058km²），不宜休耕地和低适宜休耕地分别占耕地总量的 37.53%（103 036km²）和 34.86%（95 717km²），具体如图 7-8（a）所示。

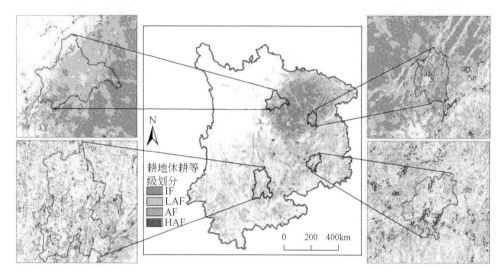

图 7-7　2010 年西南地区休耕空间变化

　　在省级尺度上，休耕呈现出明显的空间分布差异，如图 7-8（b）所示。2010 年，四川高适宜休耕地占耕地总面积的 2.80%（3345km²），而适宜休耕地和低适宜休耕地分别占耕地总面积的 12.69%（15 163km²）和 31.25%（37 323km²）。需要注意的是，该省不宜休耕地占总耕地面积的 53.26%（63 621km²）。在重庆，不宜休耕地和低适宜休耕地也是优势类型，分别占耕地总面积（37 753km²）的 37.36%（14 105km²）和 31.60%（11 930km²），此外，适宜休耕地占耕地总面积的 25.34%（9566km²），高适宜休耕地占耕地总面积的 5.70%（2152km²）。在云南，高适宜休耕地超过 5400km²，占耕地总面积的 8.05%（68 194km²），适宜休耕地占耕地总面积的 29.15%（19 876km²）。相应地，低适宜休耕地占比为 39.90%（27 213km²）。通过比较发现，低适宜休耕地占耕地总量的低于 23%（15 618km²）。与此同时，贵州的高度适合休耕地（9.67%，4755km²）的比例相对较高，适宜休耕地也超过 31%（15 453km²），适宜休耕地和低适宜休耕地仅分别占耕地总量（49 151km²）的 19.72%（9692km²）和 39.17%（19 251km²）（表 7-1）。

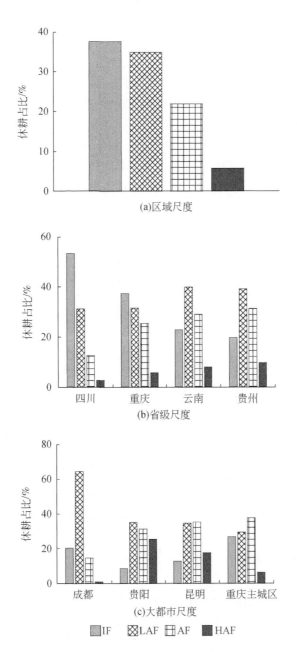

图 7-8　2010 年中国西南地区休耕的空间变化

在大都市尺度上，休耕空间分布同样呈现出明显的区域差异性，如图 7-8（c）所示。成都市和重庆主城区都分布着大量的不宜休耕地，占耕地总量的20%以上，然而贵阳和昆明的不宜休耕地分别仅占耕地总量的8.33%（198km²）和12.76%（538km²）对比四大都市区，低适宜休耕地在成都占据主导地位。具体而言，成都低适宜休耕地为64.31%（4313km²），贵阳为35.10%（834km²），昆明为34.43%（1452km²），重庆主城区为29.20%（1093km²）。昆明、贵阳和重庆主城区有大量耕地适宜休耕，分别占总耕地面积的35.33%（1490km²）、31.19%（741km²）和37.61%（1408km²）。成都只有14.66%（983km²）的耕地适宜休耕。贵阳和昆明高适宜休耕地分布面积最广，分别占耕地面积的25.38%（603km²）、17.48%（737km²）。成都和重庆主城区适宜休耕地仅分别占耕地总量的0.78%（52km²）和6.39%（239km²）（表7-1）。

表7-1　不同尺度休耕适用性面积统计结果

区域	2010年耕地面积 /km²	不宜休耕地		低适宜休耕		适宜休耕		高适宜休耕	
		面积 /km²	占比 /%	面积 /km²	占比 /%	面积 /km²	占比 /%	面积 /km²	占比 /%
西南地区	274 550	103 036	37.53	95 717	34.86	60 058	21.88	15 739	5.73
四川	119 452	63 621	53.26	37 323	31.25	15 163	12.69	3 345	2.80
重庆	37 753	14 105	37.36	11 930	31.60	9 566	25.34	2 152	5.70
云南	68 194	15 618	22.90	27 213	39.90	19 876	29.15	5 487	8.05
贵州	49 151	9 692	19.72	19 251	39.17	15 453	31.44	4 755	9.67
成都	6 707	1 359	20.25	4 313	64.31	983	14.66	52	0.78
贵阳	2 376	198	8.33	834	35.10	741	31.19	603	25.38
昆明	4 217	538	12.76	1 452	34.43	1 490	35.33	737	17.48
重庆主城区	3 743	1 003	26.80	1 093	29.20	1 408	37.61	239	6.39

7.3.3　西南地区休耕时空配置结果

将表7-1中各区域低适宜休耕、适宜休耕和高适宜休耕的面积求和即为可休耕规模，并计算出各尺度的可休耕规模与耕地面积之比，以下简称 P 值（%）。根据 P 值由大到小，将耕地划分为优先休耕区、重点休耕区、适宜休耕区，得到西南地区休耕地时空配置结果，如表7-2所示。

表 7-2　西南地区休耕地时空配置结果

分区类型	空间尺度	可休耕规模/km²	P/%	布局结果
优先休耕区	区域	171 514	62.47	西南地区
	省域	云南（52 576） 贵州（39 459）	云南（77.10） 贵州（80.28）	云南、贵州
	市域	贵阳（2 178） 昆明（3 679）	贵阳（91.67） 昆明（87.24）	贵阳、昆明
重点休耕区	省域	23 648	62.64	重庆
	市域	5 348	79.24	成都
适宜休耕区	省域	55 831	46.74	四川
	市域	2 740	73.2	重庆主城区

表 7-2 显示，省域尺度上，云南和贵州为优先休耕区，重庆为重点休耕区，四川为适宜休耕区；大部分市域尺度上，贵阳和昆明为优先休耕区，成都为重点休耕区，重庆主城区为适宜休耕区。

7.4　讨　　论

（1）ILF 能较好地模拟与评价西南地区休耕空间分布

ILF 作为休耕适宜性评价的重要指标，决定着休耕空间分布的准确性。与传统的统计数据相比，ILF 不仅能量化基于行政区的适宜休耕的规模，还能够提供休耕空间分布的具体细节。与以往基于局部尺度利用高空间分辨率遥感影像评价休耕的研究不同，由于 ILF 结合了多源空间数据，可以及时有效地进行多尺度的休耕空间模拟与评价。

相比于单维的中低空间分辨率遥感影像，ILF 的优势在于它是一个多维框架，综合考虑了自然条件、人类活动影响及耕地质量三个方面。因此，可以认为 ILF 综合利用了社会和自然的两方面指标，为模拟和评价休耕的空间分布提供了更好的论据。验证结果表明，ILF 与另一个被广泛使用的指数 TEC 存在着显著的相关性，视觉比较结果同样也证明了 ILF 的可靠性和精确性。

对比既有的研究成果，本章的结果与既有的研究结论基本一致，例如，陈展图和杨庆媛（2017）指出城市边缘区休耕的可能性较高，同理，这里的验证结果也证明了 ILF 高值广泛分布于一些城市边缘区。此外，杨文杰和巩前文（2018）研究发现，西南生态脆弱地区的耕地应优先休耕，分布于贵州、云南的耕地尤为如此。基于上述分析，进一步证明了利用 ILF 对西南地区休耕空间分布状况进行模拟和评估是可行的。

（2）休耕空间格局在不同尺度上呈现出显著的差异性

在区域和省级尺度上，不宜休耕地占耕地总面积的百分比相对较高，而在大都市尺度上，不宜休耕地占耕地总面积的百分比却相对较低。例如，四川不宜休耕地占耕地总面积的 53.26%，而在贵阳该占比仅为 8.33%。与此相反，省级尺度上的高适宜休耕地的平均占比为 6.56%，而在大都市区尺度该占比却为 12.51%。可能的原因是，与其他尺度相比，大都市区具有更多的人口和更强的社会经济实力，会导致耕地更容易受到来自人类活动的强大压力。因此，大都市区的大量耕地应优先考虑休耕。

在省级尺度上，四川的不宜休耕地比例最高，其次是重庆。具体而言，四川和重庆不宜休耕地分别占耕地总面积的 53.26% 和 37.36%，云南和贵州不宜休耕地分别占耕地总面积的 22.90% 和 19.72%，这可能与四川和重庆实施了较多的土地整治工程有关。与此同时，在大都市尺度上，贵阳和昆明休耕适宜性的空间变化最为显著，其中高适宜休耕地分别占其耕地总量的 25.38% 和 17.48%，这可能归因于这些地区脆弱的生态环境和频繁的人类活动。上述研究结果与陈展图和杨庆媛（2017）及 Peng 和 Wang（2012）的结论也基本一致。

（3）夜间灯光是影响中国西南地区休耕的重要因素

结合多源空间数据，ILF 提供了从多个维度对休耕空间适宜性的综合评估。为了探讨不同指标对休耕适宜性的贡献度，研究对不同指标下的 ILF 进行了相关分析。由于喀斯特地区和土壤侵蚀数据缺乏具体数值，因此，在区域、省域和大都市尺度上，仅检验夜间灯光、耕地生产潜力、地形起伏度和水文状况（用降水量表征）与 ILF 的相关性。

相关分析表明，各指标均通过显著性检验（$P<0.001$），R^2 值差异显著。在区域尺度上，夜间灯光和地形起伏度与 ILF 呈正相关，而耕地生产潜力和降水量与 ILF 呈负相关。具体而言，夜间灯光的 R^2 值超过 0.16（图 7-9）。类似的结果也可以在省级和大都市尺度上进行识别。例如，在大都市尺度上，夜间灯光的 R^2 值超过 0.14，而在省级尺度上，R^2 值超过 0.16（图 7-10 和图 7-11）。综上所述，相比于其他指标，夜间灯光与 ILF 的相关性最强。由此可以推断，与人类活动相关的夜间灯光是影响西南地区休耕的重要因素，在其他研究中也得出类似的结论，例如，Bren 等（2016）认为人类活动（如城市扩张）对耕地的影响强度是全球平均水平的 1.77 倍，Lai 等（2016）同样认为人类活动对于与休耕直接相关的土壤有机碳库总量有着显著的影响。

相关分析结果同样表明，水文状况、耕地生产力潜力、地形起伏度均与 ILF 呈现出显著的相关性。如图 7-9 ~ 图 7-11 所示，三个指标对休耕的影响存在显著差异性。具体而言，除了云南和贵州，大部分地区的耕地生产潜力与 ILF 呈负相

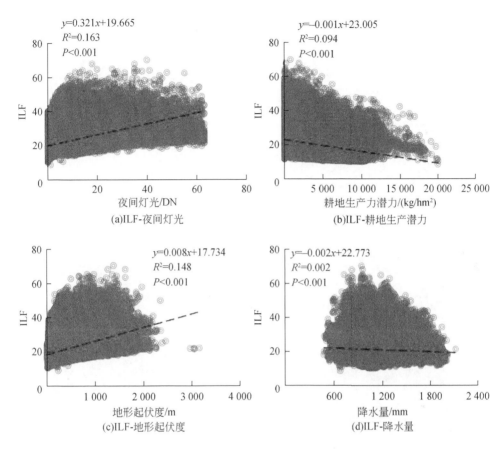

图 7-9　区域尺度下 ILF 与相关影响指标的相关性分析

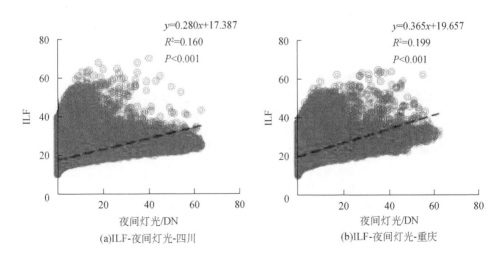

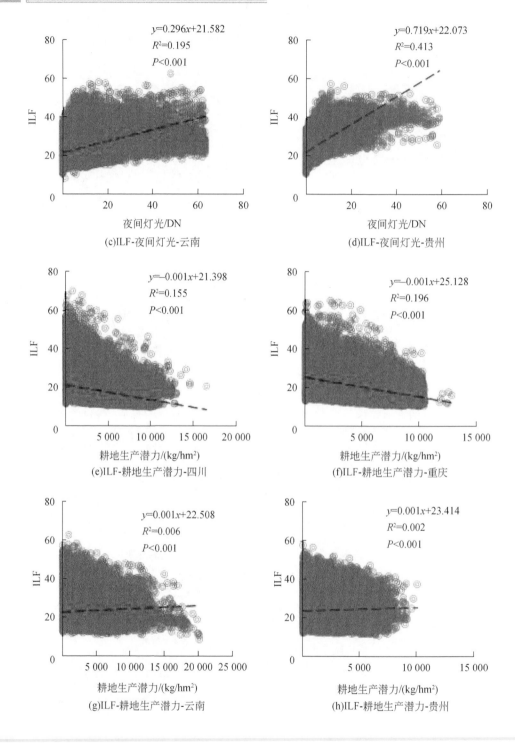

(c)ILF-夜间灯光-云南

(d)ILF-夜间灯光-贵州

(e)ILF-耕地生产潜力-四川

(f)ILF-耕地生产潜力-重庆

(g)ILF-耕地生产潜力-云南

(h)ILF-耕地生产潜力-贵州

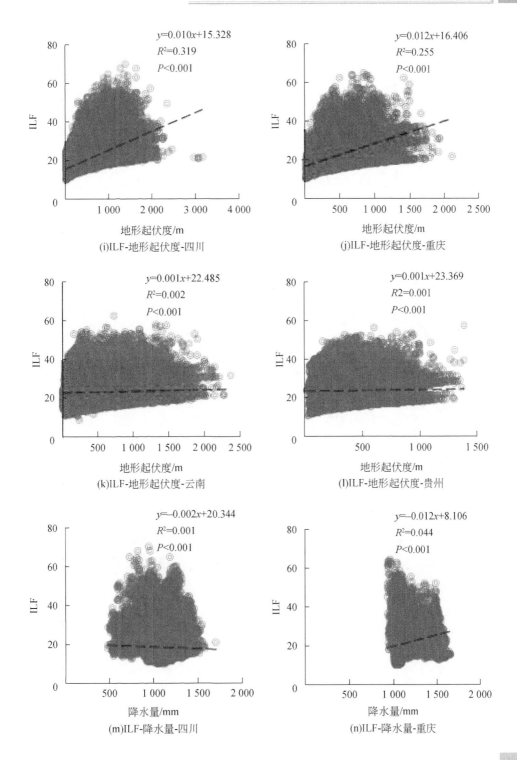

(i)ILF-地形起伏度-四川

(j)ILF-地形起伏度-重庆

(k)ILF-地形起伏度-云南

(l)ILF-地形起伏度-贵州

(m)ILF-降水量-四川

(n)ILF-降水量-重庆

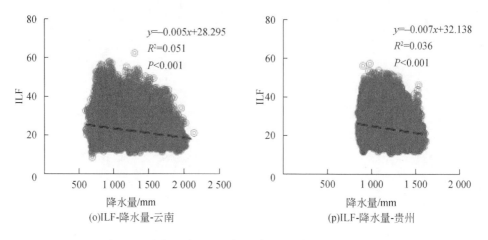

(o)ILF-降水量-云南   (p)ILF-降水量-贵州

图7-10　省级尺度下 ILF 与相关影响指标的相关性分析

关，这可以通过不同省份耕地条件的差异性来解释。由于重庆、四川土壤肥沃，河流众多，自然资源丰富，因此耕地生产力潜力在一定程度上与休耕的可能性直接相关。相反，由于土壤肥力和土层厚度较低，耕地生产力潜力不会成为云南和贵州休耕的决定性因素。水文状况和地形起伏度在不同地区与 ILF 存在多重相关关系。这些研究结论与先前研究结果基本一致（Deng et al., 2006；Wei and Pijanowski，2014），例如，谢花林和程玲娟（2017）研究发现，水文状况是中国地下水漏斗区休耕的决定性因素。由此可见，由于不同区域内复杂的人地关系，水文状况、耕地生产潜力、地形起伏度对休耕的影响可能不尽相同。

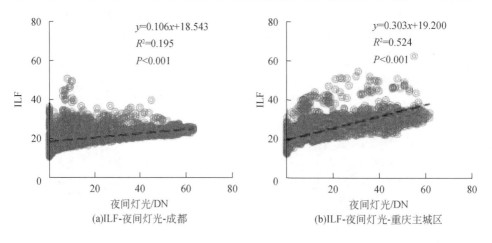

(a)ILF-夜间灯光-成都   (b)ILF-夜间灯光-重庆主城区

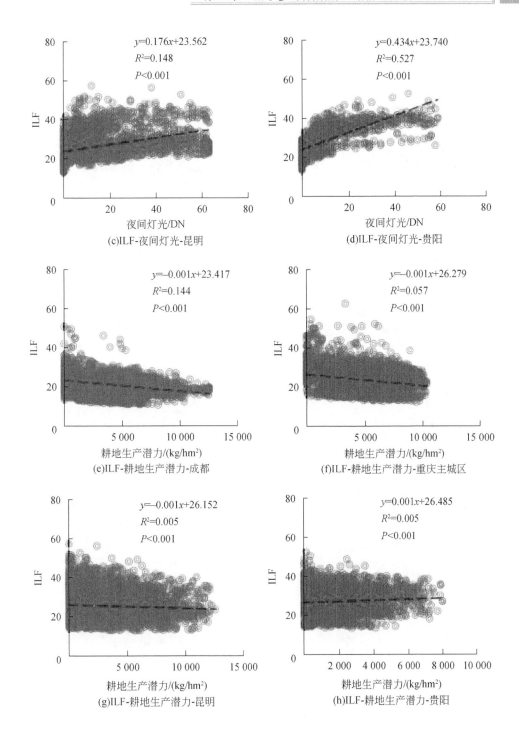

(c)ILF-夜间灯光-昆明

(d)ILF-夜间灯光-贵阳

(e)ILF-耕地生产潜力-成都

(f)ILF-耕地生产潜力-重庆主城区

(g)ILF-耕地生产潜力-昆明

(h)ILF-耕地生产潜力-贵阳

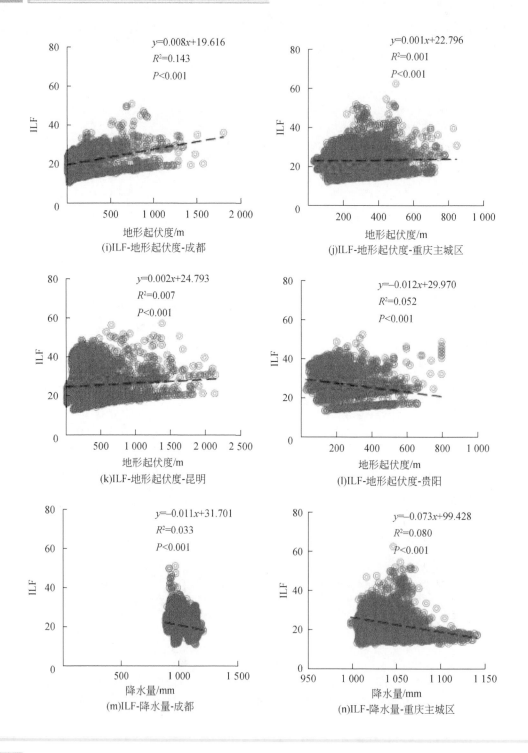

(i)ILF-地形起伏度-成都

(j)ILF-地形起伏度-重庆主城区

(k)ILF-地形起伏度-昆明

(l)ILF-地形起伏度-贵阳

(m)ILF-降水量-成都

(n)ILF-降水量-重庆主城区

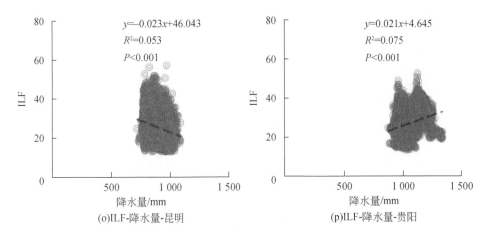

(o)ILF-降水量-昆明　　　　　　　　　　(p)ILF-降水量-贵阳

图 7-11　大都市尺度下 LF 与相关影响指标的相关性分析

（4）局限性与展望

本章研究也还存在局限性，有些问题还需要进一步深化研究加以解决。第一，一个完整的休耕过程不仅与耕地质量及其外部环境有关，而且要考虑农民的意愿和政府的组织能力。不同参与主体之间的关系在休耕中也起着重要作用（Xie et al.，2018）。今后的研究重点将放在休耕模拟的方法上，利用更多的社会经济和自然指标来改善休耕模型的可行性。第二，研究仅采用了两种方法来验证ILF 的准确性。ILF 的可行性还需要采用其他有效的手段进一步核实，其在其他地区的适用性也需要进一步深入讨论。第三，研究仅探讨了 ILF 与相关指标的相关性，但其背后的驱动机制却没有深入分析。在今后的研究中，将从政府政策和社会经济发展等多个维度对休耕的各种驱动力进行深入评估。第四，基于数据的可得性，本章仅以 2010 年为研究年限，进行休耕的空间分布模拟与评价。今后还将继续探索不同尺度下休耕的时空变化，为其他休耕区域的科学选择和空间优化提供科学依据。

7.5　本章小结

本章以西南地区为实证对象，采用多因素构建休耕指数，从区域、省域和大都市 3 个空间尺度评价和模拟休耕适宜性的空间特征，具体结论如下：

1）ILF 为西南地区休耕空间分布提供了可靠的量化与评价依据。与 Google 地球影像对比研究发现 ILF 值高的地方是需要优先考虑休耕的耕地。以四川省地级市和自治州为验证单元，发现 ILF 与 TEC 之间存在显著的相关性，R^2 值大于 0.65。

2）西南地区高度适宜休耕地占2010年耕地总面积的5.73%。四川和重庆两地不宜休耕地面积分别占总面积的53.26%和37.36%，而云南省和贵州省不宜休耕地面积占总面积的22.90%和19.72%。贵阳市和昆明市高度适宜休耕地面积分别占其耕地总面积的25.38%和17.48%。

3）根据休耕迫切程度将西南地区由高到低划分为优先休耕区、重点休耕区和适宜休耕区。云南省、贵州省、贵阳市和昆明市为优先休耕区，重庆和成都为重点休耕区，四川省和重庆主城区为适宜休耕区；

4）人类活动（由夜间灯光反映）应视为影响中国休耕适宜程度的主要因素。

研究结果对于制定和完善休耕政策的启示意义：第一，由于各指标在不同尺度上的差异性，决策者应采取因地制宜的策略实施休耕。第二，关注人类活动是有效管理休耕的关键。第三，由于人类活动对耕地利用的影响，有必要设计合理的评价体系来评价休耕制度实行中农民与政府的利益博弈。第四，对于西南地区而言，在省级尺度上，尤其要重点关注云南省和贵州省，因为其高适宜休耕地分别占其耕地总量的22.90%和19.72%。政府部门应优先考虑在这些省份扩大休耕试点规模。第五，由于大都市区周边的耕地容易受到各种污染源和污染物的污染，因此对于这些地区的耕地也应安排休耕。

第8章　基于生态脆弱性评价的县域休耕空间配置实证

喀斯特生态脆弱区休耕的主要目的是缓解生态压力、促进自然生态修复，其核心在于准确识别耕地生态系统的脆弱性（陈展图等，2017）。本章针对喀斯特地区土地退化的原因和特点以及人地矛盾突出对土地利用的影响，以第一批国家休耕试点的贵州省晴隆县为案例区域，综合运用脆弱性评估框架（vulnerability scoping diagram，VSD）、灰色预测模型 GM（1，1）和 GIS 空间分析手段，定量明晰研究区休耕地的分区布局，并据此探讨喀斯特生态脆弱区休耕地空间配置的实现路径与方法。

8.1　休耕空间配置内在逻辑及技术流程

8.1.1　休耕空间配置的内在逻辑

在喀斯特脆弱生态环境与人口活动交互重叠作用下，形成了一种极不稳定的人地关系地域系统，具体表现为自然资源禀赋较差、经济发展水平滞后、土地承载力低、土地利用结构失调、耕地破碎化严重、土地利用强度超出正常阈值、生态系统稳定性差等（安裕伦，1994；李阳兵等，2005）。特殊人地矛盾制约下，喀斯特生态脆弱区耕地多处于边际利用状态（吴刚和高林，1998）。由于边际耕地自然条件较差，加强耕地投入、改善田间管理等手段难以彻底改善耕地利用状态，退耕还林（或称森林式休耕）规模过大可能影响耕地保护红线，休耕显得十分必要。生态脆弱地区耕地可持续利用的基本途径是将边际耕地退出耕地转换为林地或草地，更有效率地利用质量好的耕地（王利文，2003）。但中国目前人地矛盾基本格局未发生根本转变，粮食安全仍是未来社会经济发展和土地利用的重要约束（祝坤艳，2016），这决定了不是所有耕地都能同时休耕。在区域（地区）层面，受粮食自给率的影响，必须保留足够数量的耕地继续耕作以维持人口及社会经济发展需要。理论上，在国际粮食市场稳定及国内粮食库存盈余的情况下，区域（地区）的粮食安全可以通过粮食调配来保障，但也存在推高粮食价格、造成粮食市场波动等不确定性。同时，粮食调配等手段是否能解决、如何解决区域（地区）层面的粮食安全问题，需要结合各地粮食生产能力、国内外粮食市场等具体数据进行翔实论证。此外，从口粮安全角度考虑，短期内区域（地区）粮食自给现象不会发生根本转变。为简化研究过程，这里仅考虑粮食自给情境下的区域粮食安全保障问题。因此，休耕制度的落地实际上是一种规模约束下的休耕对象空间选择问题，即休耕地的空间配置问题。

8.1.2　休耕地空间配置的技术流程

休耕地的空间配置包含三方面的内容（陈展图等，2017）：一是休耕对象的诊断，其目的在于对耕地地块休耕的迫切性高低及其空间分布做出基本判断，实现休耕地的定位。在喀斯特生态脆弱区，耕地利用应以缓解生态压力、促进生态系统修复为主要目的，因此评价耕地生态系统的脆弱性是诊断休耕对象的重要基础和关键环节。二是可休耕规模的预测，其目的在于确定休耕期内有多少耕地可以进行休耕，实现休耕地的定量。三是休耕地的分区布局，其目的在于结合研究区耕地利用限制因素、地貌格局、经济发展水平、交通区位等对休耕地进行分区布局，实现休耕的最终落地。

据此，喀斯特生态脆弱区休耕地的空间配置可分为三个步骤：第一，依据生态脆弱性初选拟休耕对象区域，即提取影响西南喀斯特石漠化地区耕地生态脆弱性的主要因子，综合诊断耕地生态系统的脆弱性，识别休耕迫切性的空间分布；第二，对初选结果进行修正，即以区域内粮食安全保障为约束，利用耕地保有量预测模型测算可休耕地规模，并按迫切性由高到低筛选可休耕地；第三，优选休耕区域，即结合区域地貌格局、社会经济、交通区位等确定休耕地的分区布局。在此过程中，休耕对象诊断是基础，休耕规模测算是约束条件，休耕地分区布局是最终落脚点。

喀斯特生态脆弱区休耕地空间配置的技术流程如图 8-1 所示。

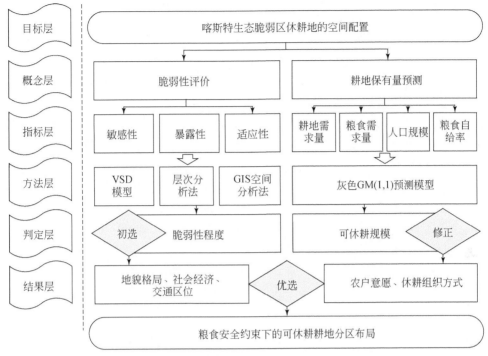

图 8-1　喀斯特生态脆弱区休耕地空间配置的技术流程

8.2　研究区概况及数据准备

8.2.1　研究区概况

晴隆县是贵州省黔西南布依族苗族自治州的下辖县，地处贵州省西南部、黔西南布依族苗族自治州东北角，辖区范围介于 105°01′～105°25′E，25°33′～26°11′N，属云贵高原中段高原峡谷区，具有"山高坡陡谷深"的地貌特点。这里属于高原亚热带季风气候区，气候温和湿润，充沛的降水和可溶性岩石交互作用，成为土地石漠化的自然条件。自 20 世纪 80 年代末以来，在脆弱的自然环境及人类活动双重影响下，晴隆县境内石漠化程度不断加剧，现石漠化面积已达到 8.85 万 hm²，占全县面积的 40.56%，属典型石漠化地区。晴隆县社会经济发展水平相对滞后，2017 年，全县地区生产总值为 75.44 亿元，在贵州省 88 个县区市中排名第 64 位。全县城镇常住居民人均可支配收入、农村常住居民人均可支配收入分别为 26 222 元和 7583 元，与全国 33 834 元和 11 969 元的平均水平差距较大。

晴隆县人地关系紧张，截至 2017 年末，全县常住总人口 24.75 万人，人口密度 205.52 人/km²，人均耕地面积不足 0.5 亩。在全县 36 416.77hm² 的耕地中，25°以上陡坡耕地面积达 25 889.20hm²，占耕地总面积的 71.09%，耕地条件差，耕地后备资源严重不足。长期以来，受经济发展水平、技术要素投入、耕地利用条件等制约，晴隆县农业生产方式仍以传统农耕为主，耕地产出压力大，利用强度高，化肥、农药等投入越来越多，本就贫瘠的耕地可持续生产能力面临严重威胁，土地利用方式亟待转型。正是基于上述特殊的社会经济发展情况及人地关系特点，晴隆县于 2016 年被列为贵州省五个休耕试点县之一（图 8-2）。选择晴隆县为研究区，能真实反映喀斯特生态脆弱区的自然环境、耕地利用、社会经济发展等特征以及休耕的必要性与迫切性，具有很好的代表性与典型性。

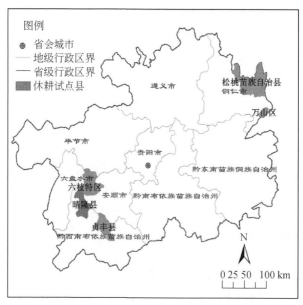

图 8-2 2016 年贵州省休耕试点县分布图

8.2.2 数据来源及处理

1）地类数据：来自 1:10000 晴隆县土地利用变更调查数据（2015 年）。

2）耕地利用数据：土壤有机质、有效土层厚度、土壤 pH、灌溉排水条件等数据来自 1 : 10 000 晴隆县耕地质量分等定级成果（2014 年补充完善）；距农村居民点距离、距城市建成区距离、距县级以上道路距离数据利用 ArcGIS 10.2 缓冲区分析工具计算得出；耕地田块大小运用 ArcGIS10.2 地类属性表计算得出，耕地集中度指数采用景观分离度指数的倒数表示并以村为单位求取（吴良林等，2010）。

3）土地本底数据：从 1 : 10 000 晴隆县地质岩性分布图中提取岩性分布数据；从 1 : 10000 晴隆县数字高程模型（DEM，5m×5m）中获取高程、坡度、地形起伏度数据。

4）石漠化等级及土壤侵蚀风险数据：来自贵州省发展和改革委员会和贵州师范大学中国南方喀斯特研究院的"晴隆县石漠化现状分布图""晴隆县土壤侵蚀分布图"数据，从中提取石漠化等级及土壤侵蚀风险的空间分布数据。

5）社会经济数据：复种指数、粮食产出、化肥施用量、农药施用量、农膜施用量以及人口等数据来自《晴隆县统计年鉴》（2013～2016 年）和《晴隆县农经统计报表（2016 年）》。

6）调研数据：农户休耕意愿、对休耕及其补偿的满意度等来源于对休耕试点涉及村组的入户访谈。笔者于 2016 年 5 月对晴隆县休耕试点村进行实地调研，通过参与式农户问卷调查，采用小型座谈会及半结构访谈的形式访问村干部与农户，获取相关数据及信息。问卷内容主要涉及农户个人及家庭情况、家庭收支和财产情况、耕地利用情况、农业投入和支出情况，以及对休耕的认知和响应五方面，共发放问卷 500 份，收回有效问卷 418 份。试点区耕地利用的实际情况、地貌格局、交通区位等情况来源于笔者的实地踏勘，并参考了《晴隆县土地利用总体规划（2006～2020 年）》《晴隆县"十三五"规划纲要》等规划资料。

7）数据库建设：通过 ArcGIS 10.2 建立空间数据库，统一各专题图件的空间投影坐标系（Gauss_Kruger，Xian_1980_3_Degree_GK_Zone_35）以便进行叠加分析，并整合社会经济数据，最终形成综合属性数据库。

8.3　喀斯特地区耕地生态系统脆弱性评价方法

8.3.1　评价模型的构建

目前学术界对生态系统脆弱性的认知各有不同，但普遍认为脆弱性的强弱取决于系统的暴露程度、敏感程度和适应能力（田亚平等，2013）。暴露程度是生态系统遭遇灾害或危险的程度，反映地区在灾害性事件中的潜在损失，主要取决于地区人类活动的强度和灾害发生的频率；敏感程度反映系统对外部干扰的反应速度，主要取决于生态系统自然本底条件的稳定性；适应能力是生态系统对灾害事件的响应速度、应对能力和恢复能力，主要取决于地区的经济发展水平和管理水平（Eakin and Luers，2006）。通常敏感程度和暴露程度与系统的脆弱性呈正向关系，适应能力与脆弱性呈反向关系。围绕暴露程度、敏感程度和适应能力开展系统脆弱性评价得到学界广泛的认可，Polsky 等（2007）在此基础上进一步提出了 VSD，其将生态系统脆弱性分解为敏感性、暴露性和适应性三个维度，用"目标层–准则层–指标层"逐级递进的方式组织、评价数据，可以很好地揭示自然要素与人文要素的双重影响。这里参考 Polsky 等（2007）的 VSD 对耕地生态系统脆弱性进行定量评价，作为休耕迫切性诊断的依据：

$$Z = E + S - A \tag{8-1}$$

式中，Z 为耕地生态系统脆弱性综合得分；E 为暴露性（exposure）；S 为敏感性（sensitivity）；A 为适应性（adaptive capacity）。Z 值越大表示耕地生态系统脆弱性越强，休耕的迫切程度也越高，反之耕地生态系统脆弱性越小，休耕的迫切程度也越低。

8.3.2　评价指标的选取与权重确定

VSD 的关键在于诊断影响系统敏感性、暴露性和适应性的各类因子所处的状态。对于耕地生态系统而言，气候条件、耕地利用本底条件（如地质地貌、土壤等）、人类活动、社会经济环境、农业基础设施建设水平等因子均会对系统的敏感性、暴露性和适应性产生较大影响，从而影响系统整体的脆弱性。在喀斯特地区，还必须考虑土壤侵蚀和石漠化等特殊区域性因子的干扰（李东梅，2010）。研究基于喀斯特地区耕地生态系统脆弱性的影响因子，从 VSD 模型敏感性、暴露性和适应性的理论内涵出发，充分考虑数据的可获取性与可操作性，构建喀斯特生态脆弱区耕地生态系统脆弱性评价指标体系（表 8-1）。

1）敏感性反映耕地生态系统在外界干扰下发生变化的难易程度，在喀斯特石漠化地区，主要表现为抵抗水土流失的能力、石漠化程度以及耕地利用状态。耕地地块抵抗水土流失的能力可由所在位置的基岩岩性、坡度、高程、地形起伏度及土壤侵蚀危险性等指标反映，石漠化程度可由石漠化等级指标反映，耕地利用状态可由土壤有机质含量、土壤 pH 和有效土层厚度等指标反映。此外，降水也是影响石漠化敏感性的重要因素，但县域尺度内降水差异性过小，根据显著性和差异性原则，该指标不纳入本次评价指标体系。

表 8-1　耕地生态系统脆弱性评价指标体系

目标层	准则层	指标层	编号	权重
喀斯特石漠化地区耕地生态压力脆弱性	敏感性 (0.5001)	基岩岩性	X_1	0.0754
		土壤侵蚀危险性	X_2	0.0814
		坡度	X_3	0.0554
		高程	X_4	0.0265
		地形起伏度	X_5	0.0698
		石漠化等级	X_6	0.0836
		土壤有机质含量	X_7	0.0360
		土壤 pH	X_8	0.0360
		有效土层厚度	X_9	0.0360
	暴露性 (0.2498)	人口密度	X_{10}	0.0223
		种植作物类型	X_{11}	0.0183
		复种指数	X_{12}	0.0544
		单位产出农资施用量	X_{13}	0.0544
		距农村居民点距离	X_{14}	0.0404
		距城镇建成区距离	X_{15}	0.0300
		距县级以上道路距离	X_{16}	0.0300
	适应性 (0.2501)	田块大小	X_{17}	0.0399
		耕地集中度指数	X_{18}	0.0633
		单位面积粮食产出	X_{19}	0.0224
		农民人均纯收入	X_{20}	0.0447
		灌溉设施水平	X_{21}	0.0399
		排水设施水平	X_{22}	0.0399

2）暴露性反映耕地生态系统暴露在人类和外界环境下的程度、与外界发生交互作用的频率等，最直接的表现为人类从事耕地利用活动的强度，可由人口密度、种植作物类型、复种指数和单位产出农资施用量等指标反映。同时，对晴隆县的实地调研发现，一些非农活动如农民日常生活、城镇建设、交通运输等会对周边耕地利用产生较大影响，如距离居民点越近的耕地往往破碎度越高，位于城市、交通干线附近的耕地产出能力明显低于位于农村内部的耕地。因此，选择距农村居民点距离、距城市建成区距离、距县级以上道路距离三项指标来反映人类非农活动对耕地利用的间接影响程度。此外，植被覆盖度是反映生态暴露性的重要指标，由于单一地块的植被覆盖比较均一（往往表现为种植作物的季节变化），因此以种植作物类型替代。自然灾害频发是制约喀斯特生态脆弱地区土地

利用的重要因素，同时自然灾害发生频率、程度也是反映暴露性的重要指标，但目前自然灾害发生指标以县域为统计单元，不能满足评价指标选取的差异性原则，故不纳入本次评价指标体系。

3）适应性反映耕地生态系统应对外界变化和风险时的调整恢复能力和响应速度。耕地利用属于人类主观能动性活动，其适应性取决于两方面：一是耕地生态系统的自我修复能力，二是耕地利用者应对风险变化的能力、管理水平和能够为此付出的成本大小。一般而言，耕地田块面积越大、分布越集中，生物多样性维持得就越好，因而其自我修复能力相对越强。此外，耕地产出效益越好、基础设施越完善的地区（耕地利用者）保护和修复耕地生态系统的意愿和能力也越强。因此，耕地生态系统适应性层面选取田块大小、耕地集中度指数、单位面积粮食产出、农民人均纯收入、灌溉设施水平、排水设施水平六项指标。

4）层次分析法适用于处理多层次和难于完全用定量方法描述的复杂性评价问题。耕地生态系统脆弱性内涵丰富、影响因素众多，评价指标定性与定量交叉，统计数据和非统计数据重叠，且目前休耕及耕地生态系统评价尚处于探索阶段，地方实践经验及专家意见指导意义较大。为此，结合实地调研及地理学、土地管理学、农学、土壤学等学科的相关理论及基本原理，采用层次分析法确定指标权重，通过构造判断矩阵并求最大特征根和特征向量，进行层次总排序并进行一致性检验（一致性比率为 0.036，具有较好的一致性）。同时参考相关研究（熊康宁等，2012），结合晴隆县各评价指标的观测值分布情况对评价指标进行分级处理与标准化（表8-2）。

表8-2　耕地生态系统脆弱性评价指标分级标准

指标层	指标量化标准				
	0	0.25	0.5	0.75	1
基岩岩性	石灰岩	白云岩	不纯灰岩	次不纯灰岩	埋藏性可溶性岩、非可溶性岩、无碳酸盐岩
土壤侵蚀危险性	毁坏型	极险型	危险型	轻险型	无险型
坡度/(°)	>25	15~25	10~15	5~10	0~5
高程/m	>1500	1000~1500	500~1000	200~500	0~200
地形起伏度	>300	100~300	50~100	20~50	0~20
石漠化等级	强度石漠化及以上	中度石漠化	轻度石漠化	潜在石漠化	无石漠化

续表

指标层	指标量化标准				
	0	0.25	0.5	0.75	1
土壤有机质含量/（g/kg）	<1	1~2	2~3	3~4	>4
土壤 pH	<4.0，9.0~10.0	4.5~5.0	5.0~5.5，8.5~9.0	5.5~6.5，7.5~8.0	6.5~7.5
有效土层厚度/cm	<15	15~30	30~60	60~100	>100
种植作物类型		小麦-玉米		水稻-油茶	
复种指数		2		1	
距农村居民点距离/m	<20	20~40	40~60	60~80	>100
距城镇建成区距离/m	<100	100~200	200~300	300~500	>500
距县级以上道路距离/m	<50	50~100	100~150	150~200	>200
田块大小/hm²	<1	1~10	10~20	20~40	>40
耕地集中度指数	<1	1~2	2~3	3~4	>4
灌溉设施水平	无灌溉条件	有部分灌溉条件	一般满足	基本满足	充分满足
排水设施水平	无排水条件	有部分排水条件	排水条件一般	排水条件基本健全	有健全排水沟

8.3.3　指标数据标准化

　　由于评价指标存在定性与定量的差异，而且定量指标又存在量纲上的差异，在进行综合评价之前需要确定定性指标及区间性指标的分级标准，并对统计型指标数据进行无量纲化处理。①坡度、高程参考《中国 1∶1 000 000 地形图编绘规范及图式》（GB/T 14512—93），结合研究区实际坡度及高程分布进行量化。②基岩岩性、地形起伏度参考石漠化敏感性评价相关研究（刘春霞等，2011）进行量化。石漠化等级依据《晴隆县石漠化现状分布图》中的分级标准进行量化。③土壤侵蚀危险性参考水利部《土壤侵蚀分类分级标准》（SL 190—2007），并结合相关研究（万军等，2003）进行量化。④土壤有机质含量、土壤 pH、有效土层厚度、灌溉设施水平及排水设施水平依据《农用地定级规程》（GB/T 28405—2012）及晴隆县耕地质量分等定级成果进行量化。⑤种植作物类型、复种指数根据晴隆县农作物播种的实际情况进行量化。⑥距农村居民点距离、距城镇建成区距离、距县级以上道路距离依据各要素对耕地影响的辐射范围，并结合晴隆县耕地利用实际情况进行量化。⑦田块大小、耕地集中度指数根据观测值的数据分布特征划分为五级进行量化。具体量化标准见表8-2。⑧单位面积粮食产出、单位产出农资施用量、农民人均纯收入、人口密度等指标数据以村为单位进行统计，采用极值标准化方法进行无量纲化处理，标准化到［0，1］区间。

8.3.4 评价单元的确定

本章以晴隆县土地利用变更调查数据（2015年）中提取的耕地斑块为最小评价单元，部分社会经济数据的统计是以村为单位，在评价过程中将这些指标的均值赋予每个行政村的所有图斑。

8.4 休耕地初判：地块休耕迫切性诊断

耕地生态系统脆弱性评价的目的在于区分耕地地块进行休耕的迫切度（优先度）。理论上，受特殊人地关系的制约，喀斯特生态脆弱区所有耕地均宜进行休耕以恢复地力、修复生态环境，耕地生态系统并没有绝对脆弱或绝对不脆弱的概念。因此，本章讨论的耕地生态系统脆弱性是一种研究范围内各耕地地块之间的相对概念。参考土地评价一般原理，采用等间距法，根据 VSD 模型计算耕地生态系统脆弱性综合得分 Z，将研究区耕地生态系统脆弱性综合分值大小划分为极度脆弱（$0.75 \leqslant Z \leqslant 1$）、非常脆弱（$0.50 \leqslant Z < 0.75$）、比较脆弱（$0.25 \leqslant Z < 0.50$）、一般脆弱（$0 \leqslant Z < 0.25$）四个等级。

针对晴隆县 42 085 个耕地图斑（地块）的评价结果显示，晴隆县耕地利用情况不容乐观，无论从图斑个数还是耕地面积来看，绝大部分耕地生态系统的脆弱性较高，75%以上的耕地生态系统的脆弱性等级为非常脆弱甚至极度脆弱，一般脆弱的耕地不足0.5%，整体的休耕迫切性较强。通过比对耕地利用条件指标观测值数据可以发现，极度脆弱和非常脆弱的耕地中，76.34%的耕地坡度大于25°（陡坡耕地），85.7%的耕地地形起伏度大于100，72.33%的耕地极易发生土壤侵蚀风险，87.36%的耕地石漠化等级已处于中度以上水平。可见，脆弱的资源环境本底和恶劣的耕地利用条件奠定了晴隆县耕地生态系统脆弱性的基础。

从空间分布来看（图8-3），这些利用条件较差的耕地主要分布在莲城街道、东观街道、中营镇、碧痕镇等乡镇（街道）及其周边，这里恰恰是晴隆县城镇建成区的分布区域，其中莲城街道、东观街道又有两条国道过境。通过与缓冲区分析的结果对照可以发现，极度脆弱耕地中90%以上分布于城镇建成区周边500m范围内、80%以上分布于县级以上道路周边200m范围内。进一步将极度脆弱的耕地图斑与晴隆县耕地质量分等定级成果进行叠加分析，发现这些耕地普遍存在有机质含量低、有效土层厚度薄、土壤 pH 失常等问题，耕地质量较差。同时，这些耕地图斑比较破碎，集中程度低，田块规模普遍低于 0.5hm²。可见，人口的相对集中、频繁的社会经济活动、城镇及交通基础设施的建设等不仅破坏了耕地利用形态、造成耕地质量的严重下降，更降低了耕地生态系统的抗干扰能力与自我修复能力，对耕地生态系统脆弱性产生了非常明显的负向作用。

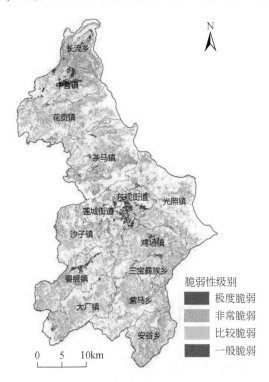

图 8-3　晴隆县耕地生态系统脆弱性空间分布

晴隆县行政区划以 2015 年土地利用变更调查数据库中的行政区划为准，此后晴隆县行政区划有所调整，
具体为：2019 年，沙子镇分离出腾龙街道；2021 年，三宝彝族乡撤销并更名为三宝街道

8.5　休耕地修正：休耕规模约束

8.5.1　可休耕规模测算模型

1）休耕规模预测模型。休耕规模是指一定时期内，区域可进行休耕耕地的

最大数量。在粮食安全约束下，休耕规模等于基期年现状耕地规模减去目标年耕地保有量。这里以 2015 年为基期年，以 2020 年为目标年，预测研究区 2015～2020 年的可休耕规模。休耕规模预测模型如下：

$$Q = Q_C - Q_T \tag{8-2}$$

式中，Q 为休耕理论规模；Q_C 为基期年研究区现状耕地规模；Q_T 为研究区目标年粮食安全约束下的耕地保有量。

2）耕地保有量预测模型。目前，粮食安全下耕地保有量预测研究中应用最多且较成熟的是耕地保有量预测模型，参考相关研究（孙燕等，2008；宋小青和欧阳竹，2012a），构建耕地保有量预测模型如下：

$$S = \frac{G \times P \times \alpha}{d \times q \times k \times \beta} \tag{8-3}$$

式中，S 为目标年耕地需求量；G 为目标年人均粮食需求量；P 为目标年的人口规模；α 为目标年的粮食自给率；d 为基期年粮食单位面积产量；q 为基期年粮食播种面积占农作物播种面积比例；k 为基期年复种指数；β 为粮食产量增长率。各项参数在运用时参照不同情景确定。

8.5.2 休耕规模确定

灰色预测是一种对含有不确定因素的系统进行预测的方法，对基础数据信息量较少情境下的预测具有很好的适用性。耕地保有量预测涉及的指标信息如人口数量、粮食产量等均具有较强的不确定性，同时由于历史统计数据有限，本章利用灰色 GM（1，1）预测模型等方法，预估目标年（2020 年）晴隆县人口规模、人均粮食需求量、粮食自给率、粮食产量增长率（表 8-3）。假设研究期内晴隆县农作物种植结构不变，仍以水稻和小麦为主，同时假设粮作比、复种指数保持不变，将表 8-3 中数据代入式（8-3），计算可得晴隆县 2020 年的耕地保有量为 22 876.67hm²。

表 8-3　可休耕规模指标预测结果

预测指标	基期年	目标年	数据来源
人口规模预测/万人	24.85	25.18	晴隆县统计局数据
人均粮食需求量预测/kg	—	479	2014 年世界银行发布的《中国经济简报》
粮食自给率预测/%	—	70	2015 年我国粮食市场及政策分析
粮食产量增长率预测/%	3.81	5	晴隆县统计局数据

本章以耕地生态系统脆弱性诊断为基础，以可休耕最大规模为约束，对晴隆

县耕地地块进行逆序筛选，即按照综合诊断分值由小到大的顺序，对耕地地块进行面积累加，直到累加面积达到或略小于可休耕最大规模，但不超过可休耕最大规模。基于 ArcGIS 10.2 空间数据属性表对耕地地块进行筛选，得出 2015～2020 年晴隆县可休耕耕地规模共 13 540.05hm²，占全县耕地面积的 37.18%，共涉及耕地图斑（地块）14 219 个。

依据晴隆县可休耕耕地的空间分布情况（图 8-4），可以发现，晴隆县可休耕耕地的空间分布呈现出北、中、南三大主要集聚区，其中尤以中部和北部最为集中。晴隆县耕地生态系统脆弱性基本情况见表 8-4。

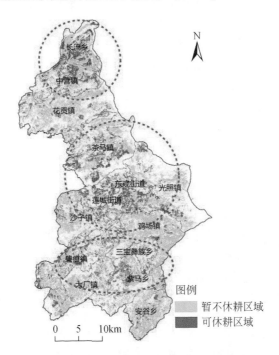

图 8-4　晴隆县可休耕耕地的空间分布

表 8-4　晴隆县耕地生态系统脆弱性基本情况

耕地生态系统脆弱性	图斑个数	图斑个数占比/%	耕地面积/hm²	面积占比/%
极度脆弱	538	1.28	1 236.99	3.40
非常脆弱	30 496	72.46	26 766.75	73.50
比较脆弱	10 963	26.05	8 236.75	22.62
一般脆弱	88	0.21	176.28	0.48
总计	42 085	—	36 416.77	—

8.6　休耕地优选：休耕地的分区布局

耕地与农业农村发展息息相关，休耕涉及的因素众多、影响广泛，休耕地的分区布局需与区域地貌格局、经济发展、交通区位等相协调。同时，休耕并非对耕地置之不理，而是通过对休耕地的管护与治理，提升耕地可持续利用能力，因此也要考虑休耕项目组织推进与后期管护的便利性与可行性。借鉴农村土地整治潜力分区的经验，以村为单位进行休耕地的分区布局便于协调沟通、组织推进、收益补偿、维护监管等，同时可以与土地整治规划、乡村规划等起到很好的衔接。为此，本章以村为单位讨论休耕地的分区布局问题。

为提高休耕实施的整体效益，并方便休耕组织管理，休耕地的分区布局应遵循以下原则：第一，村域可休耕规模应作为分区布局的主要依据。结合晴隆县可休耕耕地的空间分布情况可知，可休耕耕地规模较大的行政村其可休耕耕地的集中程度和连片程度往往较好，便于休耕项目红线的圈定，同时也有利于和土地整治项目衔接，项目实施综合效益较好，应作为重点项目进行布局。第二，可休耕耕地占本村全部耕地的比例（以下简称为休耕比）应作为休耕项目布局的辅助依据。可休耕耕地占本村全部耕地比例较大的行政村，其休耕项目涉及的农户较多，耕地地块产权界定与面积量算过程更加烦琐，牵涉的利益问题更加复杂，农户利益协调工作更加困难，宜作为重点项目优先处理。第三，分区布局后具体休耕项目的实施应结合所在地区的耕地利用特点、地形地貌、社会经济发展水平以及交通区位等，制定差异化的休耕模式。基于上述原则，制定晴隆县休耕地分区布局标准（表8-5），据此将晴隆县以村为单位的休耕分区布局划分为三级五类，并运用 ArcGIS 10.2 进行空间表达（图8-5）。

表 8-5　晴隆县休耕地分区布局标准

级别	类型	划分依据	特征
I 级区	重点村	$Q \geq 200$，$\alpha \geq 50\%$	可休耕规模较大，休耕迫切性很强，且耕地集中连片
	一般村	$Q \geq 200$，$\alpha < 50\%$ 或 $100 \leq Q < 200$，$\alpha \geq 50\%$	
II 级区	重点村	$100 \leq Q < 200$，$\alpha < 50\%$ 或 $70 \leq Q < 100$，$\alpha \geq 50\%$	可休耕规模居中，休耕迫切性较强，耕地分布相对集中，但连片程度不高
	一般村	$70 \leq Q < 100$，$\alpha < 50\%$ 或 $Q < 70$，$\alpha \geq 50\%$	

级别	类型	划分依据	特征
Ⅲ级区	一般村	Q<70，α<50%	可休耕规模较小，休耕迫切性较低，且地块破碎程度较高，其休耕整体推进难度稍大，可作为国家"自上而下"部署的休耕规模不能完成时的补充

注：Q 为可休耕规模，α 为休耕比。

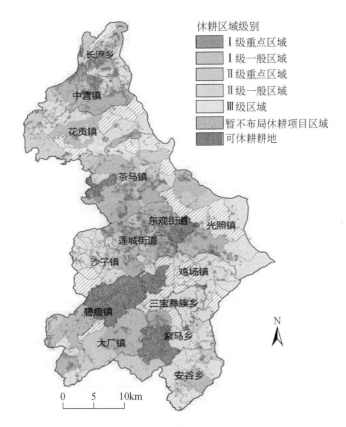

图 8-5　晴隆县休耕区域分布图

　　Ⅰ级区：主要分布在碧痕镇、茶马镇、东观街道、鸡场镇、紫马乡等乡镇（街道），共涉及 34 个行政村，休耕规模 6187.02hm²，占全县休耕规模的45.69%。按可休耕规模及比例差异又可进一步划分为重点村和一般村，其中重点村休耕规模共计 3432.75hm²，一般村休耕规模共计 2754.27hm²。该区域主要分布于城市建成区周边和主要交通干线周边，地形起伏相对较小，农村社会经济发展水平整体较高，农户兼业行为普遍，非农收入可观且在收入构成中占比较大，农户休耕意愿非常强烈，能够为休耕项目落地实施提供很好的支撑，但城乡要素互通频繁、人地相互作用强烈，耕地利用强度和压力较大，耕地质量极其恶劣。该区域休耕应重点与"养地"结合，在休耕的同时，通过土壤养分管理措施改善和保持良好的土地状况，改良土壤物理性质，保持良好的结构，并建立良好的土壤养分环境，改善耕地土壤质量状况。

Ⅱ级区：主要分布在安谷乡、大厂镇、光照镇、花贡镇、莲城街道、沙子镇、中营镇等乡镇（街道），共涉及 57 个行政村，休耕规模 4944.58hm²，占全县休耕规模的 36.52%。按可休耕规模及比例差异又可进一步划分为重点村和一般村，其中重点村休耕规模共计 2559.42hm²，一般村休耕规模共计 2385.16hm²。区域分布比较广泛，耕地利用强度较城乡接合部略低，耕地分布相对集中但连片程度不高，社会经济发展对农业的依赖性较强，农产品种植收入在农户收入中占比较大。虽然在现有的休耕补偿标准下农户休耕意愿较强，但休耕后农户的生计问题仍需得到重视。该区域的休耕应重点与农村土地整治结合，在休耕期间实施田块归并平整、生产道路完善、坡改梯等工程，依靠工程技术手段提升地力、改善耕地利用条件，同时降低水土流失发生风险。同时，为了促进农业转型与乡村振兴，可通过中低产田改良、高标准基本农田建设等手段，促进耕地适度规模经营，充分考虑休耕地后期进行农业园区建设、发展现代农业的可能性，促进耕地价值显化。

Ⅲ级区：主要分布在安谷乡、碧痕镇、茶马镇、大厂镇、光照镇、花贡镇等乡镇（街道），共涉及 73 个行政村，休耕规模 2408.45hm²，占全县休耕规模的 17.79%。由于其休耕规模和休耕比均较小，因此不再细分重点村和一般村。该区域主要分布在晴隆县城外围，耕地利用方式粗放单一，分散化破碎化严重，利用强度一般，海拔较高，地形崎岖，森林覆盖率较高，具有重要的生态涵养功能。该区域休耕应特别注意与生态保护结合。一方面，协同生态红线划定、耕地保护红线划定等工作落实休耕保护区，实行休耕的分区管护；另一方面，结合石漠化治理措施，做好生态移民工作，落实生态退耕，提高森林覆盖率，降低水土流失发生率，保护生态环境。

8.7 本章小结

本章立足喀斯特生态脆弱区人地关系的特殊性，从休耕地空间配置的内在逻辑出发，以贵州省晴隆县为案例，综合运用 VSD 模型、灰色关联模型及 GIS 空间分析等方法，实证探讨该区域实施休耕的休耕对象诊断、休耕规模约束、休耕分区布局等问题，为休耕制度的有效落地提供参考。结果表明，第一，休耕对象诊断结果显示，晴隆县耕地生态系统脆弱性整体较强，全县 75% 以上的耕地生态系统非常脆弱甚至极度脆弱，急需通过休耕改善耕地利用状态，促进耕地生态修复。导致晴隆县耕地生态系统脆弱性强的主要原因在于：地形复杂，坡耕地比重大，水土流失和石漠化严重，灌溉、排水设施难以配套，耕地利用条件极差，传统农业生产方式加大了耕地压力，导致耕地质量、土壤肥力严重下降。第二，以粮食安全约束下的耕地保有量作为休耕规模的约束条件，依据耕地生态系统脆弱性由强到弱进行筛选，得出晴隆县 2015 ~ 2020 年可休耕耕地规模共计 13 540.05hm^2，占全县耕地面积的 37.18%。可休耕耕地在空间分布上呈现出北、中、南三大主要集聚区。第三，晴隆县休耕地的空间布局可划分为三级五类，即 I 级重点休耕区域、I 级一般休耕区域、II 级重点休耕区域、II 级一般休耕区域、III 级休耕区域，未来休耕项目落地可据此依次开展。不同类型区的耕地利用存在休耕规模、地形地貌、社会经济发展水平等方面的差异，休耕项目落地要因地制宜，制定差异化的休耕模式及休耕组织方式。第四，休耕地的空间配置是一个对象和规模双重约束下的休耕地块优选问题。休耕地的空间配置涉及土地评价、指标预测等多方面的综合过程，最终目的是使休耕地块落地，指导休耕实践。在此过程中，休耕对象诊断是基础，休耕规模是约束，休耕项目布局是最终落脚点。

基于以上研究，有以下问题需进一步讨论：

第一，本部分研究县域层面休耕地的空间配置问题，最终将休耕地落实到地块，目的是为休耕制度的落地提供理论指导和技术借鉴，属于中观层面的实证研究。与现有关于休耕规模和空间布局的研究成果不同，本章构建了一个相对完整的休耕地时空配置研究框架，实现了休耕地的定位与定量，并且在此过程中，以缓解人地关系主要矛盾为逻辑出发点，突出了耕地利用的地域特征和休耕迫切性的区域差异。所选择出的 I 级休耕区域与研究区休耕试点的实际实施区域具有很好的吻合性，说明"'对象'和'规模'双重约束下的休耕地空间配置"这一逻辑流程和技术方法比较符合喀斯特生态脆弱区休耕落地的实际需要。区域（地区）层面的休耕地空间配置问题应以破除耕地利用限制因素为基本导向，以促进人地关系地域系统协调可持续发展为目的，如在生态严重退化区重点考虑耕地生态系统的脆弱性和退化程度、在地下水漏斗区重点考虑地下水资源开采的承载能力与地下水流失的程度、在重金属污染区重点考虑土壤污染程度等。

第二，由于国内休耕实践尚不成熟，同时受研究尺度及数据可获取性的限制，本章有如下基本假设：一是将休耕期界定为五年，二是假设研究期内区域粮食自给格局不会发生较大变化，即短期不会发生大规模粮食调配现象，讨论耕地保有量约束下的可休耕规模。未来随着休耕范围和规模的扩大，有必要拓展研究期和研究范围，同时要综合考虑影响休耕规模的外部因素，如全国层面需考虑国际粮食市场供需平衡的影响，区域（地区）层面需在全国粮食供需格局下考虑粮食调配的影响，县域层面还应进一步考虑口粮安全。此外，农户生计是休耕制度实施必须考虑的重要问题，农户休耕意愿应作为休耕地空间配置需考虑的重点因素。调研发现，国家在晴隆县休耕试点的补助标准及方式基本能够满足农户需求，农户休耕意愿比较强烈，因此，未考虑农户意愿对休耕地空间配置的影响。未来在其他地区的休耕实践中，有必要结合农户意愿、生计转型、社会经济发展水平等探索差异化的休耕地空间配置模式。

第三，中国地域广阔，自然资源禀赋区域差异明显，社会经济发展水平也存在地区间的不均衡性，休耕将对区域粮食安全、耕地保护、农户生计方式等多方面产生影响。因此，休耕的推广应采取"统一部署、分区实践"的方式，建立"国家-区域-地方"自上而下的目标体系以及"村-镇-县-省"自下而上的休耕规模与布局方案体系，进而因地制宜有序开展休耕。

第9章 基于生态-粮食供给视角的县域休耕空间配置实证

国家探索实行耕地休耕制度试点的主要目的之一是应对耕地的生态环境问题，促进耕地生态环境的改善，实现耕地资源的可持续利用和农业的可持续发展。但前提是国家粮食安全不受威胁和农民收入不受影响。喀斯特地区的耕地退化主要体现为石漠化，该区域的休耕遵循生态优先原则，就是要尽可能防治水土流失，防治石漠化。本章以西南地区石漠化严重的云南省砚山县为例，基于生态安全和粮食保障双约束视角，实证分析县域休耕空间配置的思路及方法。

9.1 研究思路

本章遵循"休耕耕地初选→基于生态视角的耕地休耕迫切度评价→粮食安全约束下的可休耕规模估算→生态粮食安全双重约束下休耕地空间配置"的逻辑脉络展开研究（图9-1）。具体而言，根据一定原则筛选出需要休耕的耕地（25°以下的耕地，即理论上的最大休耕规模）；通过构建休耕迫切度评价指标体系评价休耕迫切度，明确研究区耕地休耕的紧迫程度及其空间分布；建立休耕规模预测模型，预测研究区目标年在粮食安全约束下的可休耕规模；将可休耕规模按照休耕迫切度测算结果反推到砚山县各个乡镇和村（社区）；根据各个乡镇和村（社区）的综合休耕指数进行休耕地时空配置。

9.2 数据来源

县级行政单元是中国"中央统筹、省级负责、县级实施"休耕试点工作机制的基本单元。本章以砚山县全域为例，研究数据涉及空间数据、经济社会发展的统计数据以及政策方案等其他数据。

1）空间数据：砚山县2016年土地利用变更数据（1∶10 000），砚山县2015年土地变更调查成果、砚山县耕地地力评价成果（数据库、文本和图件）、《砚山县土地利用总体规划（2006~2020年）》、砚山县土壤类型分布数据库、砚山

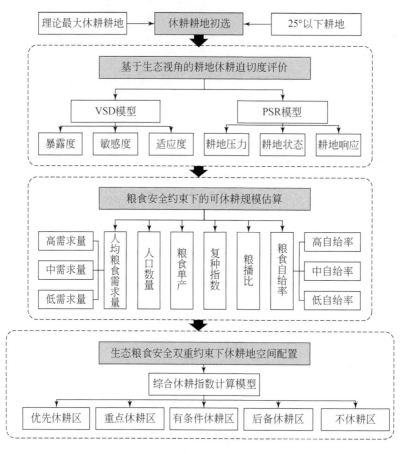

图 9-1　研究技术路线图

PSR 模型即压力–状态–响应（pressure-state-response）模型

县地貌类型分布数据库、砚山县地形图、砚山县坡度分级数据库、砚山县坡向数据库、砚山县灌溉保证率数据库和排涝等级数据库、土壤酸碱度分布数据库、土壤养分（包括有机质、全氮、有效磷、速效钾、缓效钾等）分布数据库、云南省石漠化土地数据库（1∶500 万，中国地质科学院岩溶地质研究所）、砚山县土地利用管制分区及规划重点项目等相关空间数据。

2）统计数据：社会经济、人口数量及农业相关（如粮播比、粮食作物播种面积等）数据，主要来源于砚山县 11 个乡镇 2016 年的农经报表（行政村层面）、《文山州统计年鉴》（2000～2018 年）《砚山年鉴》（2000～2018 年）《云南统计年鉴》（2000～2018 年）、文山壮族苗族自治州（简称文山州）和砚山县 2001～2018 年的国民经济和社会发展统计公报等，为了保证经济社会数据的准确性，将年鉴数据与当年国民经济和社会发展统计公报数据进行比对，尽可能消除误差。

3）其他数据：《云南省砚山县 2015 年度耕地等别年度监测评价报告》、《文山州人民政府关于全州石漠化治理工作情况的报告》（2017 年）、《砚山县 2016 年探索耕地休耕制度试点实施方案》、《砚山县 2017 年耕地休耕制度试点实施方案》、《云南省石漠化状况公报》（2012 年）、《关于砚山县第二次全国土地调查主要数据成果的公报》、《砚山县国民经济和社会发展第十三个五年规划纲要》、《砚山县高原特色农业产业发展规划（2018~2020 年)》等。

9.3　研究方法

9.3.1　评价对象与评价单元

根据相关生态建设的政策，要求 25°以上的耕地退耕还林。为了与退耕还林政策相衔接，这里的评价对象为坡度在 25°以下的耕地。综合考虑研究目的和数据资料的可获取性，确定以耕地图斑为评价单元。根据 ArcGIS 叠加运算结果，共得到坡度小于 25°的耕地图斑（即评价单元）36 806 个。

9.3.2　基于生态视角的休耕迫切性评价模型

1）VSD 模型。VSD 是生态脆弱性的评价模型。关于生态脆弱性的含义，国内外学者众说纷纭。比较广为接受的解释是生态脆弱性与暴露度、敏感性以及适应性能力有关（Mccarthy et al., 2001）。Polsky 等（2007）发展了基于"暴露（exposure）–敏感（sensitivity）–适应能力（adaptability）"的 VSD 评价整合模型。VSD 模型以"目标层（方面层）–要素层–指标层（参数层）"逐层分解，组织评价，最后综合。指标需要经过无量纲化处理、权重计算。生态系统的脆弱性从暴露度、敏感度和适应能力三个维度进行分析。其中，暴露度反映生态系统受外界干扰或威胁的程度，干扰和威胁主要来自人类的经济、社会活动和自然灾害，暴露度越高，生态脆弱性越强；敏感性是生态系统受环境变化影响的程度，通过自然资源条件和地形地貌特征等进行反映，敏感性越高的地区往往越脆弱；适应能力是系统自我恢复的能力，主要针对人类的正向干预和适应性管理，适应能力越强，脆弱性越弱（陈枫等，2018；李平星和樊杰，2014；李平星和陈诚，2014）。不同的研究尺度，敏感性、暴露性和适应性指标有所差异（田亚平等，2013）。

岩溶地区的生态脆弱性是岩性、土壤等内在驱动因子和人口、不合理开发等外在驱动因子综合作用的结果（曾晓燕等，2006），可以通过自然影响因子（石漠化程度、坡度、水土流失面积等）和人为影响因子（人口密度、人均耕地面积等）表征（王静，2009），也有学者认为岩溶生态脆弱性包括岩溶生态系统的结构脆弱性、生态过程脆弱性、生态功能脆弱性和人为胁迫脆弱性四个方面（李阳兵等，2006）。研究中并不直接使用 VSD 模型对砚山县休耕迫切性进行测度与评价，而是借鉴了 VSD 模型的思想，如在指标体系构建的过程中，充分考虑耕地的生态脆弱性状况。

2）PSR 模型。PSR 模型是评价生态系统和土地生态应用较为广泛的另一种模型。PSR 模型最先是由加拿大统计学家 Rapport 和 Friend 于 20 世纪 80 年代提出来，用来评价环境问题、生态问题。压力指标用于反映造成发展不可持续的人类活动、消费模式或者经济系统，而状态指标则用于表示可持续发展过程中的系统状态，响应指标用以表示人类为了促进可持续发展进程所采取的政策措施。

3）VSD-PSR 模型。由于 VSD 模型和 PSR 模型均具有自己的优缺点，如 VSD 模型侧重于土地的本底条件和生态条件，而忽略了土地响应和社会经济因素；PSR 模型侧重于土地压力和社会经济因素，对土地本底条件和生态条件重视不够，可见，VSD 模型和 PSR 模型具有很好的互补性，如将两者整合使用能更准确地反映耕地生态状况。本章根据评价对象特点和 VSD 模型、PSR 模型的优缺点以及两种模型存在的共性问题，整合了 VSD 模型和 PSR 模型（图9-2），形成在 ArcGIS 工作平台支持下，以耕地地块为评价单元，对砚山县 25°以下耕地的生态状况进行评价。

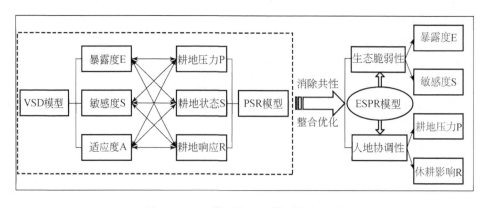

图9-2　VSD 模型和 PSR 模型整合思路

4）基于 VSD-PSR 的砚山县休耕迫切性综合评价模型：

$$Z = \sum_{i=1}^{n} (W_i \times Y_i) \tag{9-1}$$

式中，Z 为耕地图斑的综合分值（即休耕迫切度得分）；W_i 为 i 指标的权重；Y_i 为 i 指标的标准化值。Z 的取值范围为 $[0, 1]$，Z 值越大，表示耕地生态越脆弱，休耕的迫切性越强；Z 值越小，表示耕地生态脆弱性越弱，休耕的迫切程度越低。

9.3.3 评价指标体系构建

(1) 评价指标选择

本章以 VSD 模型和 PSR 模型为基础，根据修正的 VSD 模型和 PSR 模型，筛选砚山县休耕迫切度评价指标（表 9-1）。评价砚山县休耕迫切度这一目标，包括生态脆弱性和人地协调性两个准则，其中生态脆弱性用暴露度和敏感度两个维度要素表征，暴露度维度包括坡度、高程、耕作层厚度、土壤酸碱度（pH）、有机质含量、全氮、有效磷和速效钾八个指标；敏感度维度包括石漠化等级、土壤侵蚀强度、土壤质地、基本农田保护区、主体功能区五个指标。人地协调性准则层包括耕地压力和休耕影响两个维度要素，其中耕地压力包括人均耕地面积、耕地破碎度、地块大小、灌溉保证率和排涝等级五个指标；休耕影响包括第一产业劳动力占总劳动力比例、种植业收入占农村经济总收入比例、承包耕地流转率、距农村居民点距离、距农村道路距离五个指标。其中，耕地生态安全属性指标标准化见表 9-2。

表 9-1 砚山县休耕迫切度评价指标

目标层 (A 层)	准则层 (B 层)	要素层 (C 层)	指标层 (D 层)	提取方式	指标性质	指标属性
休耕迫切度	生态脆弱性 (B1)	暴露度 (C1)	坡度	图斑提取	正向	空间数据
			高程	图斑提取	正向	空间数据
			耕作层厚度	图斑提取	负向	空间数据
			土壤酸碱度（pH）*	图斑提取	适度	空间数据
			有机质含量	图斑提取	负向	空间数据
			全氮	图斑提取	负向	空间数据
			有效磷	图斑提取	负向	空间数据
			速效钾	图斑提取	负向	空间数据

续表

目标层 （A层）	准则层 （B层）	要素层 （C层）	指标层（D层）	提取方式	指标性质	指标属性
休耕 迫切度	生态脆弱性 （B1）	敏感度 （C2）	石漠化等级*	图斑提取	正向	空间数据
			土壤侵蚀强度*	图斑提取	正向	空间数据
			土壤质地*	图斑提取	—	空间数据
			基本农田保护区*	图斑提取	—	空间数据
			主体功能区*	图斑提取	—	空间数据
	人地协调性 （B2）	耕地压力 （C3）	人均耕地面积	村提取	正向	属性数据
			耕地破碎度	村提取	正向	空间数据
			地块大小	图斑提取	负向	空间数据
			灌溉保证率	图斑提取	负向	空间数据
			排涝等级*	图斑提取	负向	属性数据
		休耕影响 （C4）	第一产业劳动力占总劳动力比例	村提取	负向	属性数据
			种植业收入占农村经济总收入比例	村提取	负向	属性数据
			承包耕地流转率	村提取	负向	属性数据
			距农村居民点距离	图斑提取	正向	空间数据
			距农村道路距离	图斑提取	正向	空间数据

*表示属性指标；

注："指标属性"列的属性数据来源于各乡镇农经报表。

表9-2　砚山县耕地生态安全属性指标标准化

属性指标	指标量化标准				
	0	0.25	0.5	0.75	1
土壤pH	7.0~7.5	6.5~7.0	6.0~6.5	5.5~6.0	<5.5
石漠化等级	无石漠化	潜在石漠化	轻度石漠化	中度石漠化	强度石漠化
土壤侵蚀强度	无侵蚀	一级 （无明显侵蚀）	二级 （轻度侵蚀）	三级 （中度侵蚀）	四级 （重度侵蚀）
土壤质地	水稻土	黄壤	红壤	紫色土	石灰土
基本农田保护区	否				是
主体功能区	—	允许建设区	有条件建设区	限制建设区	禁止建设区
排涝等级	优	良	中	较差	差

（2）指标权重确定和指标标准化

用层次分析法确定各项指标权重，通过 Yaahp12.0 软件完成，Yaahp 软件是层次分析法的常用模型软件，有很强的实用性（许强和章守宇，2013）。权重计算结果见表9-3。

表9-3　砚山县休耕迫切度评价指标权重

目标层	准则层	权重	要素层	权重	指标层	权重
休耕迫切度	生态脆弱性	0.5385	暴露度	0.2154	坡度	0.0784
					高程	0.0259
					耕层厚度	0.0273
					土壤酸碱度（pH）	0.0088
					有机质含量	0.0291
					全氮	0.0153
					有效磷	0.0153
					速效钾	0.0153
			敏感度	0.3231	石漠化等级	0.1200
					土壤侵蚀强度	0.0816
					土壤质地	0.0187
					基本农田保护区	0.0627
					主体功能区	0.0401
	人地协调性	0.4615	耕地压力	0.2769	人均耕地面积	0.0293
					耕地破碎度	0.0990
					地块大小	0.0624
					灌溉保证率	0.0431
					排涝等级	0.0431
			休耕影响	0.1846	第一产业劳动力占总劳动力比例	0.0154
					种植业收入占农村经济总收入比例	0.0634
					承包耕地流转率	0.0270
					距农村道路距离	0.0332
					距农村居民点距离	0.0456

指标标准化方法如下：

$$Y_i = \frac{X_i - \min\limits_{1 \le i \le n}\{X_i\}}{\max\limits_{1 \le i \le n}\{X_i\} - \min\limits_{1 \le i \le n}\{X_i\}} \tag{9-2}$$

式中，Y_i 为 i 指标的标准化值；X_i 为 i 指标的观测值，$\min\{X_i\}$ 为 i 指标的最小值；$\max\{X_i\}$ 为 i 指标的最大值；n 为 i 指标的个数（即砚山县坡度小于25°的耕地图斑个数，共 36 806 个）。

9.3.4 粮食安全约束下的休耕规模预测

理论上讲，目标年可休耕规模等于耕地总规模与目标年粮食安全约束下耕地保有量的差值。具体休耕规模预测模型如下：

$$S = S_0 - S_t \tag{9-3}$$

式中，S 为目标年理论休耕规模；S_0 为区域基期年耕地规模；S_t 为研究区目标年粮食安全约束下的耕地保有量。

由式（9-3）可知，由于基期年耕地数量已知，要求得休耕规模，关键是要确定研究区目标年粮食安全约束下的耕地保有量。参照马永欢和牛文元（2009）与宋小青和欧阳竹（2012a）关于粮食安全约束下耕地保有量的研究成果，研究区目标年粮食安全约束下耕地保有量的预测模型为

$$S_t = S_{\min} \times P \tag{9-4}$$

式中，$S_{\min}$ 为目标年最小人均耕地需求面积；P 为目标年人口数量。

$$S_{\min} = (D \times F) / (\text{MCI} \times R \times Y) \tag{9-5}$$

式中，D 为目标年人均粮食需求量（kg）；F 为目标年粮食自给率（%）；MCI 为目标年复种指数；R 为目标年粮播比即粮食作物播种面积与农作物播种面积之比（%）；Y 为目标年单位面积粮食产量（kg/hm²）。因此，整理式（9-4）和式（9-5），得

$$S_t = \frac{P \times D \times F}{\text{MCI} \times R \times Y} \tag{9-6}$$

从式（9-6）可以看出，影响目标年耕地保有量的因素有六个，其中，人口数量、复种指数、粮播比、单位面积粮食产量四个指标的弹性相对较小，人均粮食需求量和粮食自给率两个指标弹性相对较大，这也是预测目标年耕地保有量比较难把握的指标。其中，人口数量、复种指数、粮播比、单位面积粮食产量四个指标将通过 GM（1，1）模型和多种线性回归模型综合计算确定；粮食自给率和人均粮食需求量参考相关研究成果和国家政策确定，分别设置三个档次，以此来确定耕地保有量的范围。

(1) 耕地保有量单因素预测

1）人口数量预测。综合 GM（1，1）模型、一次线性回归模型和二次多项式模型，三个模型的预测值差距不大，说明模型结果具有很好的一致性，预测可信度高。其中，GM（1，1）模型的预测值最大，为 516 443 人，一次线性回归模型预测值为 513 956 人，二次多项式模型预测值为 514 247 人，最大值和最小值相差 2487 人，仅占预测值的 0.48%。砚山县 2020 年人口数取三个模型预测结果的算术平均值（表 9-4），则最终得到砚山县 2020 年人口数量为 514 882 人。

表 9-4　不同模型预测人口数量及最终取值　　　　　　（单位：人）

模型	2020 年人口数量预测值	最终取值
GM（1，1）模型	516 443	
一次线性回归模型	513 956	514 882
二次多项式模型	514 247	

2）单位面积粮食产量预测。综合 GM（1，1）模型和线性模型（由于线性模型不适用，故剔除），砚山县 2020 年单位面积粮食产量预测值为 3 988.20kg/hm²。

3）复种指数预测。综合 GM（1，1）模型、对数回归模型和幂回归模型，三个模型的预测值差距不大，说明模型结果具有很好的一致性，预测可信度高。其中，GM（1，1）模型的预测值最大，为 249.78%；幂回归模型预测值居中，为 229.39%；最小的是对数回归模型预测值，为 225.32%。砚山县 2020 年复种指数取三个模型预测结果的算术平均值（表 9-5），则最终得到砚山县 2020 年复种指数为 234.83%。

表 9-5　不同模型预测复种指数及最终取值　　　　　　（单位:%）

模型	2020 年复种指数	最终取值
GM（1，1）模型	249.78	
对数回归模型	225.32	234.83
幂回归模型	229.39	

4）粮播比预测。综合 GM（1，1）模型、指数回归模型、二次多项式回归模型，三个模型的预测值差距较小，说明模型结果具有很好的一致性，预测可信度高。其中，GM（1，1）模型的预测值 42.46%，指数回归模型预测值为 42.52%，二次多项式回归模型预测值为 44.03%，砚山县 2020 年粮播比取三个模型预测结果的算术平均值（表 9-6），则最终得到砚山县 2020 年粮播比为 43%。

表9-6　不同模型预测粮播比及最终取值　　　　　（单位:%）

模型	2020 年粮播比	最终取值
GM (1, 1) 模型	42.46	
指数回归模型	42.52	43.00
二次多项式回归模型	44.03	

5）粮食自给率设置。参考国家粮食安全政策和相关研究成果，研究将设置低、中、高三个档次的粮食自给率，分别为：低粮食自给率（80%）；中粮食自给率（90%）；高粮食自给率（100%）。

6）人均粮食需求量测定。综合国家粮食政策和以上研究成果，这里将研究区目标年人均粮食需求分为三个档次：一是低需求水平为500kg。这一标准综合考虑了当前研究的主要观点（400kg）和最低粮食自给率（80%），即研究区目标年人均粮食需求量在500kg和80%的粮食自给率情景下，实际人均粮食需求量为400kg。二是中需求水平为550kg。三是高需求水平为600kg。

（2）休耕规模测算

将上述耕地保有量单因素预测结果代入式（9-6）计算得到 S_t，再应用式（9-3）计算即可得到粮食安全约束下的休耕规模 S。

9.3.5　休耕时空配置方法

本章县域休耕时空配置的核心是将以粮食供给视角测算的可休耕规模，按照以生态优先视角评价得到的耕地图斑迫切程度进行空间配置和时序优先安排，因此，需要构建综合休耕指数计算模型来实现上述目标。综合休耕指数由 3 个指标表征，各指标属性和权重如表9-7所示。各指标权重运用层次分析法计算确定并通过一致性检验，分别为 0.1634、0.2970 和 0.5396。

表9-7　综合休耕指数指标体系

目标	指标	指标性质	权重
综合休耕指数	行政区可休耕规模/hm²	正向	0.1634
	可休耕规模占行政区耕地总面积比重/%	正向	0.2970
	可休耕耕地休耕迫切度总值	正向	0.5396

（1）综合休耕指数计算模型

$$CFI = W_S \times S' + W_r \times R' + W_z \times Z' \qquad (9-7)$$

式中，CFI 为综合休耕指数；W_S 为可休耕规模权重；S' 为可休耕规模标准化值；

W_r 为可休耕规模占比权重；R' 为可休耕规模占比标准化值；W_z 为休耕迫切度总值权重；Z' 为休耕迫切度总值占比标准化值。

（2）可休耕耕地规模测算模型

$$S_{i休} = S_{i休1} + S_{i休2} + \cdots + S_{i休n} \tag{9-8}$$

式中，$S_{i休}$ 为第 i 个行政区可休耕耕地规模；$S_{i休1}$，$S_{i休2}$，$\cdots$，$S_{i休n}$ 为 i 行政区第 1，2，$\cdots$，n 个可休耕耕地图斑面积；n 为 i 行政区可休耕耕地图斑个数。

（3）可休耕规模比计算公式

$$R_{i休} = \frac{S_{i休}}{S_{i总}} \tag{9-9}$$

式中，$R_{i休}$ 为 i 行政区可休耕耕地规模占 i 行政区耕地总面积比重；$S_{i休}$ 为 i 行政区可休耕耕地面积；$S_{i总}$ 为 i 行政区耕地总面积。

（4）可休耕耕地休耕迫切度评价总分计算公式

$$Z_{i休} = Z_{i休1} + Z_{i休2} + \cdots + Z_{i休n} \tag{9-10}$$

式中，$Z_{i休}$ 为第 i 个行政区可休耕耕地图斑休耕迫切度评价总分值；$Z_{i休1}$，$Z_{i休2}$，$\cdots$，$Z_{i休n}$ 为 i 行政区第 1，2，$\cdots$，n 个可休耕耕地图斑休耕迫切度评价分值，n 为 i 行政区可休耕耕地图斑个数。

最终根据综合休耕指数模型［式（9-7）］计算得到的 CFI $\in$［0，1］，将 CFI 按照等间距法划分为 4 个等级，当 CFI = 0 或可休耕面积 ≤33.33hm^2 时不进行休耕，当 $0.75 \leqslant CFI \leqslant 1.00$ 时为优先休耕区，当 $0.5 \leqslant CFI < 0.75$ 时为重点休耕区，当 $0.25 \leqslant CFI < 0.5$ 时为有条件休耕区，当 $0 < CFI < 0.25$ 时为后备休耕区（表 9-8）。需要说明的是，在实际操作过程中，砚山县每个休耕片区的面积要大于 33.33hm^2，因此，可休耕面积小于 33.33hm^2 划分为不休耕区。

表9-8　综合休耕指数（CFI）划分标准

取值范围	休耕区域划分
$0.75 \leqslant CFI \leqslant 1.00$	优先休耕区
$0.5 \leqslant CFI < 0.75$	重点休耕区
$0.25 \leqslant CFI < 0.5$	有条件休耕区
$0 < CFI < 0.25$	后备休耕区
CFI = 0，$S \leqslant 33.33hm^2$	不休耕区

注：S 为可休耕面积。

9.4 结 果 分 析

9.4.1 休耕迫切度测算与评价

在 ArcGIS 中，通过休耕迫切度评价模型可计算得到砚山县<25°的耕地共
36 806 个耕地图斑的休耕迫切性分值。经计算，砚山县休耕迫切度最小值为
0.196 557，最大值为 0.621 386，均值为 0.351 474。按自然间断点分级法将休耕
迫切度综合分值分成五级，一级到五级代表休耕迫切程度逐步加强。其中，第一
级范围为 0.196 557 ~ 0.290 530，为不迫切等级；第二级范围为 0.290 531 ~
0.337 464，为一般迫切等级；第三级范围为 0.337 465 ~ 0.383 016，为比较迫切等
级；第四级范围为 0.383 017 ~ 0.433 275，为非常迫切等级；第五级范围为
0.433 276 ~ 0.621 386，为极度迫切等级（表 9-9）。各等级迫切度空间分布
见图 9-3。

表 9-9 砚山县休耕迫切度等级划分及面积分布

综合分值	迫切程度	面积/hm²	不同迫切程度面积占比/%	图斑个数/个	不同迫切程度图斑占比/%	主要分布乡镇
0.196 557 ~ 0.290 530	不迫切	9 188.77	6.96	5 818	15.81	稼依镇、江那镇、盘龙彝族乡等
0.290 531 ~ 0.337 464	一般迫切	28 725.13	21.76	9 713	26.39	阿猛镇、江那镇、盘龙彝族乡、平远镇
0.337 465 ~ 0.383 016	比较迫切	48 786.89	36.95	10 406	28.27	阿猛镇、平远镇、维摩彝族乡
0.383 017 ~ 0.433 275	非常迫切	36 456.37	27.61	7 763	21.09	阿猛镇、稼依镇、平远镇
0.433 276 ~ 0.621 386	极度迫切	8 862.35	6.72	3 106	8.44	阿舍彝族乡、平远镇、维摩彝族乡
合计	—	132 019.51	100.00	36 806	100.00	—

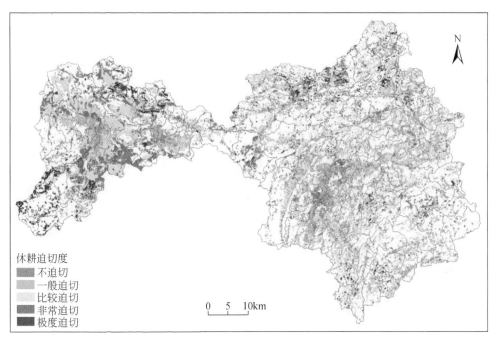

休耕迫切度
■ 不迫切
　 一般迫切
　 比较迫切
■ 非常迫切
■ 极度迫切

0　5　10km

图 9-3　砚山县耕地图斑休耕迫切度等级分布

9.4.2　可休耕规模测算结果

根据休耕规模预测模型，研究区目标年可休耕规模为基期耕地总面积与耕地保有量之差。由于目标年耕地保有量设置了九种不同情景，因此可休耕规模与耕地保有量一样，也包括九种情景，可休耕规模从低人均粮食需求量、低粮食自给率向高人均粮食需求量、高粮食自给率递减，不同情景下有不同的休耕规模（图 9-4）。

1）在人均粮食需求量为 500kg、粮食自给率为 80% 的"低–低"情景下，砚山县可休耕规模为 80 878.57hm²；

2）在人均粮食需求量为 500kg、粮食自给率为 90% 的"低–中"情景下，砚山县可休耕规模为 74 485.95hm²；

3）在人均粮食需求量为 500kg、粮食自给率为 100% 的"低–高"情景下，砚山县可休耕规模为 68 093.33hm²；

4）在人均粮食需求量为 550kg、粮食自给率为 80% 的"中–低"情景下，砚山县可休耕规模为 75 764.47hm²；

5）在人均粮食需求量为 550kg、粮食自给率为 90% 的"中–中"情景下，砚

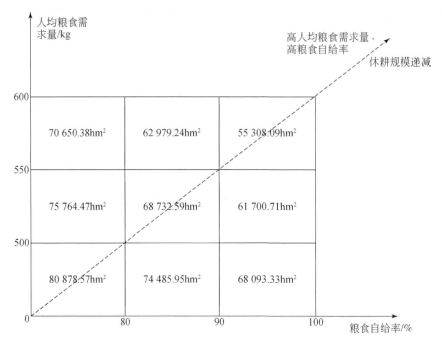

图9-4 不同情景下休耕规模矩阵及变化趋势

山县可休耕规模为68 732.59hm²；

6）在人均粮食需求量为550kg、粮食自给率为100%的"中-高"情景下，砚山县可休耕规模为61 700.71hm²；

7）在人均粮食需求量为600kg、粮食自给率为80%的"高-低"情景下，砚山县可休耕规模为70 650.38hm²；

8）在人均粮食需求量为600kg、粮食自给率为90%的"高-中"情景下，砚山县可休耕规模为62 979.24hm²；

9）在人均粮食需求量为600kg、粮食自给率为100%的"低-中"情景下，砚山县可休耕规模为55 308.09hm²。

综上所述，研究区目标年可休耕规模在55 308.09～80 878.57hm²，占全县耕地总面积的41.89%～61.26%。

9.4.3　休耕空间配置结果

根据式（9-10），并结合综合休耕指数划分标准，得到乡镇层面和村级层面的休耕地空间分布状况（表9-10～表9-12）。

表9-10　砚山县各乡镇综合休耕指数及休耕类型划分

乡镇名称	可休耕面积 /hm²	可休耕面积 占比/%	休耕迫切度总值	综合休耕指数	休耕类型区划
阿猛镇	7 378.09	43.26	799.022 464	0.690 4	重点休耕区
阿舍乡	5 570.46	69.86	576.854 838	0.636 7	重点休耕区
八嘎乡	2 717.72	32.85	621.701 993	0.446 1	有条件休耕区
蚌峨乡	2 291.48	59.10	356.046 726	0.374 1	有条件休耕区
干河乡	2 412.20	31.97	238.032 173	0.146 0	后备休耕区
稼依镇	4 711.87	45.81	327.482 913	0.312 8	有条件休耕区
江那镇	1 466.39	12.21	197.050 825	0.001 7	后备休耕区
盘龙乡	1 323.22	14.95	219.038 269	0.030 9	后备休耕区
平远镇	14 997.31	49.99	654.918 353	0.706 4	重点休耕区
维摩乡	9 947.47	57.82	906.221 035	0.877 6	优先休耕区
者腊乡	2 485.60	27.79	369.457 620	0.225 3	后备休耕区
总计	55 301.81	41.89	5 265.827 209	——	

表9-11　可休耕面积小于33.33hm²的社区（村）

社区（村）名称	可休耕面积 /hm²	耕地总面积 /hm²	可休耕面积 占比/%	比较迫切面积/hm²	非常迫切面积 /hm²	极度迫切面积/hm²
嘉禾社区	32.02	536.24	5.97	21.90	10.12	0.00
郊址村	13.05	783.57	1.67	12.12	0.93	0.00
锦山社区	0.00	103.97	0.00	0.00	0.00	0.00
芦柴冲村	20.56	396.17	5.19	14.21	6.35	0.00
书院社区	0.00	154.96	0.00	0.00	0.00	0.00
小稼依村	29.03	730.17	3.98	7.73	21.30	0.00
秀源社区	8.39	184.88	4.54	4.06	4.33	0.00
子马村	21.50	891.54	2.41	7.05	14.45	0.00

表9-12　砚山县各村休耕区域类型划分

休耕区域类型	面积/hm²	占比/%	村（根据综合休耕指数从高到低排）
优先休耕区	3 238.65	5.87	2个：地者恩村、阿伍村
重点休耕区	17 869.69	32.39	12个：落太邑村、普底村、阿舍村、科麻村、鲁都克村、石板房村、布那村、大白户村、木瓜铺村、保居黑村、幕菲勒村、倮可腻村

续表

休耕区域类型	面积/hm²	占比/%	村（根据综合休耕指数从高到低排）
有条件休耕区	26 501.77	48.03	41个：阿三龙村、傈可者村、维摩村、斗果村、回龙村、板栵村、坝心村、阿绞村、莲花塘村、大尼尼村、半夜寨村、龙所村、干河村、差黑村、五家寨村、海子边村、舍木那村、顶垿村、巨美村、洪福村、牛落洞村、阿基村、上拱村、补左村、六掌村、蒲草村、长岭街村、凹掌村、碧云村、六诏村、水塘村、拖嘎村、卡结村、千庄村、湖广箐村、梅子箐村、拉白冲村、迷法村、店房村、永和村、平寨村
后备休耕区	7 567.13	13.71	35个：八嘎村、羊革村、翁达村、凹嘎村、蚌峨村、腻姐村、垮溪村、阿吉村、红舍克村、六主村、车白泥村、南屏村、尧房村、路德村、租那村、阿猛村、田心村、三星村、三合村、明德村、铳卡村、小各大村、小石桥村、保地村、克丘村、老龙村、丰湖社区和新平社区、蚌岔村、盘龙村、者腊村、羊街村、听湖村、大稼依村、新寨村、大新村
不休耕区	0.00	0.00	8个：嘉禾社区、郊址村、锦山社区、芦柴冲村、书院社区、小稼依村、秀源社区、子马村
合计	55 177.24	100	—

（1）优先休耕区

乡镇层面：在砚山县的11个乡镇中，只有维摩乡的综合休耕指数大于0.75，达到0.8776，是全县优先休耕区。维摩乡东南部紧邻砚山县经济发展水平较高的江那镇和干河镇，维摩乡可休耕耕地面积达9947.47hm²，占全乡耕地面积比例达57.82%，可休耕面积及其占比均不是最高的，但其休耕迫切度总值是全县最高的，达906.22，说明维摩乡需要休耕的迫切程度高，因此拉高了综合休耕指数，应优先休耕。

村级层面：优先休耕区只包括两个村，分别是阿舍乡的地者恩村、维摩乡的阿伍村。2个村可休耕面积3238.65hm²，占全县可休耕面积的5.87%。地者恩村土地贫瘠，耕地生态脆弱，石漠化问题严重困扰该村发展。地者恩村可休耕规模达1521.21hm²，占全村耕地比重达99.35%，而且可休耕耕地中以极度迫切为主，达1286.18hm²，占可休耕规模的84.55%。此外，两个村的共同特点是农业基础设施较为缺乏，可通过休耕停止耕作，弥补基础设施不足的短板。阿伍村可休耕规模达1717.44hm²，占耕地总面积的77.76%，以非常迫切等级为主，达1099.65hm²，占可休耕规模的64.03%，但迫切度总值达178.44，仅次于地者恩村。

（2）重点休耕区

乡镇层面：重点休耕区的乡镇包括平远镇、阿猛镇和阿舍乡共3个乡镇，3个乡镇的综合休耕指数分别为0.7064、0.6904、0.6367。平远镇可休耕规模14 997.31hm²，是所有乡镇中规模最大的；阿舍乡可休耕规模占其耕地总面积的比例高达69.86%，是所有乡镇中占比最高的；阿猛镇的休耕迫切度总值非常高，为799.022 464，仅次于维摩乡。

村级层面：重点休耕区包括12个村，分别是落太邑村、普底村、阿舍村、科麻村、鲁都克村、石板房村、布那村、大白户村、木瓜铺村、倮居黑村、幕菲勒村、倮可腻村。12个村可休耕面积17 869.69hm²，占可休耕面积的32.39%。

（3）有条件休耕区

乡镇层面：有条件休耕区的乡镇包括八嘎乡、蚌峨乡和稼依镇共3个乡镇，3个乡镇的综合休耕指数分别为0.4461、0.3741、0.3128。

村级层面：有条件休耕区包括41个村，面积26 501.77hm²，占可休耕面积的48.03%。有条件休耕区是涉及行政村数量最多、面积最大的休耕类型区。

（4）后备休耕区

乡镇层面：后备休耕区的乡镇包括者腊乡、干河乡、盘龙乡和江那镇共4个乡镇，4个乡镇的综合休耕指数分别为0.2253、0.1460、0.0309和0.0017。在砚山县的所有乡镇中，江那镇的综合休耕指数最小，相比其他乡镇而言接近0，其原因是江那镇是砚山县的县址所在乡镇，其地形条件、耕地条件、农业基础设施等相对比较好，休耕迫切性小，而且江那镇又处于砚山县城镇建设重点拓展区域，是城镇化的重要依托，因此，江那镇作为后备休耕区与其耕地利用现状和砚山县未来发展方向相符。

村级层面：后备休耕区包括八嘎村、羊革村、翁达村、凹嘎村、蚌峨村、腻姐村等35个村（社区），可休耕面积7567.13hm²，占可休耕面积的13.71%。

（5）不休耕区

砚山县各个乡镇均可实行休耕，但在村级层面，嘉禾社区、郊址村、锦山社区等8个行政村（社区）可休耕规模均小于33.33hm²，将其划为不休耕区。其中，江那镇的锦山社区和书院社区尤为特殊，这两个社区拥有一定的耕地面积，但均为不迫切和一般迫切等级，没有非常迫切、比较迫切和极度迫切休耕等级的耕地，在全县休耕规模约束下可休耕耕地面积为0，其原因是锦山社区和书院社区紧邻江那镇，两者距离镇中心仅有2~3km，而江那镇又是砚山县政府驻地所在。锦山社区和书院社区地形相对平缓、耕地质量相对较好，生态脆弱性和人地压力不大，而且处于县政府驻地和镇中心附近，受经济社会发展因素扰动大，容易受城镇扩张非农化影响，土地流转率高，且两个社区处于砚山县主体功能区中的优先开发和重点开发范围，对此区域实施休耕的意义不大。

9.5 本章小结

本章以中国西南地区喀斯特石漠化严重的砚山县为例，基于生态-粮食安全视角，在评价了休耕迫切性状况和测算了可休耕规模的基础上，利用综合休耕指数（CFI）对砚山县进行了休耕地时空配置研究。主要结论如下：

1）砚山县耕地资源生态状况不容乐观，整体上休耕迫切性较强。砚山县耕地休耕迫切性评价结果以比较迫切及以上等级为主，比较迫切、非常迫切和极度迫切三个等级共计 9.41 万 hm^2，占全县耕地面积比重达 71.28%，实行休耕很有必要。

2）砚山县 2020 年可休耕规模在 5.53 万~8.09 万 hm^2，占全县耕地总面积的 41.89%~61.26%。

3）砚山县休耕时空配置包括乡镇层面和村级层面的表达。①在乡镇层面，优先休耕区包括维摩乡，重点休耕区包括平远镇、阿猛镇和阿舍乡，有条件休耕区包括八嘎乡、蚌峨乡和稼依镇，后备休耕区包括者腊乡、干河乡、盘龙乡和江那镇。②在村级层面，优先休耕区包括 2 个村，重点休耕区包括 12 个村，有条件休耕区包括 41 个村（社区），后备休耕区包括 35 个村（社区），不休耕区包括 8 个村（社区）。

需要说明的是，第一，指标及其权重的确定将对研究结果产生直接影响。因此，指标选取的合理性极其重要，任何一个指标的增加或者减少，以及指标权重的变化都会得到不同的结论。同样，如果采取另一套指标体系或者权重，研究结果也会发生变化。但总的来说，耕地图斑休耕迫切度、休耕规模以及空间布局优化的整体态势不会有太大变化。第二，有一些不足需要后续研究去弥补。①在休耕迫切度测算时，为了兼顾耕地图斑和行政区域的完整性，同时使用了空间数据和属性数据，两者之间可能会存在兼容性的问题。②本章的可休耕规模只是一个理论规模，而可休耕规模不仅受粮食安全因素的影响，还要受区域经济实力、社会发展水平、主管部门的管理能力等因素的影响，综合考虑上述因素所得到的结果对于指导地方休耕更有操作性。③休耕地时空配置的方法是多元的。实际上，休耕区域的最终选择除了耕地本底、耕地生态等自然因素外，人文因素也不可或缺，如区域农户的积极性、村干部的组织协调能力等，这些因素的影响有待更深入细致的研究去揭示。

第10章 基于综合评价指标体系的县域休耕时空配置实证

休耕时空配置受耕地内部条件及外部环境共同影响，本质上是在耕地本底质量、耕地空间稳定性、耕作条件及社会支持度等综合作用下，对可休耕地识别、休耕时序确定及休耕时长安排做出的决策。与地下水超采区、西北生态严重退化地区和重金属污染区等相比，西南石漠化区人多地少，人地矛盾更加突出，休耕空间配置更加复杂。本章选取石漠化区的云南省砚山县作为案例区，剖析影响休耕的内部条件及外部环境因素，构建选择休耕区域和安排休耕时长的指标体系，从可休耕耕地、休耕时序以及休耕时长等方面探讨休耕时空配置，据此提出相应的政策建议。

10.1 数据收集与处理

10.1.1 数据收集

研究数据包括空间数据和属性数据两部分。笔者于 2017 年 7 月通过走访县农牧部门，了解砚山县土地利用现状及休耕实施方案，并在县农牧部门相关人员的协助及带领下，走访县统计部门、林业部门、农业经济经营管理部门等获取相关数据资料。此外，笔者还通过开展参与式农户调查，了解了休耕的具体实施情况及利益相关者的休耕意愿。空间数据来自砚山县自然资源局提供的砚山县 2015 年土地利用变更数据（1∶10 000）、《砚山县土地利用总体规划（2006~2020 年）》，砚山县城乡规划局提供的《砚山县城市总体规划（2002~2020 年）》等；属性数据来自砚山县统计局提供的《2015 年砚山县国民经济和社会发展统计公报》《砚山县国民经济和社会发展第十三个五年规划纲要》；村域农经报表等社会经济发展数据以及来自砚山县农业和科学技术局提供的《砚山县 2015 年耕地地力评价成果报告》《砚山县探索实施耕地轮作休耕制度试点方案》《砚山县近三年耕地产量–投入基础数据调查表》《砚山县近三年耕地产出基础数据调查表》等资料。

10.1.2　数据处理

由于调研期间砚山县 2016 年土地利用变更调查数据成果尚未审批，因此，为保证数据的可获取性，以砚山县 2015 年土地利用变更调查成果为基础数据，并提取耕地图斑作为底图；对重点建设项目、"十三五"规划项目等空间数据进行拓扑查错，保证数据的准确性；从耕地地力评价成果中提取土壤表层质地、有机质含量、坡度、有效土层厚度等相关指标数据，并与耕地底图进行叠加分析，将各属性值赋予耕地图斑；对农经报表相关数据进行整理，并将处理后的数据作为耕地图斑属性值。由于稼依农场、新民农场、华侨农场及铳卡农场属于国有农场，在农经报表中没有这些农场的相关数据，该区域不作为本次研究的范畴。

10.2　研究方法

10.2.1　确定评价单元

休耕时空配置与耕地地块尺度有较强的相关性，因此，评价单元及研究尺度的确定对研究结果的现实性及可行性具有重要意义。在空间布局及时序安排等相关研究中，一般以村、镇等行政单元或图斑为基本单元，它们也是评价研究中两种较为常见的研究尺度。行政单元呈现整体性特征，具有明确的界限和独立性，以行政单元为评价基本单元能够保证数据来源准确性且数据获取较为容易，但不能反映行政单元内部的空间差异性，因此一般适用于较为宏观的评价研究，对于小尺度的评价研究适用性较差。而图斑作为中国土地管理中比较常用的评价单元，将其作为评价的基本单元，一方面，数据获取较为容易，一般以土地利用变更等数据中的图斑作为基础图层，进而降低调绘工作量；另一方面，图斑界限明显，独立性相对较强，评价结果对于地方实践具有较强的指导性。因此，根据砚山县地形地貌复杂、耕地分散且质量不均等实际情况，研究以耕地图斑作为基本评价单元，同时将部分社会经济数据以行政村为单元统计并链接到村域范围内所有耕地图斑中，以此统一评价单元。基于此，研究以砚山县 2015 年土地利用变更数据中的图斑为基本单元，共涉及耕地图斑 10 037 个。

10.2.2　构建评价指标体系

休耕时空配置包括可休耕耕地识别、时序安排及时长确定。砚山县地形地貌复杂，因乱砍滥伐、开垦荒地等不合理的土地利用方式导致植被逐渐减少，水土流失频发，耕作层浅薄、贫瘠，生态环境脆弱，是云南省石漠化最严重的地区之一。砚山县的烤烟、三七、辣椒等经济作物的大规模种植进一步消耗了耕地中的有机质，导致耕地质量持续下降。因此，砚山县将缓解生态负面效应、恢复并提升耕地地力、增强农业发展后劲作为休耕目标，结合其地势起伏、地貌复杂、高低悬殊的地形地貌特点，耕地总量有限且质量差、分布零星而分散、土质较差产出低的县情，确定休耕时空配置相关指标。

（1）可休耕耕地空间范围提取

可休耕耕地识别是时空配置的基础，也是时序安排及时长确定的前提。可休耕耕地的选择必须确保休耕期间空间上的稳定性及时序上的时效性。由于 25°以上坡耕地极易引发水土流失，不适宜种植农作物，加之当前砚山县社会经济快速发展，非农化进程加快，将不可避免占用耕地。因此，以现有耕地资源为基础，排除 25°以上坡耕地、土地利用总体规划所确定的允许建设区（规划期内划定用于建设用地发展的区域）、有条件建设区（规划期内划定城乡建设用地适应调整的允许区域）及城市规划所确定的城市扩展区域，结合"十三五"规划中规划重点项目及重点交通建设项目走向，从休耕的内部条件及外部条件识别砚山县可休耕耕地，保证休耕耕地的空间稳定性及时序时效性（表 10-1）。

表 10-1　可休耕耕地空间范围剔除的主要依据

指标	数据来源
大于 25°坡耕地	《云南省砚山县耕地地力评价成果报告》
允许建设区	《砚山县土地利用总体规划（2006～2020 年）》
有条件建设	《砚山县土地利用总体规划（2006～2020 年）》
重点规划项目	《砚山县国民经济和社会发展第十三个五年规划纲要》
城市扩展区	《砚山县城市总体规划（2002～2020 年）》

（2）休耕时序评价指标体系

休耕时序安排立足砚山县实际，结合利益相关者意愿，以生态严重退化区休耕目标为指导，依据指标选取的原则，从耕地本底质量、耕作条件及社会支持度三个层面构建研究区休耕时序评价指标体系（表 10-2）。

表 10-2　休耕时序评价指标体系

准则层	指标层	数据来源	指标类型	权重
耕地本底质量	有效土层厚度/mm	耕地地力评价成果	正向	0.1151
	有机质含量/（g/kg）	耕地地力评价成果	正向	0.0550
	表层土壤质地	耕地地力评价成果	适度	0.1146
	土壤酸碱度	耕地地力评价成果	适度	0.0649
	有效磷/（mg/kg）	耕地地力评价成果	正向	0.0470
	速效钾/（mg/kg）	耕地地力评价成果	正向	0.0519
	水溶态硼/（mg/kg）	耕地地力评价成果	正向	0.0238
	有效锰/（mg/kg）	耕地地力评价成果	正向	0.0269
	全氮/（mg/kg）	耕地地力评价成果	正向	0.0425
耕作条件	坡度/（°）	耕地地力评价成果	负向	0.1582
	地表岩石露头率/%	村域裸岩石砾地/村域耕地总规模	负向	0.0718
	排水条件	耕地地力评价成果	正向	0.0102
	灌溉保证率/%	耕地地力评价成果	正向	0.0167
	耕地破碎度/（个/hm²）	图斑数量/村域耕地总规模	负向	0.0559
	路网密度/（km/hm²）	村域道路总长度/村域道路总面积	正向	0.0389
社会支持度	人均种植业收入/（元/人）	村域种植业总收入/总人口	负向	0.0226
	从事第一产业人口比例/%	第一产业人口/总人口	负向	0.0107
	与乡镇距离/km	distance 空间分析结果	负向	0.0528
	与县城距离/km	distance 空间分析结果	负向	0.0205

　　1）耕地本底质量反映耕地质量的高低，是衡量休耕迫切性的重要影响因素。有效土层厚度一定程度上反映土壤的抗侵蚀性及水土流失程度，土层厚度越薄，抗侵蚀性越弱，水土流失将进一步加剧。相关研究表明，三七、烤烟的种植易导致土壤内氮、磷、钾等微量元素减少，耕地肥力下降（宋小青和欧阳竹，2012b；沈仁芳等，2012），而砚山县以三七、烤烟等为主要经济作物，长时间种植三七、烤烟导致耕地质量下降，促使农户进行自发休耕，这与休耕政策恰好契合，为休耕提供了更为宽松的实施环境。因此，将有效磷、全氮、速效钾等作为反映耕地本底质量的指标。尽管降水量对水土流失及石漠化具有直接影响，但研究区内降水量差异较小，根据指标选取的差异性原则，降水量不纳入休耕时序评价指标体系。

　　2）耕作条件影响耕地利用效益，也影响休耕的效益。为发挥休耕的最大化综合效益，将灌排条件、路网密度等耕作条件作为衡量休耕客观可行性的重要指标；耕地破碎化程度高低影响着休耕的综合效益，耕地破碎化程度越高，休耕效益越低。通过土地整治等工程可提升耕地生产潜力，故在休耕时序评价中选择破碎化程度作为衡量休耕迫切性的耕作条件指标。砚山县地处中国西南岩溶地区，生态环境脆弱，加之长期以来的人为逆向干扰活动进一步加剧了生态环境问题，地表植被覆盖率锐减，水土流失严重，石漠化成为严重制约区域农业可持续发展的重要因素。地表岩石露头率是指基岩出露地面面积占区域总面积的比重，是反映区域石漠化程度的关键指标。地表岩石露头率高，表明石漠化程度严重，耕地生产能力差，作物生长受影响。同时，与石漠化程度较低的区域相比，休耕后耕地生产能力提升的幅度也小，制约了休耕效益的最大化发挥，可见，地表岩石露头率对于评价休耕时序具有一定的主导作用。

3）社会支持度是休耕时序安排的重要影响因素。考虑到指标选取的可操作性，结合研究尺度及对利益相关者间的博弈分析，社会支持度层面的指标选择人均种植业收入、第一产业劳动力比例、与乡镇距离及与县城距离等指标来反映。人均种植业收入越高，第一产业劳动力比例越多，与乡镇、县城距离越远，农户对耕地的依赖程度越高，农户越倾向于维持耕种现状而不愿意休耕。在 2016 年休耕试点方案中，国家给砚山县的休耕补助为 15 000 元/hm²，基本满足农户对休耕补助的要求，因此，休耕补助标准不纳入休耕时序评价指标体系。调研发现，一方面，砚山县目前外出务工劳动力较多，耕地流转现象较为普遍，主要以出租、代耕等方式出让耕地经营权，通常发生在邻里之间或村域范围内，并以口头协议为准，因此转入耕地的农户对休耕补助需求并不强烈。另一方面，对于大规模转入耕地的新型农业经营主体而言，因耕地流转年限较长，休耕并不会损伤其经济效益，相反休耕后还可享受耕地地力提升、农业产量增加所带来的综合效益，经济效益也将大幅度提升，因此对休耕也持支持态度，故新型农业经营主体的休耕意愿不纳入社会支持度指标，仅从农户休耕意愿的影响因素探讨休耕的社会支持度。

（3）休耕时长评价指标体系

休耕时长安排主要依据休耕期间整治土地或者种植绿肥能够使耕地地力改善所需时间的长短，主要用反映土壤养分变化的相关指标进行评价（表 10-3）。研究表明，不同绿肥对土壤养分特性的影响程度不同，但均能够改变土壤 pH，提高土壤硝态氮和速效钾含量，也能使土壤速效磷含量略有增加。连续三年翻压绿肥能提高土壤微生物量碳（MBC）、氮及土壤脲酶、酸性磷酸酶、蔗糖酶、过氧化氢酶的活性，且随着翻压年限的增加而增加，其中碳、氮分别提高 31.0% ~ 67.1%、23.0% ~ 145.1%（刘国顺等，2010；潘福霞等，2011）。而砚山县因地制宜选择免耕净种绿肥、少耕肥豆轮作、免耕肥草间套种及免耕牧草过腹还田四种模式进行休耕，具有示范推广作用。

表 10-3   休耕时长评价指标体系

指标	指标类型	权重
有效土层厚度/mm	正向	0.0726
有机质含量/(g/kg)	正向	0.0269
土壤酸碱度	适度	0.0344
速效磷/(mg/kg)	正向	0.1348
速效钾/(mg/kg)	正向	0.1444
水溶态硼/(mg/kg)	正向	0.0402
有效锰/(mg/kg)	正向	0.0553
全氮/(mg/kg)	正向	0.1253
坡度/(°)	负向	0.1133
地表岩石露头率/%	负向	0.1867
地表土壤质地	适度	0.0661

《砚山县探索实施耕地轮作休耕制度试点方案》将休耕年限确定为 3 年，但砚山县耕地质量等级不一，地力水平也不尽相同，对休耕时长的处理不能一刀切。若将休耕时长统一为 3 年，质量较差的耕地可基本恢复耕地地力，达到休耕效果，但休耕时长是根据耕地本底质量、耕作条件及利益相关者意愿等综合确定的，优先休耕耕地不宜全部安排肥力较低的耕地，根据规模经济效益可知，若将质量相对较好的耕地休耕 3 年，会造成经济及社会成本增加，休耕效益下降。因此，根据研究区耕地质量高低将休耕时长划分为 1~3 年，以保证休耕生态效益的最大化发挥。根据研究区石漠化程度较高的实情，在确定休耕时序时，增加了地表岩石露头率指标，地表岩石露头率是反映石漠化及水土流失程度的重要指标，一定程度上可反映耕作层厚度及耕地质量，对休耕时长的确定具有一定指导作用。

10.2.3   指标处理与权重确定

（1）指标处理

对于非数值、描述性、定性的指标进行分级赋值打分，各因素的量化分级方法依据《云南省砚山县耕地地力评价成果报告》，并根据实际情况进行了适当的调整，将其取值范围定为 [0, 1]（表 10-4）。

表 10-4　定性化指标分级赋值标准

指标层	0	0.25	0.5	0.75	1
土壤质地	重砂壤、重黏壤	砂土、黏土	轻沙壤、轻黏壤	轻壤、重壤	壤土
排水条件	差	较差	中	良	优
土壤 pH	<4.5; >9.5	4.5~5.5; 8.5~9.5	5.5~6.0; 8.0~8.5	6.0~6.5; 7.5~8.0	6.5~7.5

对于量化指标，采用极值法对原始数据进行标准化，得到如下矩阵：

$$R = (r_{ij})_{m \times n} \tag{10-1}$$

式中，r_{ij} 为第 j 个评价对象在第 i 个评价指标上的标准值。

其中对大者为优的收益性指标而言，采用如下公式进行标准化：

$$r_{ij} = \frac{x_{ij} - \min x_{ij}}{\max x_{ij} - \min x_{ij}} \tag{10-2}$$

而对小者为优的成本性指标而言，采用如下公式进行标准化：

$$r_{ij} = \frac{\max x_{ij} - x_{ij}}{\max x_{ij} - \min x_{ij}} \tag{10-3}$$

（2）权重确定

鉴于休耕时空配置评价指标体系中既有定性指标，也有定量指标，同时，休耕实践尚处于初步探索阶段，相关部门及专家经验具有较强的借鉴意义，故采用层次分析法确定各评价指标的权重（表 10-2，表 10-3）。

10.2.4　休耕时空配置的评价模型

采用加权求和法作为休耕时序安排及时长确定的评价模型，对每一个图斑进行综合评价。评价模型如下：

$$F = \sum_{i=1}^{n} A_i \times W_i \tag{10-4}$$

式中，F 为评价单元的综合评价分值；A_i 为评价单元第 i 个评价指标的得分；W_i 为评价单元第 i 个评价指标的权重；i 为评价指标编号；n 为总评价指标数。

10.3　结　果　分　析

10.3.1　砚山县可休耕耕地的空间格局

通过对砚山县耕地稳定性进行分析，可得砚山县（除华侨农场、新民农场、稼依农场及铳卡农场）可休耕耕地规模为 128 966.76hm²，共涉及 96 个行政村及社区（丰湖社区及新平社区由平远村更名而得，无明确的行政界限），占全县耕地面积（132 780.25hm²）的 97.13%（图 10-1）。

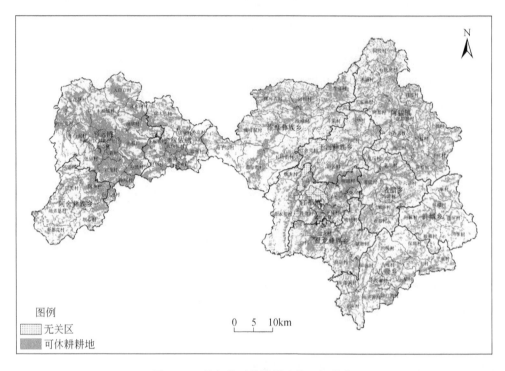

图 10-1　砚山县可休耕耕地的空间分布

从乡镇分布来看，可休耕耕地主要分布在砚山县西北地区的平远镇、东部的维摩彝族乡及阿猛镇，分别占全县可休耕耕地规模的 23.13%、13.32% 及13.21%。平远镇位于境内最大的溶蚀盆地，地势平坦，区位优势明显，耕地资源丰富，除部分重点交通规划项目外，其他重点规划项目占地规模小，为全县推进农业产业化进程、实现休耕制度试点提供了有力保障；东部的维摩彝族乡及阿猛镇属丘陵区，丘陵坝子地貌为其主要特征，村域辖区面积较大，耕地资源较为丰富，加之距离县城较远，非农化发展程度低，为休耕提供了更多的耕地资源；八嘎乡、蚌峨乡可休耕耕地较少，受地质构造控制及地层岩性影响，以中低山为主，地貌形态绝大部分为岩溶侵蚀地貌，坡耕地较多，其中千庄、科麻、凹嘎、腻姐等行政村 25°以上坡耕地规模共计 761.79hm²，占全县耕地规模的 0.57%；锦山、秀源、书院及嘉禾社区等位于砚山县江那镇，是砚山县社会经济文化中心，近年来在城市快速扩张过程中呈现出以锦山社区为中心，向其他社区扩张的趋势，耕地规模日趋减少，如今锦山社区的现状耕地规模仅有 3.29hm² ，且未来规划重点项目所占耕地规模较大。因此，为保证砚山县社会经济发展对土地的需求，在休耕制度试点中，江那镇锦山、秀源、嘉禾及书院等社区的耕地不作为休耕区域。

10.3.2　砚山县可休耕耕地的休耕时序

以砚山县已确定的可休耕耕地为基础，根据时序安排评价指标及相关方法计算可得，砚山县休耕时序安排综合评价结果范围在［0.3214，0.7254］。根据休耕时序综合分值，在 ArcGIS 10.2 中采用自然断裂法对休耕耕地在休耕时序上进行分级，其中综合分值在［0.3214，0.5036）的为近期休耕区，在［0.5036，0.5805）的为中期休耕区，在［0.5805，0.7254］的为远期休耕区（图 10-2）；以休耕的迫切性、休耕综合效益的发挥程度及农户休耕意愿的强度为标准进行休耕时序安排，其中，近期休耕区为休耕迫切性强、耕作条件差、农户休耕意愿强烈的区域，此区域总体上耕地质量差、耕地分布分散且地块破碎程度高，耕作设施配套不健全、休耕效益较高，农户种植收入低、通过休耕提升地力和农业收入

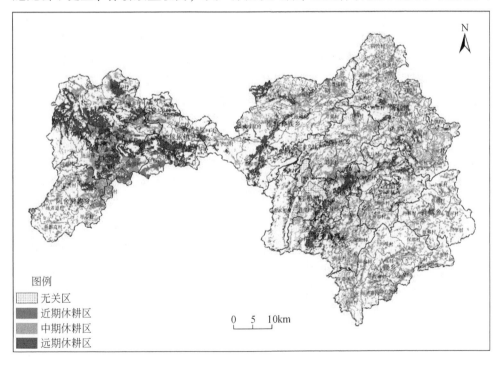

图例
无关区
近期休耕区
中期休耕区
远期休耕区

0　5　10km

图 10-2　砚山县休耕时序安排空间分布

的愿望强烈，适合优先休耕或政府强制休耕；中期休耕区为休耕迫切性一般、耕作条件较差、农户有一定休耕意愿的区域，此区域耕地较为零散破碎、有机质易流失，休耕有利于耕作条件的改善，且农户休耕后具有其他生计来源保障，适合在近期休耕区休耕之后有序推进此区域的休耕进程；远期休耕区为耕作条件良好、休耕迫切性低、农户休耕意愿弱的区域，此区域耕地集中连片度相对较高、耕地质量好，生产设施完善，农户对耕地的依赖程度高而轻易不愿休耕，从时序安排上适合最后进行休耕。

（1）近期休耕区空间分布状况

近期休耕区共计 33 368.48hm²，占全县可休耕耕地的 25.88%，主要分布在砚山县西部平远坝区的边缘及东部八嘎乡、干河彝族乡及蚌峨乡，郊址、卢柴、大民及丰湖和新平社区不涉及近期休耕区。从具体区域看，位于平远坝区边缘的大尼尼村、差黑村、拖嘎村等以及阿舍彝族乡属丘陵地貌，虽平缓开阔，但仍存在相对低矮的孤峰、残丘，长期以来受坡度及降水的综合影响，耕作层贫瘠，有机质含量较少，耕地质量差。人均年种植业收入较少，阿舍村尤为突出，仅4804.21 元/a，经济落后。农户休耕意愿强烈，社会支持度高，在休耕时序上可优先考虑。西部八嘎乡及蚌峨乡辖区的大部分行政村受地质构造及地层岩性影响，地貌类型为"V"形河谷地貌，且以直坡地为主，峰林、峰丛谷地、洼地较为普遍，受地形地貌及区位条件限制，该区域内耕地水利设施不完善，基本靠雨水及田块串灌，土壤水肥流失较为明显，蓄水保肥能力较低。在砚山县被评定为"第二批国家级现代农业示范区"后，该区域资金与管理投入力度加大，农田基础设施状况、道路通达度等不断改善，耕作便利度不断提高，休耕可行性有所增强。同时，该区域生计来源基本以农业为主，三七、烤烟及辣椒种植面积较大，导致耕地土壤中速效钾、有效磷等含量较少，耕地质量差，亟须实施休耕，以提升耕地地力，激发农业后劲。内部客观条件及外部社会支持为耕地的优先休耕及休耕效益的最大化发挥提供了有力的保障。

（2）中期休耕区空间分布状况

中期休耕区共计 52 828.24hm²，占全县可休耕耕地的 40.96%。主要涉及阿猛、维摩、干河等东部乡镇及西部平远镇等所辖行政村，中低山沟谷区的八嘎及蚌峨乡及高山地貌的阿舍乡占比较小，呈零星分布。阿猛镇、维摩彝族乡、干河彝族乡等乡镇所辖行政村位于砚山坝区边缘及山区的山前和山麓地带，孤峰、残丘及溶岩面积大，洼地、谷地面积小，耕地零散破碎且连片面积小而少，土壤质地为砂土、砾质土，表层质地疏松，抗侵蚀力差，重力及强降雨造成水土流失较为严重，耕地有效土层厚度浅薄，介于 10 cm～20 cm，土壤有机质含量等养分流失，耕地质量降低。砚山县积极争取上级政策及资金的大力支持，因地制宜地大力推进坡耕地治理等土地综合治理项目，一方面解决了耕地破碎、坡度大、农业产值不高的困境，实现了耕地的规模化及平整化，另一方面也造成对耕地熟土的破坏，生土所占比重较大，亟须采用轮作休耕等方式种植绿肥作物及豆类作物以加速土壤熟化，加之该区域部分行政村距离县城、乡镇较近，农户休耕意愿较强，休耕群众基础好，可保证休耕稳妥有序推进。

（3）远期休耕区空间分布状况

远期休耕区共计 42 770.04hm^2，占全县可休耕耕地的 33.16%，主要分布在平远镇、嫁依镇、砚山坝区，涉及落太邑、莲花塘、车白泥、回龙、幕菲勒、阿三龙、洪福及木瓜铺等 78 个行政村，而拉白冲、凹掌、龙所、三星等行政村不涉及远期休耕区。远期休耕区域又分为两种情况，平远镇、嫁依镇及砚山坝区的远期休耕区地势平坦，坡度相对较缓，耕作层较厚，有机质含量较多，耕地质量较好，农业现代化发展区位条件及地形条件较好，农田基础设施完善，路网密度高，耕作条件较好，种植业产值较高，休耕可行性较高，但休耕迫切性不强，可作为远期休耕区。另外，区域距离县城、乡镇政府所在地较远的行政村，受地形地貌制约，耕地坡度大，石漠化严重，耕地零星破碎，休耕后效益有所损失，亟须通过陡坡地治理、炸石类等土地综合治理项目，改善耕作条件，增加有效耕地规模，提高休耕的综合效益。该部分行政村较为偏僻，农户生计方式单一，农业人口所占比重大，在休耕补偿既定情况下，农户倾向于维持耕作现状获得农业收入，休耕意愿不强烈，因此，将该部分区域纳入远期休耕区。

10.3.3　砚山县可休耕耕地的休耕时长安排

以砚山县已确定的可休耕耕地为基础，得出砚山县休耕时长安排综合评价结果范围为 [0.1584，0.5840]，根据休耕耕地质量综合分值，在 ArcGIS 10.2 中采用自然断裂法将休耕耕地在休耕时长上进行分级，其中综合分值在 [0.1584，0.4019) 的为三年休耕区，在 [0.4019，0.4698) 的为两年休耕区，在 [0.4698，0.5840] 的为一年休耕区（图 10-3）。

（1）一年休耕区空间分布状况

一年休耕区共计 43 476.46hm^2，占全县可休耕耕地的 33.71%，涉及大白户、莲花塘、车白泥、阿三龙、木瓜铺等 84 个行政村，其中主要分布在平远坝子、嫁依坝子及砚山坝子及其边缘周边低丘地区。该区域受地质构造影响，地势较为平坦，水土流失率及石漠化程度相对较低，岩石裸露率小，土壤保水保肥能力高，耕地有效土层厚度介于 25~43cm，土壤内氮、磷、钾等含量相对较高，耕地整体质量也较高，适宜休耕一年，并利用平坦的地势优势，辅以绿肥、肥草轮

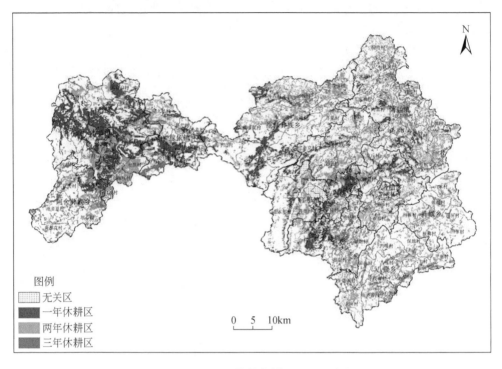

图 10-3 砚山县休耕休耕时长空间分布

作等模式，推进休耕，形成以草养畜、以畜养地的模式，发展区域特色经济，促进区域经济农业的可持续发展。

（2）两年休耕区空间分布状况

两年休耕区共计 55 807.27hm²，占可休耕耕地总规模的 43.27%，主要分布在砚山县西南部的阿舍彝族乡及东部地区，涉及碧云、倮可者、普底、落太邑、干河、维摩等 94 个行政村。该区域耕地主要分布在平远坝子、嫁依坝子及砚山坝子及其边缘周边低丘地区，以中山地形、峰丛和沟谷地貌为主要特征，耕地坡度较大，受降雨量影响，土壤矿物质分解强烈，土壤偏酸性，表层土壤质地大部分为黏土、砂土，且含少量重砂壤，耕地质量相对较差，因此，将该部分休耕两年，以恢复其耕地地力。

（3）三年休耕区空间分布状况

三年休耕区共计 29 683.03hm²，占休耕耕地总规模的 23.02%，集中分布在西南部的阿舍乡及东部蚌峨乡，涉及石板房、明德、地者恩及阿舍等 88 个行政村。大部分区域地貌类型为岩溶丘陵、河流低阶地、起伏河流高阶地，土壤类型为红壤、石灰岩土、水稻土，表层土壤质地为砂土、砾质土，河谷多呈"V"

形，长期以来的强降水量导致保肥蓄水能力差，耕地有机质含量较低，岩石裸露率高，石漠化严重。该部分区域地理位置较为偏僻，区位优势并不明显，大部分农户选择种植三七、烤烟及本地辣椒等经济作物以获得更高的农业收入，耕地土壤中氮、磷、砷等含量逐年减小，导致耕地质量下降，亟须开展长时间的休耕，并结合少耕肥豆轮作方式，提升并恢复其耕地地力，增加农户经济收入。因此，该部分休耕时长确定为三年。

10.3.4　砚山县可休耕耕地的休耕时空配置

结合休耕时序、休耕时长和休耕区域，确定砚山县休耕地时空配置主要分为近期两年休耕区、近期三年休耕区；中期一年休耕区、中期两年休耕区、中期三年休耕区；远期一年休耕区、远期两年休耕区和远期三年休耕区 8 个时空配置类型（图 10-4）。

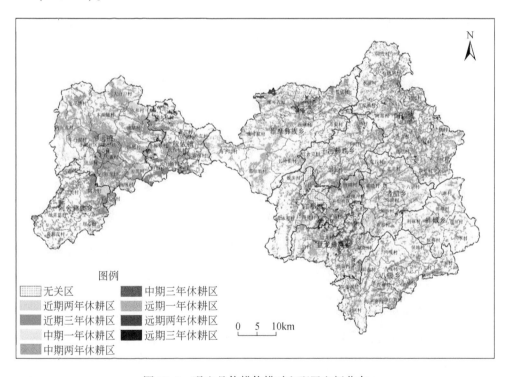

图 10-4　砚山县休耕休耕时空配置空间分布

1）近期两年休耕区共计 7781.23hm²，占可休耕耕地总规模的 6.03%，主要分布在西部的平远镇和东部的蚌峨乡、八嘎乡、维摩彝族乡、者腊乡、阿猛镇，其中平远镇面积为 2349.29hm², 占近期两年休耕区总面积的 30.19%。

2）近期三年休耕区共计 25 587.25hm², 占可休耕耕地总规模的 19.84%, 主要分布在西部的阿舍彝族乡、稼依镇和东部的阿猛镇、八嘎乡、维摩彝族乡、盘龙彝族乡。

3）中期一年休耕区共计 3839.87hm², 占可休耕耕地总规模的 2.98%, 主要分布在西部的平远镇、阿舍彝族乡和东部的维摩彝族乡、者腊乡、干河彝族乡、阿猛镇, 其中平远镇面积为 1652.98hm², 占中期一年休耕区总面积的 43.05%。

4）中期两年休耕区共计 44 894.98hm², 占可休耕耕地总规模的 34.81%, 是砚山县可休耕耕地的休耕时空配置的主要类型, 主要分布在西部的平远镇和东部的阿猛镇、维摩彝族乡、江那镇、者腊乡、干河彝族乡。

5）中期三年休耕区共计 4093.39hm², 占可休耕耕地总规模的 3.17%, 主要分布在西部的阿舍彝族乡和东部的盘龙彝族乡、阿猛镇、维摩彝族乡、干河彝族乡、八嘎乡。

6）远期一年休耕区共计 39 636.59hm², 占可休耕耕地总规模的 30.73%, 主要分布在西部的平远镇、稼依镇和东部的维摩彝族乡、江那镇、者腊乡、阿猛镇, 其中平远镇面积为 16 270.65hm², 占远期一年休耕区总面积的 41.05%。

7）远期两年休耕区 3131.06hm², 占可休耕耕地总规模的 2.43%, 主要分布在西部的稼依镇和东部的维摩彝族乡、盘龙彝族乡、阿猛镇、江那镇、者腊乡, 其中稼依镇面积为 972.82hm², 占远期两年休耕区总面积的 31.07%。

8）远期三年休耕区共计 2.39hm², 占可休耕耕地总规模的 0.01%, 仅分布在西部的阿舍彝族乡。

10.4 本章小结

本章分别构建了砚山县休耕地选择、休耕地时序判断和休耕地时长安排三套评价指标体系, 结果表明:

1）根据砚山县地势起伏、地貌复杂、高低悬殊, 耕地总量有限, 质量差、分布零星而分散、土质较差产出低的县情, 从影响休耕的内部条件及外部条件可行性识别出砚山县可休耕耕地为 128 966.76hm², 占全县耕地总面积的 97.13%, 主要分布在砚山县西北地区的平远镇, 东部的维摩彝族乡及阿猛镇。

2）从休耕时序上将其划分为近期、中期及远期休耕区三种类型, 面积分别为 33 368.48hm²、52 828.24hm² 及 42 770.04hm², 分别占全县可休耕耕地的 25.87%、40.96% 和 33.16%。其中, 近期休耕区主要分布在砚山县西部平远坝区的边缘及东部八嘎乡、干河乡及蚌峨乡, 中期休耕区主要分布砚山坝区边缘及山区的山前和山麓地带，远期休耕区分布在平远坝子、嫁依坝子及砚山坝子。

3）从休耕时长上将其划分为一年、两年及三年休耕区 3 个时长类型，分别为 43 476.46hm²、55 807.27hm²、29 683.03hm²，占全县可休耕耕地的 33.71%、43.27% 和 23.02%。其中，一年休耕区集中分布于平远坝子、嫁依坝子及砚山坝子及其边缘周边低丘地区，而两年休耕区及三年休耕区分布较为分散，且主要存在土壤贫瘠、石漠化严重及水源不足等现实困境。

4）根据休耕时序和时长划定，将砚山县可休耕耕地拟定为八个休耕时空配置类型，其中近期两年休耕区、近期三年休耕区共计 7781.23hm² 和 25 587.25hm²，占可休耕耕地总规模的 6.03% 和 19.84%；中期一年休耕区、中期两年休耕区、中期三年休耕区分别为 3839.87hm²、44 894.98hm² 和 4093.39hm²，占可休耕耕地总规模的 2.98%、34.81% 和 3.17%；远期一年休耕区、远期两年休耕区和远期三年休耕区分别为 39 636.59hm²、3131.06hm² 和 2.39hm²，占可休耕耕地总规模的 30.73%、2.43% 和 0.002%。

第11章 主要结论及研究展望

国家层面的休耕规模及时空配置的顶层设计，需要全面科学地统筹空间多尺度休耕规模，并建立健全适应国际国内环境和条件变化的休耕时空配置调控机制，这不仅是理论问题也是技术问题。通过探索中国耕地休耕规模及时空配置研究的基本理论和方法体系，以此解决因休耕地错配而导致休耕效率和效益受损问题。具体做了以下几个方面的主要工作：一是系统阐释了休耕空间配置的基本问题域与基本原理，形成了休耕空间配置的理论分析框架；二是在提出了中国休耕规模估算及调控路径的基础上，从耕地利用变化视角估算了中国休耕理论规模，并从耕地压力视角构建了中国休耕规模调控体系，据此提出了河北省休耕规模调控方案；三是采用多种配置方法，探讨了中国西南地区不同空间尺度（区域尺度和县域尺度）的休耕规模及时空配置。

11.1 休耕时空配置成果集成与思考

11.1.1 休耕规模与休耕区域（空间配置）成果集成

1）初步确定了中国和西南地区休耕比例范围（表11-1）。一是基于耕地利用变化，确切地说是基于耕地利用变化的可逆与否，测算耕地生产潜力储备或损失量并换算成耕地面积，据此估算出中国可休耕规模占耕地总量比例范围为6.28%~9.54%（休耕规模为815.57万~1291.57万 hm^2）。二是采用 ILF 测算得到了西南地区 3 个尺度的可休耕规模，同时，采用 4 种不同的方法测算了西南地区的 3 个县域（松桃县、砚山县和晴隆县）的休耕规模，从而得到西南地区多尺度休耕比例范围为 1.88%~97.13%。值得一提的是，按照因地制宜原则，无论国家或区域各尺度采取何种研究方法，最后得到的休耕比例大致都相应地落在所测算出的国家或区域休耕比例范围之内。

2）调整国家和区域休耕比例范围。遵循"上下结合"的配置思路：一是重新调整国家休耕比例范围，充分发挥国家管控力。由于国家尺度测算的休耕规模未能考虑到粮食进出口和库存，作为中央统筹的中央政府按照可行性原则，对初次确定的国家休耕比例范围做出适当调整，确定每年国家应该和可能休耕的规模。二是重新调试区域休耕比例范围，充分调动地方灵活性。从表 11-1 可以看到，区域休耕比例范围大，1.88% 主要考虑耕地生态经济状况，97.13% 主要考虑当地相关规划成果。因此，按照可行性原则，如果综合考虑区域发展实际，那么，该区域可休耕比例范围可能会更小。同时，根据上限原则，每年地方休耕规模从县级逐级累加至国家的休耕规模，原则上不能超过调整后的国家休耕规模：如果不同区域休耕规模累加结果比国家休耕规模小，可保持原有结果；如果不同区域休耕规模累加结果比国家可休耕规模大，则需要减掉多出部分的休耕规模，即减掉休耕迫切性和可行性程度相对较低的潜在可休耕地。同时，还要结合地下水超采区、重金属污染区等特殊区域的休耕规模数据，最终确定区域休耕规模减小量。实际上，本书中西南地区的休耕规模达 1715.14 万 hm²，已经超过了两种方法得到的国家休耕规模，主要原因在于构建的 ILF 着重考虑西南地区地处长江上游，是生态文明建设的极重要区域，生态系统脆弱性决定应将较大比例的耕地进行休耕。

11.1.2　休耕时序与休耕时长（时间配置）成果集成

1）确定区域休耕时序（表 11-2）。一是按照休耕迫切程度由高到低，统一将西南地区各空间尺度的研究结果区分为优先休耕区、重点休耕区、适度休耕区。西南地区的松桃县、砚山县和晴隆县都是休耕试点区，将其划为优先休耕区；将第 7 章松桃县的适度休耕区调整为重点休耕区、暂不休耕区调整为适度休耕区，优先休耕区保留；将第 8 章砚山县的有条件休耕区和后备休耕区统一调整为适度休耕区，优先休耕区和重点休耕区保留；将第 10 章砚山县的近期（1 年、2 年）休耕区、中期（1 年、2 年和 3 年）休耕区和远期（1 年、2 年和 3 年）休耕区分别对应调整为优先休耕区、重点休耕区和适度休耕区。二是将第 9 章和第 10 章的砚山县 2 种不同方法配置的结果进行集成。优先休耕区为平远镇和维摩乡，重点休耕区为阿猛镇、阿舍乡、八嘎乡和蚌峨乡，适度休耕区为者腊乡、干河乡、稼依镇、江那镇和盘龙乡。

2）确定区域休耕时长。研究以砚山县为案例区探讨休耕时长，着重从石漠化地区耕地生态系统恢复和提升耕地生产能力的视角，将休耕时长划分为 1 年、2 年和 3 年 3 个时长类型，并分析相应的休耕比例及空间分布特征。未来休耕时长的确定应以休耕目标为导向，从耕地休养生息、恢复地力的视角看，休耕需要较长时间，如 5 年、10 年，甚至更长时间；从调控粮食供需关系的视角看，由于市场千变万化，休耕时长不宜过长，如考虑 1 年、2 年、3 年安排休耕时长；从

表11-1 中国和西南地区休耕比例范围初步结果

（单位：%）

空间尺度	全国	区域	省域				市域				县域			
	全国（耕地利用压力）	西南地区	贵州	云南	四川	重庆	贵阳	昆明	成都	重庆主城区	松桃（耕地能值-生态足迹）	砚山（综合评价指标体系）	砚山（生态-粮食安全）	晴隆（生态脆弱性）
行政区域														
休耕比例	6.28~9.54	62.47	80.28	77.1	46.74	62.64	91.67	87.24	79.24	73.2	1.88~26.34	97.13	41.89~61.26	37.18
休耕比例范围	全国：6.28~9.54	区域：1.88~97.13												

表11-2 西南地区休耕时序安排结果

分区类型	空间尺度	休耕区域时序
优先休耕区	区域	西南地区
	省域	贵州省、云南省
	市域	贵阳市、昆明市
	县域	松桃县、砚山县、晴隆县
	乡镇	松桃县：泛驾街道、太平营街道；砚山县：平远镇和维摩乡；晴隆县：主要分布在碧痕镇、茶马镇、东观街道、鸡场镇、紫马乡等乡镇（街道）
重点休耕区	省域	重庆市
	市域	成都市
	乡镇	松桃县：甘龙镇、蓼皋街道和正大镇等23个乡镇；砚山县：阿猛镇、阿舍乡、八嘎乡和蚌峨乡；晴隆县：主要分布在安谷乡、大厂镇、光照镇、花贡镇莲城街道、沙子镇、中营镇等乡镇（街道）
适度休耕区	省域	四川省
	市域	重庆主城区
	乡镇	松桃县：世昌街道、牛郎镇和永安乡；砚山县：者腊乡、平河乡、稼依镇、江那镇和盘龙乡；晴隆县：主要分布在安谷乡、碧痕镇、茶马镇、大厂镇、光照镇、花贡镇等乡镇（街道）

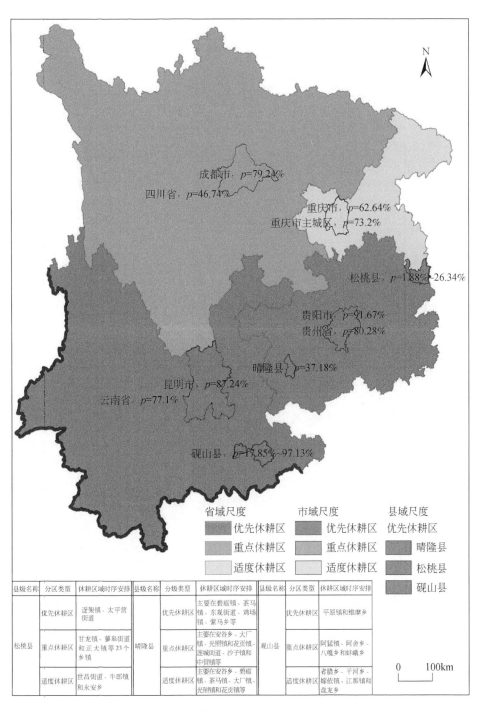

图 11-1　中国西南地区休耕时空配置初步结果

财政支出视角出发也不宜安排过长的休耕期。综合来看，可根据国家财力、粮食市场供需环境安排粮食主产区的休耕时长；在国土空间"双评价"得出的生态保护极重要区和生态极脆弱区，尽可能延长休耕时长。

11.1.3　建立中国多尺度休耕时空配置调控体系

通过"上下结合"的配置思路，逐步形成了"国家—区域—省域—县域"的多尺度休耕时空配置调控体系。以区域休耕比例范围为调控规模，以区域休耕时间为调控进度，将可休耕规模"自上而下"逐级、逐年分解。按照"中央统筹、省级负责、县级实施"的休耕工作机制，有条不紊地推进休耕工作。以西南地区为样本，初步建立了中国多尺度休耕时空配置调控体系（图 11-1）。

11.2　主要结论及对策建议

11.2.1　主要结论

休耕时空配置研究是实行休耕制度的关键内容之一，能够解决休耕的四个关键科学问题，即在哪里休、休多少、按照什么顺序休和休多久。研究沿着"国家—区域—省域—县域"的逻辑思路进行结构布局，即采取"上下结合"的配置思路，按照"对象识别—空间布局—时间调控"的研究途径，集成了"不同尺度、相同方法"和"相同尺度、不同方法"的多种配置方法，对西南地区休耕地时空配置进行探索，在基础理论、思路与方法和技术手段等研究方面取得了丰硕的成果，主要表现在：一是丰富了休耕时空配置的基础理论；二是尝试了多种休耕规模测算及时空配置的研究方法；三是融合了多种高效可靠的技术手段。

1）从空间多尺度视角，构建了"中国休耕规模调控→省域休耕规模调控实证→区域休耕时空配置实证→县域休耕时空配置实证→休耕规模调控及时空配置拟定"的休耕时空配置研究理论体系，为中国休耕制度建设提供了重要的理论和方法支撑。

2）系统阐释了休耕空间配置的基本问题域和基本原理，形成了休耕空间配置的理论分析框架，为不同空间尺度、不同类型区域的耕地休耕空间配置实证研究提供了理论指导。休耕时空配置的内涵本质就是将休耕规模、休耕区域、休耕时序和休耕时长进行优化组合，实现对休耕地"定位、定量、定序、定时"的宏观调控机制与过程。休耕时空配置需解决两个关键问题，即不同空间尺度的休耕空间布局和不同区域的休耕时间安排，构建综合模型或评价指标体系和划分评价等级标准是解决上述关键问题的难点和重点。总结和阐述了 4 种休耕时空配置类型：目标导向型时空配置、执行方式导向型时空配置、多条件约束导向型时空配置和技术导向型时空配置。休耕时空配置是由"国家—区域—省域—县域" 4 级体系和"目标厘定→对象识别→规模测算→区域布局→时间安排" 5 个程序共同构成。

3）休耕规模估算及调控主要有 5 条路径：生态安全、耕地质量等级、财政支付能力、耕地利用变化、耕地压力（或粮食安全），估算了基于耕地利用变化视角的中国休耕理论规模为 850.22 万 ~ 1291.57 万 hm²，即可拿出 6.28% ~ 9.54% 的耕地用于休耕，构建了基于耕地压力的中国休耕规模调控体系并据此提出了河北省休耕规模调控方案。

4）区域尺度和县域尺度分别按照"不同尺度、相同方法"和"相同尺度、不同方法"的配置方式，综合了耕地休耕综合指数 ILF、综合指标体系和生态脆弱性等多种配置方法，测算了西南地区多尺度休耕规模及探讨了时空配置，并初步拟定出中国及西南地区的时空配置结果。

11.2.2　对策建议

基于上述研究成果，提出休耕时空配置对策建议如下：

1）构建空间多尺度"上下结合"的休耕时空配置调控体系，为实施休耕制度提供技术保障。事实上，目前中国休耕试点主要采取"自上而下"的强制执行方式，将休耕指标逐级分解。问题在于，一旦全面实施休耕制度，全国休耕范围扩大，"自上而下"就会带来诸多问题。因此，中国的休耕时空配置需要进行全面考虑、科学统筹，既要体现国家管控力，也要激活地方灵活性。①逐步形成"国家—区域—省域—县域" 4 级尺度调控体系，各尺度"自下而上"累加的休耕规模不能超过国家休耕规模上限。②按照"中央统筹、省级负责、县级实施"的休耕工作机制，各省级因地制宜选取合适的休耕地时空配置方法，从而确定区域多尺度休耕比例和休耕时间。

2）因地施策选取休耕时空配置方法及其评价指标体系。一方面，选取适宜区域验证休耕地时空配置方法；另一方面，休耕指标选取应该体现区域性，有针对性地找到区域休耕影响因素。例如，针对中国西南地区，选取了相同的方法和评价指标，对区域、省级、大都市三个空间尺度进行时空配置研究，所得到的不宜休耕地的百分比存在明显差异；又如，在县域尺度上，采用了不同的方法和评价指标对砚山县进行时空配置研究，其配置结果也有所不同。

3）优先考虑重点区域（休耕迫切度等级高的区域）实施休耕。研究表明，在中国西南地区应该优先在云南和贵州实施休耕，这与休耕试点实际相吻合。国家休耕试点的晴隆县，按"三级五类"进行耕地休耕空间安排，休耕项目落地要因地制宜，制定差异化的休耕模式及休耕组织方式。根据区域休耕的紧迫程度，优先休耕紧迫程度较高的区域。

11.3　研究特色与贡献

本书的特色主要体现在以下 3 个方面：一是以不同空间尺度为主线，沿着"国家→区域→省域→县域→国家"的逻辑进路，使读者能够从整体上准确把握中国休耕规模及时空配置研究的脉络。二是选取了中国西南地区作为研究案例，具有重要的社会应用价值。一方面，西南地区属于中国休耕试点三大类型区之一的生态严重退化地区，其中县级案例都是国家第一批休耕试点县；另一方面，西南石漠化区，喀斯特分布范围广，坡耕地多，人多地少，水土流失严重，人类活动破坏严重，耕地生态系统极其脆弱，耕地退化明显，与西北生态严重退化地区等区域相比，人地关系矛盾更加突出。三是本书既从广度和深度完善了休耕时空配置的基础理论，又紧贴地方休耕制度试点实践，将理论与实践相融合，有利于使读者紧跟该领域发展前沿动态。

本书的主要贡献：一是系统阐释了休耕空间配置的基本问题域和基本原理，在学理上解构了休耕空间配置的逻辑关系。二是不同空间尺度、不同区域采用了不同的研究方法和技术手段，为测算休耕规模、诊断识别休耕地、安排休耕时序和休耕技术模式等提供了更加科学合理的技术方法，也为开阔读者研究思路与视角提供了理论参考。

11.4　研究展望

本书系统建立了空间多尺度休耕时空配置技术体系，以期为中国休耕制度的建设和完善提供指导，但本书仅是耕地休耕时空配置的初步探索，还有诸多问题需要进一步深入探讨：

第一，休耕时空配置的理论成果和技术方法需用更多试点样本进行实证检验。由于本书仅探讨了西南地区的休耕地时空配置，对全国尺度的每一个区域休耕地时空配置有待细化。国家尺度休耕地时空配置采用"上下结合"的配置思路，需要更多的休耕典型区，以国家可休耕规模作为约束，重新调整国家和区域多尺度休耕比例。此外，本书仅从耕地利用变化视角测算了中国可休耕规模，其他视角的休耕规模测算及其时空配置有待今后进一步深入研究。

第二，休耕时空配置研究方法需进一步丰富。本书区域尺度构建了中国西南地区 ILF，对于松桃县运用耕地能值–生态足迹方法，对于砚山县采用综合评价指标体系和生态–粮食安全两种方法，对于晴隆县运用耕地生态脆弱性方法。实际上，还可以从水资源人口承载力等视角展开更为广泛的对比探讨，完善休耕时空配置研究方法。

第三，休耕时长确定需展开深入论证。本书休耕时间集中于休耕时序，对砚山县尝试探讨了休耕时长。科学评价休耕预期效益比较困难，目前仍然处于休耕试点阶段，休耕时间序列数据较短，休耕综合效益不明显，进而导致休耕时长研究面临困难。

第四，休耕时空配置的评价指标体系需进一步论证和完善。由于不同区域的耕地水土资源状况、耕地基础条件、耕地利用水平和社会经济条件等方面存在差异，这就需要进行休耕区划，建立类似于美国利用动态环境效益指数（EBI）评价区域休耕时空配置的指标体系，以便加强对休耕地的有效管理。

第五，需将休耕技术模式空间布局纳入到休耕时空配置研究当中。休耕技术模式空间布局的目的在于能够将休耕技术模式在空间上进行可视化表达，指导休耕养地措施有的放矢地落实在不同的区域，实行差异化管护休耕地。深入实地调研区域休耕试点状况，是掌握其基本休耕技术模式和休耕期间种植作物适宜性的前提工作。

参 考 文 献

安裕伦. 1994. 喀斯特人地关系地域系统的结构与功能刍议——以贵州民族地区为例 [J]. 中国岩溶, 13 (2): 153-159.

蔡运龙, 傅泽强, 戴尔阜. 2002. 区域最小人均耕地面积与耕地资源调控 [J]. 地理学报, (2): 127-134.

蔡运龙, 汪涌, 李玉平. 2009. 中国耕地供需变化规律研究 [J]. 中国土地科学, 23 (3): 11-18, 31.

蔡运龙. 1989. 人地关系思想的演变 [J]. 自然辩证法研究, (5): 48-53.

曹威威, 孙才志, 杨璇业, 等. 2020. 基于能值生态足迹的长山群岛人地关系分析 [J]. 生态学报, 40 (1): 89-99.

曹威威, 孙才志. 2019. 能值生态足迹模型的改进——以海南为例. 生态学报, 39 (1): 216-227.

常平凡. 2005. 中国人均食用粮食消费量的时序预测 [J]. 山西农业大学学报 (自然科学版), (1): 87-92.

陈春, 冯长春. 2010. 中国建设用地增长驱动力研究 [J]. 中国人口·资源与环境, 20 (10): 72-78.

陈枫, 李泽红, 董锁成, 等. 2018. 基于 VSD 模型的黄土高原丘陵沟壑区县域生态脆弱性评价——以甘肃省临洮县为例 [J]. 干旱区资源与环境, 32 (11): 74-80.

陈素平, 张乐勤. 2017. 安徽省 1995～2013 年粮食生产与耕地压力动态变化特征及驱动因素 [J]. 水土保持通报, 37 (3): 167-173, 187.

陈印军, 肖碧林, 方琳娜, 等. 2011. 中国耕地质量状况分析 [J]. 中国农业科学, 44 (17): 3557-3564.

陈印军, 易小燕, 陈金强, 等. 2016. 藏粮于地战略与路径选择 [J]. 中国农业资源与区划, 37 (12): 8-14.

陈展图, 杨庆媛, 童小容. 2017. 轮作休耕推进农业供给侧结构性改革路径研究 [J]. 农村经济, (7): 20-25.

陈展图, 杨庆媛. 2017. 中国耕地休耕制度基本框架构建 [J]. 中国人口·资源与环境, 27 (12): 126-136.

陈展图. 2020. 生态安全和粮食保障双约束的休耕空间分区研究——以石漠化区砚山县为例 [D]. 重庆: 西南大学.

丁明军, 陈倩, 辛良杰, 等. 2015. 1999～2013 年中国耕地复种指数的时空演变格局 [J]. 地理学报, 70 (7): 1080-1090.

丁声俊 . 2001. 国家粮食安全及安全体系建设 [J]. 国家行政学院学报, (4): 66-71.

范冰雄, 税伟, 杨海峰, 等 . 2019. 闽三角城市群自然资本损失评估 [J]. 自然资源学报, 34 (1): 153-167.

范秋梅, 蔡运龙 . 2010. 基于粮食安全的区域耕地压力研究——以辽宁省为例 [J]. 地域研究与开发, 29: 110-113.

方创琳 . 2004. 中国人地关系研究的新进展与展望 [J]. 地理学报, (S1): 21-32.

封志明, 李香莲 . 2000. 耕地与粮食安全战略: 藏粮于土, 提高中国土地资源的综合生产能力 [J]. 地理学与国土研究, (3): 1-5.

冯芳, 金爽, 黄巧华, 等 . 2018. 基于能值–生态足迹模型的湖北省生态安全评价 [J]. 冰川冻土, 40 (3): 634-642.

高启杰 . 2004. 城乡居民粮食消费情况分析与预测 [J]. 中国农村经济, (10): 20-25, 32.

郭燕枝, 王美霞, 王创云 . 2009. 改革开放以来不同时期 10 个中央一号文件的比较分析 [J]. 江西农业学报, 21 (4): 193-194.

何刚, 夏业领, 朱艳娜, 等 . 2018. 基于 DPSIR- TOPSIS 模型的安徽省土地承载力评价及预测 [J]. 水土保持通报, 38 (2): 127-134.

何玲, 胡明月 . 2012. 西南地区土地规划整治项目水资源平衡计算 [J]. 安徽水利水电职业技术学院学报, 12 (3): 8-10.

何蒲明, 贺志锋, 魏君英 . 2017. 基于农业供给侧改革的耕地轮作休耕问题研究 [J]. 经济纵横, (7): 88-92.

贺成龙 . 2017. 三峡工程的能值足迹与生态承载力 [J]. 自然资源学报, 32 (2): 329-341.

贺祥, 蔡运龙 . 2013. 喀斯特山区耕地压力与粮食安全的分析——以贵州省为例 [J]. 凯里学院学报, 31 (3): 105-110.

黄国勤, 赵其国 . 2017. 轮作休耕问题探讨 [J]. 生态环境学报, 26 (2): 357-362.

江娟丽, 杨庆媛, 童小蓉, 等 . 2018. 我国实行休耕制度的制约因素与对策研究 [J]. 西南大学学报 (社会科学版), 44 (3): 52-57.

江娟丽, 杨庆媛, 阎建忠 . 2017. 耕地休耕的研究进展与现实借鉴 [J]. 西南大学学报 (自然科学版), 39 (1): 165-171.

蒋敏, 李秀彬, 辛良杰, 等 . 2019. 南方水稻复种指数变化对国家粮食产能的影响及其政策启示 [J]. 地理学报, 74 (1): 32-43.

蓝盛芳, 钦佩袁, 陆宏芳 . 2002. 生态经济系统能值分析 [M]. 北京: 化学工业出版社 .

李春华, 李宁, 史培军 . 2006. 我国耕地利用压力区域差异的 RBF 模型判定 [J]. 中国人口·资源与环境, 16 (5): 67-71.

李东梅, 高正文, 付晓, 等 . 2010. 云南省生态功能类型区的生态敏感性 [J]. 生态学报, 30 (1): 138-145.

李凡凡, 刘友兆 . 2014. 中国粮食安全保障前提下耕地休耕潜力初探 [J]. 中国农学通报, 30 (增刊): 35-41.

李建伟, 周灵灵 . 2018. 中国人口政策与人口结构及其未来发展趋势 [J]. 经济学动态, 694 (12): 19-38.

李平星, 陈诚. 2014. 基于 VSD 模型的经济发达地区生态脆弱性评价——以太湖流域为例 [J]. 生态环境学报, 23 (2): 237-243.

李平星, 樊杰. 2014. 基于 VSD 模型的区域生态系统脆弱性评价——以广西西江经济带为例 [J]. 自然资源学报, 29 (5): 779-788.

李强, 彭文英, 王建强, 等. 2015. 乡镇企业发达区耕地健康评价与驱动机理研究 [J]. 自然资源学报, 30 (9): 1499-1510.

李青丰. 2006. 生态安全对防止耕地隐性流失和保证粮食安全的意义 [J]. 干旱区资源与环境, 20 (3): 11-15.

李升发, 李秀彬, 辛良杰, 等. 2017. 中国山区耕地撂荒程度及空间分布——基于全国山区抽样调查结果 [J]. 资源科学, 39 (10): 1801-1811.

李小云, 杨宇, 刘毅. 2016. 中国人地关系演进及其资源环境基础研究进展 [J]. 地理学报, 71 (12): 2067-2088.

李阳兵, 邵景安, 王世杰, 等. 2006. 岩溶生态系统脆弱性研究 [J]. 地理科学进展, 25 (5): 1-9.

李阳兵, 谭秋, 王世杰. 2005. 喀斯特石漠化研究现状、问题分析与基本构架 [J]. 中国水土保持科学, 3 (3): 27-34.

李玉平, 蔡运龙. 2007. 河北省耕地压力动态分析与预测 [J]. 干旱区资源与环境, (4): 1-5.

林勇刚, 张孝成, 王锐, 等. 2013. 西南丘陵山区县域农用地整治潜力研究——以重庆市合川区为例 [J]. 国土资源科技管理, 30 (2): 15-23.

刘璨, 贺胜年. 2010-08-18. 从控制粮食到保护生态环境 [N]. 中国绿色时报, 第 3 版.

刘璨. 2009-01-05. 欧盟休耕计划保护了乡村的自然环境 [N]. 中国绿色时报, 第 3 版.

刘春霞, 李月臣, 杨华, 等. 2011. 三峡库区重庆段生态与环境敏感性综合评价 [J]. 地理学报, 66 (5): 631-642.

刘东生, 谢晨, 刘建杰, 等. 2011. 退耕还林的研究进展、理论框架与经济影响——基于全国 100 个退耕还林县 10 年的连续监测结果 [J]. 北京林业大学学报 (社会科学版), 10 (3): 74-81.

刘国顺, 李正, 敬海霞, 等. 2010. 连年翻压绿肥对植烟土壤微生物量及酶活性的影响 [J]. 植物营养与肥料学报, 16 (6): 1472-1478.

刘纪远, 张增祥, 庄大方, 等. 2003. 20 世纪 90 年代中国土地利用变化时空特征及其成因分析 [J]. 地理研究, (1): 1-12.

刘钦普, 林振山. 2009. 江苏省耕地利用可持续性动态分析及预测 [J]. 自然资源学报, 24 (4): 594-601.

刘荣志, 黄圣男, 李厥桐. 2014. 中国耕地质量保护及污染防治问题探讨 [J]. 中国农学通报, 30 (29): 161-167.

刘肖兵, 杨柳. 2015. 我国耕地退化明显污染严重 [J]. 生态经济 (学术版), 31 (3): 6-9.

刘笑彤, 蔡运龙. 2010. 基于耕地压力指数的山东省粮食安全状况研究 [J]. 中国人口·资源与环境, 20 (S1): 334-337.

刘巽浩. 2005. 对黄淮海平原"杨上粮下"现象的思考 [J]. 作物杂志, (6): 1-3.

刘彦伶, 李渝, 秦松, 等. 2018. 西南喀斯特生态脆弱区实行轮作休耕问题探讨——以贵州省为例 [J]. 中国生态农业学报, 26 (8): 1117-1124.

龙玉琴, 王成, 邓春, 等. 2017. 地下水漏斗区不同类型农户耕地休耕意愿及其影响因素——基于邢台市 598 户农户调查 [J]. 资源科学, 39 (10): 1834-1843.

龙玉琴, 王成, 杨庆媛, 等. 2019. 基于粮食安全与生态安全的省域耕地休耕规模测算 [J]. 西南大学学报 (自然科学版), 41 (1): 51-59.

龙玉琴. 2018. 县域尺度下耕地休耕时空配置研究: 云南省砚山县实证 [D]. 重庆: 西南大学.

罗婷婷, 邹学荣. 2015. 摞荒、弃耕、退耕还林与休耕转换机制谋划 [J]. 西部论坛, 25 (2): 40-46.

罗翔, 罗静, 张路. 2015. 耕地压力与中国城镇化——基于地理差异的实证研究 [J]. 中国人口科学, (4): 47-59, 127.

罗旭玲, 王世杰, 白晓永, 等. 2021. 西南喀斯特地区石漠化时空演变过程分析 [J]. 生态学报, 41 (2): 680-693.

马永欢, 牛文元. 2009. 基于粮食安全的中国粮食需求预测与耕地资源配置研究 [J]. 中国软科学, (3): 11-16.

牛纪华, 李松梧. 2009. 农田休耕的必要性及实施构想 [J]. 农业环境与发展, 26 (2): 27-28.

潘福霞, 鲁剑巍, 刘威, 等. 2011. 不同种类绿肥翻压对土壤肥力的影响 [J]. 植物营养与肥料学报, 17 (6): 1359-1364.

潘革平. 2007-09-28. 粮食供应紧张欧盟暂停休耕 [N]. 经济参考报, 第 3 版.

钱晨晨, 黄国勤, 赵其国. 2017. 中国轮作休耕制度的应用进展 [J]. 农学学报, 7 (3): 37-41.

乔治, 徐新良. 2012. 东北林草交错区土壤侵蚀敏感性评价及关键因子识别 [J]. 自然资源学报, 27 (8): 1349-1361.

曲福田, 朱新华. 2008. 不同粮食分区耕地占用动态与区域差异分析 [J]. 中国土地科学, (3): 34-40.

饶静. 2016. 发达国家 "耕地休养" 综述及对中国的启示 [J]. 农业技术经济, (9): 118-128.

邵海鹏. 2016. "十三五" 轮作休耕背后的战略考量 [J]. 农村·农业·农户 (A 版), (4): 8-10.

沈仁芳, 陈美军, 孔祥斌, 等. 2012. 耕地质量的概念和评价与管理对策 [J]. 土壤学报, 49 (6): 1210-1217.

施开放, 刁承泰, 孙秀锋, 等. 2013. 基于耕地生态足迹的重庆市耕地生态承载力供需平衡研究 [J]. 生态学报, 33 (6): 1872-1880.

石飞, 杨庆媛, 王成, 等. 2018. 世界耕地休耕时空配置的实践及研究进展 [J]. 农业工程学报, 34 (14): 1-9.

石飞, 杨庆媛, 王成, 等. 2021. 基于耕地能值–生态足迹的耕地休耕规模研究——以贵州省松桃县为例 [J]. 生态学报, 41 (14): 5747-5763.

石晓平, 曲福田. 2001. 中国东中西部地区土地配置效率差异的比较研究 [J]. 山东农业大学学报 (社会科学版), (2): 27-32.

舒帮荣，刘友兆，陆效平，等．2008．能值分析理论在耕地可持续利用评价中的应用研究——以南京市为例［J］．自然资源学报，23（5）：876-885.

税伟，陈毅萍，苏正安，等．2016．基于能值的专业化茶叶种植农业生态系统分析——以福建省安溪县为例［J］．中国生态农业学报，24（12）：1703-1713.

宋伟，陈百明，刘琳．2013．中国耕地土壤重金属污染概况［J］．水土保持研究，20（2）：293-298.

宋小青，欧阳竹．2012a．1999～2007年中国粮食安全的关键影响因素［J］．地理学报，67（6）：793-803.

宋小青，欧阳竹．2012b．耕地多功能内涵及其对耕地保护的启示［J］．地理科学进展，31（7）：859-868.

孙艳芝，沈镭．2016．关于我国四大足迹理论研究变化的文献计量分析［J］．自然资源学报，31（9）：1463-1473.

孙燕，林振山，金晓斌，等．2008．中国耕地保有量的动力预测模型及对策［J］．地理科学，28（3）：337-342.

谭永忠，赵越，俞振宁，等．2017．代表性国家和地区耕地休耕补助政策及其对中国的启示［J］．农业工程学报，33（19）：249-257.

唐华俊，李哲敏．2012．基于中国居民平衡膳食模式的人均粮食需求量研究［J］．中国农业科学，45（11）：2315-2327.

唐华俊．2014．新形势下中国粮食自给战略［J］．农业经济问题，35（2）：4-10.

田亚平，向清成，王鹏．2013．区域人地耦合系统脆弱性及其评价指标体系［J］．地理研究，32（1）：55-63.

童悦，毛传澡，严力蛟．2015．基于能值–生态足迹改进模型的浙江省耕地可持续利用研究［J］．生态与农村环境学报，31（5）：664-670.

万军，蔡运龙，路云阁，等．2003．喀斯特地区土壤侵蚀风险评价——以贵州省关岭布依族苗族自治县为例［J］．水土保持研究，（3）：148-153.

王华春，唐任伍，赵春学．2004．实施最严格土地管理制度的一种解释——基于中国粮食供求新趋势的分析［J］．社会科学辑刊，（3）：69-73.

王静，林春野，陈瑜琦，等．2012．中国村镇耕地污染现状、原因及对策分析［J］．中国土地科学，26（2）：25-30，43.

王静．2009．岩溶山地生态脆弱性评价及治理措施研究［D］．重庆：西南大学．

王克．2017．中国亩均化肥用量是美国的2.6倍，农药利用率仅为35％农资市场期待"大户时代"［J］．中国经济周刊，（34）：70-71.

王利文．2003．北方生态脆弱地区土地可持续利用研究［J］．中国农村经济，（12）：58-63.

王千，金晓斌，阿依吐尔逊·沙木西，等．2010．河北省粮食产量空间格局差异变化研究［J］．自然资源学报，25（9）：1525-1535.

王书玉，卞新民．2007．生态足迹理论方法的改进及应用［J］．应用生态学报，18（9）：1977-1981.

王学，李秀彬，辛良杰，等．2016．华北地下水超采区冬小麦退耕的生态补偿问题探讨［J］．地理学报，71（5）：829-839.

王雅敬，谢炳庚，李晓青，等．2017. 喀斯特地区耕地生态承载力供需平衡［J］．生态学报，
　　37（21）：7030-7038.

王英，曹明奎，陶波，等．2006. 全球气候变化背景下中国降水量空间格局的变化特征［J］．地
　　理研究，25（6）：1031-1040.

王志强，黄国勤，赵其国．2017. 新常态下我国轮作休耕的内涵、意义及实施要点简析［J］.
　　土壤，（4）：651-657.

温家宝．2006. 当前农业和农村工作需重视的问题［J］．农业机械，（4）：88-91.

吴刚，高林．1998. 三峡库区边际土地的合理开发及其可持续发展［J］．环境科学，19（1）：
　　90-94.

吴良林，罗建平，李漫．2010. 基于景观格局原理的土地规模化整理潜力评价方法［J］．农业
　　工程学报，26（2）：300-306.

吴宇哲，许智钇．2019. 休养生息制度背景下的耕地保护转型研究［J］．资源科学，41（1）：
　　9-22.

向青，尹润生．2006. 美国环保休耕计划的做法与经验［J］．林业经济，（1）：73-78.

谢花林，程玲娟．2017. 地下水漏斗区农户冬小麦休耕意愿的影响因素及其生态补偿标准研
　　究—以河北衡水为例［J］．自然资源学报，32（12）：2012-2022.

谢花林，邹金浪，彭小琳．2012. 基于能值的鄱阳湖生态经济区耕地利用集约度时空差异分
　　析［J］．地理学报，67（7）：889-902.

谢俊奇，郭旭东，李双成，等．2014. 土地生态学［M］．北京：科学出版社．

辛良杰，李秀彬，谈明洪，等．2011. 近年来我国普通劳动者工资变化及其对农地利用的影
　　响［J］．地理研究，30（8）：1391-1400.

辛良杰，王佳月，王立新．2015. 基于居民膳食结构演变的中国粮食需求量研究［J］．资源科
　　学，37（7）：1347-1356.

熊康宁，李晋，龙明忠．2012. 典型喀斯特石漠化治理区水土流失特征与关键问题［J］．地理
　　学报，67（7）：878-888.

许尔琪．2021. 基于 CiteSpace 的喀斯特石漠化国际研究进展［J/OL］．中国岩溶：1-14.
　　http://kns.cnki.net/kcms/detail/45.1157.P.20210421.1047.006.html［2021-08-04］.

许经勇．2004. 新体制下的我国粮食安全路径［J］．南通师范学院学报（哲学社会科学版），
　　（4）：37-41.

许强，章守宇．2013. 基于层次分析法的舟山市海洋牧场选址评价［J］．上海海洋大学学报，
　　22（1）：128-133.

薛旭初．2006. 化肥、农药的污染现状及对策思考［J］．上海农业科技，（5）：37-40.

寻舸，宋彦科，程星月．2017. 轮作休耕对我国粮食安全的影响及对策［J］．农业现代化研究，
　　38（4）：681-687.

杨灿，朱玉林．2016. 基于能值生态足迹改进模型的湖南省生态赤字研究［J］．中国人口·资
　　源与环境，26（7）：37-45.

杨栋，张涵玥，翁翎燕．2017. 基于耕地压力指数的江苏沿海地区人口承载力评价及预测［J］.

资源与产业, 19 (5): 78-85.

杨亮, 吕耀, 郑华玉. 2010. 城市土地承载力研究进展 [J]. 地理科学进展, 29 (5): 593-600.

杨青, 逯承鹏, 周锋, 等. 2016. 基于能值-生态足迹模型的东北老工业基地生态安全评价——以辽宁省为例 [J]. 应用生态学报, 27 (5): 1594-1602.

杨庆媛, 毕国华, 陈展图, 等. 2018. 喀斯特生态脆弱区休耕地的空间配置研究——以贵州省晴隆县为例 [J]. 地理学报, 73 (11): 2250-2266.

杨庆媛, 信桂新, 江娟丽, 等. 2017. 欧美及东亚地区耕地轮作休耕制度实践: 对比与启示 [J]. 中国土地科学, 31 (4): 71-79.

杨人豪, 杨庆媛, 陈伊多, 等. 2018. 基于耕地-粮食-人口系统的休耕区域耕地压力时空演变及预测——以河北省为例 [J]. 干旱地区农业研究, 36 (3): 270-278.

杨文杰, 巩前文. 2018. 国内耕地休耕试点主要做法、问题与对策研究 [J]. 农业现代化研究, (1): 9-18.

杨雪, 张文忠. 2016. 基于栅格的区域人居自然和人文环境质量综合评价——以京津冀地区为例 [J]. 地理学报, 71 (12): 2141-2154.

杨正礼, 卫鸿. 2004. 我国粮食安全的基础在于 "藏粮于田" [J]. 科技导报, (9): 14-17.

姚冠荣, 刘桂英, 谢花林. 2014. 中国耕地利用投入要素集约度的时空差异及其影响因素分析 [J]. 自然资源学报, 29 (11): 1836-1848.

殷培红, 方修琦, 马玉玲, 等. 2007. 21 世纪初中国粮食短缺地区的空间格局和区域差异 [J]. 地理科学, 27 (4): 463-472.

殷培红, 方修琦, 田青, 等. 2006. 21 世纪初中国主要余粮区的空间格局特征 [J]. 地理学报, 61 (2): 190-198.

于智媛, 梁书民. 2017. 我国不同区域在新阶段粮食连增中的贡献因素分析 [J]. 中国农业资源与区划, 38 (8): 145-150, 168.

曾晓燕, 许顺国, 牟瑞芳. 2006. 岩溶生态脆弱性的成因 [J]. 地质灾害与环境保护, (1): 5-8.

张凤荣, 孔祥斌, 安萍莉. 2006. 耕地概念与新一轮土地规划耕地保护区划定 [J]. 中国土地, (1): 16-17.

张浩, 冯淑怡, 曲福田. 2017. 耕地保护、建设用地集约利用与城镇化耦合协调性研究 [J]. 自然资源学报, 32 (6): 1002-1015.

张慧, 王洋. 2017. 中国耕地压力的空间分异及社会经济因素影响——基于 342 个地级行政区的面板数据 [J]. 地理研究, 36 (4): 731-742.

张乐勤, 陈发奎. 2014. 基于 Logistic 模型的中国城镇化演进对耕地影响前景预测及分析 [J]. 农业工程学报, 30 (4): 1-11.

张锐. 2015. 耕地生态风险评价与调控研究——以江苏省宜兴市为例 [D]. 南京: 南京农业大学.

张伟, 李爱农. 2012. 基于 DEM 的中国地形起伏度适宜计算尺度研究 [J]. 地理与地理信息科学, 28 (4): 8-12.

张雅杰, 闫小爽, 张丰, 等. 2018. 1978~2015 年中国多尺度耕地压力时空差异分析 [J]. 农业工程学报, 34 (13): 1-7.

张永恩, 褚庆全, 王宏广. 2009. 城镇化进程中的中国粮食安全形势和对策 [J]. 农业现代化研究, 30 (3): 270-274.

赵其国, 周生路, 吴绍华, 等. 2006. 中国耕地资源变化及其可持续利用与保护对策 [J]. 土壤学报, (4): 662-672.

赵其国, 滕应, 黄国勤. 2017. 中国探索实行耕地轮作休耕制度试点问题的战略思考 [J]. 生态环境学报, 26 (1): 1-5.

赵素霞, 牛海鹏. 2015. 基于灰色马尔科夫模型的河南省耕地压力状况研究 [J]. 干旱区资源与环境, 29 (8): 46-51.

赵雲泰, 黄贤金, 钟太洋, 等. 2011. 区域虚拟休耕规模与空间布局研究 [J]. 水土保持通报, 31 (5): 103-107.

周涛, 王云鹏, 龚健周, 等. 2015. 生态足迹的模型修正与方法改进 [J]. 生态学报, 35 (14): 4592-4603.

朱红波, 孙慧宁. 2015. 基于粮食经济获取能力的耕地压力指数模型 [J]. 广东土地科学, 14 (5): 15-18.

朱红波, 张安录. 2007. 中国耕地压力指数时空规律分析 [J]. 资源科学, (2): 104-108.

朱文清. 2009. 美国休耕保护项目问题研究 [J]. 林业经济, (12): 80-83.

朱文清. 2010a. 美国休耕保护项目问题研究 (续一) [J]. 林业经济, (1): 123-128.

朱文清. 2010b. 美国休耕保护项目问题研究 (续二) [J]. 林业经济, (2): 122-128.

朱玉林, 顾荣华, 杨灿. 2017. 湖南省生态赤字核算与评价——基于能值生态足迹改进模型 [J]. 长江流域资源与环境, 26 (12): 2049-2056.

祝坤艳. 2016. 经济新常态下我国粮食安全问题及发展研究 [J]. 中国农业资源与区划, 37 (4): 209-213.

卓乐, 曾福生. 2016. 发达国家及中国台湾地区休耕制度对中国大陆实施休耕制度的启示 [J]. 世界农业, (9): 80-85.

Bren C D A, Reitsma F, Baiocchi G, et al. 2016. Future urban land expansion and implications for global croplands [J]. Proceedings of the National Academy of Sciences of the United States of America, 114: 8939-8944.

Brown M T, Ulgiati S. 1997. Emergy-based indices and ratios to evaluate sustainability: Monitoring economies and technology toward environmentally sound innovation [J]. Ecological Engineering, 9 (1/2): 51-69.

Bucholtz S. 2004. Conservation Reserve Program (CRP) enrollments shift geographically [J]. Amber Waves, 2 (5): 46-49.

Deng X, Huang J, Rozelle S, et al. 2006. Cultivated land conversion and potential agricultural productivity in China [J]. Land Use Policy, 23: 372-384.

D'Haeze D, Deckers J, Raes D, et al. 2005. Environmental and socio- economic impacts of institutional reforms on the agricultural sector of Vietnam: Land suitability assessment for Robusta coffee in the Dak Gan region [J]. Agriculture Ecosystems & Environment, 105: 59-76.

Eakin H, Luers A L. 2006. Assessing the vulnerability of social-environmental systems [J]. Annual Review of Environment and Resources, 31: 365-394.

Estel S, Kuemmerle T, Alcántara C, et al. 2015. Mapping farmland abandonment and recultivation across Europe using MODIS NDVI time series [J]. Remote Sensing of Environment, 163: 312-325.

EU Commission. 2008. Impact assessment for the 2008 CAP "health check" [EB/OL]. http://ec. europa. eu/agriculture/policy-perspectives/impact-assessment/cap-health-check [2021-08-04].

Godo Y, Takahashi D. 2008. Japan: Shadow WTO agricultural domestic support notifications [J]. IFPRI Discussion Paper, (822): 11-12.

Godo Y. 2013. Japanese agricultural policy reforms under the WTO agreement in agriculture [EB/OL]. Asia Pacific Food and Fertilizer Technology Tenter (FFTC) Agricultural Policy Papers. http://ap. fftc. agnet. org/ap_db. php? id=52 [2021-08-04].

Hashiguchi T. 2014. Current status of agriculture and rural areas in Japan and prospect of new policy framework: Comparison with the direct payment system in Japan and Europe [EB/OL]. http://ageconsearch. umn. edu/bitstream/182913/2/EAAE_ 14th _ congress _ ID825 _ Poster _ Paper _ latest. pdf [2021-08-04].

He C, Gao B, Huang Q, et al. 2017a. Environmental degradation in the urban areas of China: Evidence from multi-source remote sensing data [J]. Remote Sensing of Environment, 193: 65-75.

He C, Li J, Zhang X, et al. 2017b. Will rapid urban expansion in the drylands of northern China continue: A scenario analysis based on the land use scenario dynamics-urban model and the shared socioeconomic pathways [J]. Journal of Cleaner Production, 165: 57-69.

Jiang G, Zhang R, Ma W, et al. 2017. Cultivated land productivity potential improvement in land consolidation schemes in Shenyang, China: Assessment and policy implications [J]. Land Use Policy, 68: 80-88.

Jiang Z, Lian Y, Qin X. 2014. Rocky desertification in Southwest China: Impacts, causes, and restoration [J]. Earth-Science Reviews, 132: 1-12.

Jin X, Zhang Z, Wu X, et al. 2016. Co-ordination of land exploitation, exploitable farmland reserves and national planning in China [J]. Land Use Policy, 57: 682-693.

Johnson J, Maxwell B. 2001. The role of the Conservation Reserve Program in controlling rural residential development [J]. Journal of Rural Studies, (17): 323-332.

Jones A. 1991. The impact of the EC's set-aside programme: The response of farm businesses in Rendsburg Eckernforde Germany [J]. Land Use Policy, 8 (2): 108-124.

Kazuhito Y. 2008. The pros and cons of Japan's rice acreage-reduction policy [EB/OL]. http://www. tokyofoundation. org/en/articles/2008/the-pros-and-cons-of-japans-rice-acreage-reduction-policy [2021-08-04].

Kong X. 2014. China must protect high-quality arable land [J]. Nature, 506: 7.

Lai L, Huang X, Yang H, et al. 2016. Carbon emissions from land-use change and management in China between 1990 and 2010 [J]. Science Advances, 2 (11): e1601063.

Li G, Sun S, Fang C. 2018. The varying driving forces of urban expansion in China: Insights from a spatial-temporal analysis [J]. Landscape & Urban Planning, 174: 63-77.

Lichtenberg E, Ding C. 2008. Assessing farmland protection policy in China [J]. Land Use Policy, 25: 59-68.

Liu L, Xu X, Chen X. 2015. Assessing the impact of urban expansion on potential crop yield in China during 1990~2010 [J]. Food Security, 7: 33-43.

Liu X, Zhao C, Song W. 2017. Review of the evolution of cultivated land protection policies in the period following China's reform and liberalization [J]. Land Use Policy, 67: 660-669.

Liu Y, Huang X, Yang H, et al. 2014. Environmental effects of land-use/cover change caused by urbanization and policies in Southwest China Karst area: A case study of Guiyang [J]. Habitat International, 44: 339-348.

Louhichi K, Kanellopoulos A, Janssen S, et al. 2010. FSSIM, a bio-economic farm model for simulating the response of EU farming systems to agriculture a land environmental policies [J]. Agricultural Systems, 103 (8): 585-597.

Lu D, Wang Y H, Yang Q Y, et al. 2019. Exploring a moderate fallow scale of cultivated land in China from the perspective of food security [J]. International Journal of Environmental Research and Public Health, 16 (22): 4329.

Mccarthy J J, Canziani O F, Leary N A, et al. 2001. IPCC - Intergovernmental Panel on Climate Change. Climate Change. Impacts, Adaptation and Vulnerability. A Contribution of Working Group II to the Third Assessment Report of the Intergovernmental Panel on Climate Change (IPCC) [M]. Cambridge: Cambridge University.

Morris A J, Hegarty, Báldi A , et al. 2011. Setting aside farmland in Europe: The wider context [J] . Agriculture, Ecosystems and Environment, (143): 1-2.

Odum H T. 1988. Self-organization, transformity, and information [J]. Science, 242 (4882): 1132-1139.

Odum H T. 1996. Environmental Accounting: Emergy and Environmental Decision Making [M]. New York: Wiley.

OECD. 2011. Evaluation of agricultural policy reforms in the European Union [R]. OECD Publishing: 123.

Peng T, Wang S J. 2012. Effects of land use, land cover and rainfall regimes on the surface runoff and soil loss on karst slopes in southwest China [J]. Catena, 90: 53-62.

Polsky C, Neff R, Yarnal B. 2007. Building comparable global change vulnerability assessments: The vulnerability scoping diagram [J]. Global Environmental Change, 17 (3): 472-485.

Rees W E. 1992. Ecological footprints and appropriated carrying capacity: What urban economics leaves out [J]. Environment and Urbanization, 4 (2): 121-130.

Ribaudo M O, Hoag D L, Smith M E, et al. 2001. Environmental indices and the politics of the Conservation Reserve Program [J]. Ecological Indicators, 1 (1): 11-20.

Rob F. 2003. An evaluation of the compensation required by European Union cereal growers to accept the removal of price support [J]. Journal of Agricultural Economics, 54 (3): 431-445.

Rosemarie S, Gert B, Jana L, et al. 2010. Assessing German farmers' attitudes regarding nature conservation set-aside in regions dominated by arable farming [J]. Journal for Nature Conservation, 18 (4): 327-337.

Shi K F, Yang Q Y, Li Y Q, et al. 2019. Mapping and evaluating cultivated land fallow in Southwest China using multisource data [J]. Science of the Total Environment, 654: 987-999.

Shi K, Chen Y, Yu B, et al. 2016a. Modeling spatiotemporal CO_2 (carbon dioxide) emission dynamics in China from DMSP-OLS nighttime stable light data using panel data analysis [J]. Applied Energy, 168: 523-533.

Shi K, Chen Y, Yu B, et al. 2016b. Urban expansion and agricultural land loss in China: A multiscale perspective [J]. Sustainability, 8: 790.

Shi K, Huang C, Chen Y, et al. 2018. Remotely sensed nighttime lights reveal increasing human activities in protected areas of China mainland [J]. Remote Sensing Letters, 9: 468-477.

Shi K, Yu B, Huang Y, et al. 2014. Evaluating the ability of NPP-VIIRS nighttime light data to estimate the gross domestic product and the electric power consumption of China at multiple scales: A comparison with DMSP-OLS data [J]. Remote Sensing, 6: 1705-1724.

Song W, Liu M. 2017. Farmland Conversion Decreases Regional and National Land Quality in China [J]. Land Degradation & Development, 28: 459-471.

Song W, Pijanowski B C. 2014. The effects of China's cultivated land balance program on potential land productivity at a national scale [J]. Applied Geography, 46: 158-170.

Stubbs M. 2014. Conservation Reserve Program (CRP): Status and Issues [R]. CRS Report for Congress: 8-9.

Wackernagel M, Onisto L, Bello P, et al. 1999. National natural capital accounting with the ecological footprint concept [J]. Ecological Economics, 29: 375-390.

Wackernagel M, Rees W E. 1996. Our Ecological Footprint: Reducing Human Impact on the Earth [M]. Philadelphia: New Society Publishers.

Wackernagel M, Schulz N B, Deumling D, et al. 2002. Tracking the ecological overshoot of the human economy [J]. Proceedings of the National Academy of Sciences of the United States of America, 99: 9266-9271.

Wang L, Li C, Ying Q, et al. 2012. China's urban expansion from 1990 to 2010 determined with satellite remote sensing [J]. Chinese Science Bulletin, 57: 2802-2812.

Wang S J, Liu Q M, Zhang D F. 2004. Karst rocky desertification in southwestern China: Geomorphology, landuse, impact and rehabilitation [J]. Land Degradation & Development, 15: 115-121.

Wei S, Pijanowski B C. 2014. The effects of China´s cultivated land balance program on potential land productivity at a national scale [J]. Applied Geography, 46: 158-170.

Wiedmann T, Barrett J. 2010. A review of the ecological footprint indicator: perceptions and methods [J]. Sustainability, 2: 1645-1693.

Wu Y, Shan L, Guo Z, et al. 2017. Cropland protection policies in China facing 2030: Dynamic balance system versus basic cropland zoning [J]. Habitat International, 69: 126-138.

Xie H, He Y, Xie X. 2017. Exploring the factors influencing ecological land change for China's Beijing-Tianjin-Hebei Region using big data [J]. Journal of Cleaner Production, 142: 677-687.

Xie H, Wang W, Zhang X. 2018. Evolutionary game and simulation of management strategies of fallow cultivated land: A case study in Hunan province, China [J]. Land Use Policy, 71: 86-97.

Xie H, Zou J, Jiang H, et al. 2014. Spatiotemporal pattern and driving forces of arable land-use intensity in China: Toward Sustainable Land Management Using Emergy Analysis [J]. Sustainability, 6: 3504-3520.

Xie Y, Weng Q. 2016. Detecting urban-scale dynamics of electricity consumption at Chinese cities using time-series DMSP-OLS (Defense Meteorological Satellite Program-Operational Linescan System) nighttime light imageries [J]. Energy, 100: 177-189.

Xin L, Li X. 2018. China should not massively reclaim new farmland [J]. Land Use Policy, 72: 12-15.

Xu X, Wang L, Cai H, et al. 2017. The influences of spatiotemporal change of cultivated land on food crop production potential in China [J]. Food Security, 9: 485-495.

Yang H, Li X B. 2000. Cultivated land and food supply in China [J]. Land Use Policy, 17: 73-88.

Yang Q, Jiang Z, Yuan D, et al. 2014. Temporal and spatial changes of karst rocky desertification in ecological reconstruction region of Southwest China [J]. Environmental Earth Sciences, 72: 4483-4489.

Zellei A. 2005. Agri-environmental policy systems in transition and preparation for EU membership [J]. Transactions of the Chinese Society of Agricultural Engineering (Transactions of the CSAE), 22 (3): 225-234.

Zhai F Y, Du S F, Wang Z H, et al. 2014. Dynamics of the Chinese diet and the role of urbanicity, 1991-2011 [J]. Obesity Reviews, 15: 16-26.

Zhao S, Li Z Z, Li W L. 2005. A modified method of ecological footprint calculation and its application [J]. Ecological Modelling, 185 (1): 65-75.

Zhao Y, Peng J, Huang X, et al. 2011. Research on scale and spatial distribution of regional virtual land retirement [J]. International Conference on Business Management and Electronic Information, 4: 648-651.